高等学校软件工程专业系列教材

软件需求

吕云翔 王礼科 ◎ 编著

清华大学出版社

北京

内 容 简 介

本书全面介绍软件需求工程的理论与实践,旨在帮助读者深入理解软件需求在项目开发中的重要性和复杂性。书中内容涵盖从需求的定义、分类、获取、分析到需求文档编写、确认、验证及管理的完整流程。通过详细讲解访谈、问卷、原型设计等多种需求获取方法,以及结构化分析和面向对象分析的建模技术,读者可以系统化地掌握软件需求的管理与实现过程。

此外,本书还探讨原型设计、需求文档质量控制及需求变更管理的关键技巧。随着人工智能的兴起,本书特别介绍如何利用大语言模型辅助需求分析、文档生成与需求管理,为读者展示软件需求工程的前沿技术与发展方向。

本书适合作为高等学校计算机科学、软件工程等相关专业师生的教材,也适合相关行业从业人员阅读。

图书在版编目(CIP)数据

软件需求/吕云翔,王礼科编著. -- 北京:清华大学出版社,2025.8.
(高等学校软件工程专业系列教材). -- ISBN 978-7-302-69869-2

Ⅰ. TP311.52

中国国家版本馆 CIP 数据核字第 2025A4H579 号

责任编辑:黄 芝 李 燕
封面设计:刘 键
责任校对:李建庄
责任印制:宋 林

出版发行:清华大学出版社
    网 址:https://www.tup.com.cn,https://www.wqxuetang.com
    地 址:北京清华大学学研大厦 A 座   邮 编:100084
    社 总 机:010-83470000   邮 购:010-62786544
    投稿与读者服务:010-62776969,c-service@tup.tsinghua.edu.cn
    质量反馈:010-62772015,zhiliang@tup.tsinghua.edu.cn
    课件下载:https://www.tup.com.cn,010-83470236
印 装 者:三河市东方印刷有限公司
经 销:全国新华书店
开 本:185mm×260mm   印 张:14.75   字 数:360 千字
版 次:2025 年 9 月第 1 版   印 次:2025 年 9 月第 1 次印刷
印 数:1~1500
定 价:49.80 元

产品编号:104728-01

前　言

随着信息技术的飞速发展，软件已成为现代社会运转的中枢力量，驱动着从个人生活到全球商业的方方面面。无论是个人智能设备上的应用程序，还是企业级的管理系统，软件系统的成功与否都直接取决于能否准确地理解并满足用户的需求。**软件需求工程**作为软件开发生命周期的基石，是确保软件系统满足预期功能与性能的关键。

本书致力于提供全面、系统且以实践为导向的软件需求工程知识，帮助读者掌握这一重要领域从理论到实践的核心概念与技术；通过清晰的章节划分和丰富的案例分析，引导读者深入理解如何获取、分析、管理和验证软件需求，进而提升项目成功的概率。

第 1 章"软件需求"介绍软件需求的基本概念、定义及其重要性。首先，探讨需求的本质，揭示需求是如何影响软件开发生命周期的各个环节的；接着，介绍需求的分类与层次，详细区分业务需求、用户需求、系统需求等不同类型，为后续的分析和设计奠定基础。本章还列举常用的软件需求工具，并通过一个企业二次开发系统的软件需求案例，帮助读者理解理论与实际之间的联系。

第 2 章"软件需求工程"进一步深入探讨需求工程的过程，包括需求获取、需求分析、文档化、确认和验证，以及需求管理的各个步骤。本章强调需求工程师的角色与职责，帮助读者认识到需求工程师不仅是需求的记录者，更是整个开发团队与客户之间的沟通桥梁。通过结构化的需求工程流程，开发团队能够有效识别并解决需求中的冲突与不确定性。

第 3 章"软件需求获取"详细介绍需求获取的各种方法和策略，包括访谈、问卷调查、观察法、工作坊、用户故事、数据分析法等。需求获取的质量直接决定后续分析与开发的成功与否。本章通过对各种获取方法的对比与实际应用场景的分析，帮助读者了解不同方法的优劣势，并介绍如何在复杂的项目环境中高效获取软件需求。

第 4 章"软件需求分析"集中讨论如何从已获取的需求中提炼出清晰且具备可操作性的需求模型。需求分析是整个需求工程过程中最具挑战性的环节之一，它不仅要求需求工程师具备出色的分析能力，还需要对业务逻辑、系统架构和用户体验有深刻理解。本章通过引入冲突解决、优先级确定和软件建模等概念，为读者提供全面的需求分析工具与策略。

第 5 章介绍"结构化分析建模"，这是传统需求分析的核心方法之一。结构化分析通过功能建模、数据建模和行为建模等方式，帮助需求工程师以层次化的方式描绘系统的功能和数据流。本章详细讨论数据字典、加工规格说明等关键内容，并通过层次方框图、Warnier图、IPO图等工具直观地展示系统的结构与数据流动，帮助读者掌握结构化分析建模的要领。

第 6 章与**第 7 章**围绕"面向对象分析建模"展开。面向对象分析建模不同于结构化方法，它以对象为核心，强调对象之间的交互和状态变化。本书详细介绍 UML（统一建模语言）及其在静态和动态建模中的应用，包括用例图、类图、状态图等。此外，通过实例解析，帮助读者理解如何将面向对象的方法应用到复杂系统的需求分析与设计中。

第 8 章"原型设计"关注的是在需求分析阶段，通过原型快速验证需求的可行性。原型设计不仅帮助开发团队与客户快速达成一致，还可以通过迭代优化需求，降低开发过程中的不确定性和风险。本章详细介绍低保真与高保真原型设计方法，以及如何通过迭代的方式逐步改进系统的功能和用户体验。

第 9 章"软件需求文档"则全面阐述如何将需求通过规范化的文档形式进行呈现。软件需求文档是需求工程中至关重要的成果物，它不仅是开发团队的行动指南，也是沟通和确认需求的正式依据。本章详细介绍文档的结构、编写方法及质量控制，帮助读者掌握如何编写高质量的需求文档，并确保其可追溯性和可维护性。

第 10 章重点讨论"软件需求确认和验证"，即如何确保需求的准确性和完整性。需求确认和验证是需求工程不可或缺的环节，它直接关系到开发工作的正确性和用户的满意度。本章介绍各种确认和验证的方法与技术，强调用户和客户在需求确认中的关键作用。

第 11 章"软件需求管理"介绍在开发过程中如何有效管理需求的变更与跟踪。随着项目的推进，需求的变化是不可避免的，而如何有效管理这些变更是保证项目顺利进行的关键。本章详细介绍需求变更管理流程、需求跟踪矩阵等工具，帮助读者掌握如何在需求变动中保持项目的稳定性和可控性。

第 12 章"使用大语言模型赋能软件需求工程"则引入前沿的人工智能技术，探讨如何利用大语言模型提升软件需求工程的效率和准确性。本章不仅介绍人工智能在需求获取、分析、文档生成等方面的应用，还分析大语言模型的局限性及其与传统需求方法的结合策略，为读者提供面向未来的软件需求工程方法。

附录部分通过综合案例进一步演示书中理论和方法的实际应用，使读者能够在实际项目中灵活运用所学的知识。

本书不仅适用于软件工程专业的学生，也适合从事软件开发、项目管理和需求工程的专业人士。我们希望本书能够帮助读者深入理解软件需求工程的核心概念和实践方法，提高他们在实际项目中的需求管理能力，从而在职业生涯中取得更大的成功。

本书由吕云翔、王礼科编著，曾洪立参与了部分内容的编写及资料整理工作。

由于我们的水平和能力有限，书中难免有疏漏之处，恳请各位同仁和广大读者给予批评指正。

编　者

2025 年 5 月

目 录

第1章 软件需求

在软件开发过程中,需求的准确捕捉和有效管理是确保项目成功的关键。软件需求不仅决定了软件产品的功能和性能,还直接影响到其质量和用户满意度。通过对软件需求的深入理解和系统化管理,开发团队能够更好地满足用户和利益相关者的期望,确保软件产品的高质量交付。

本章旨在帮助读者理解软件需求的本质及其在软件开发过程中的重要性。通过对软件需求的定义、特点、分类方法和常用工具的介绍,读者将能够更好地掌握如何捕捉和管理软件需求,从而提高软件产品的质量和用户满意度。

本章目标

- 理解软件需求的本质及其在软件开发过程中的重要性。
- 掌握软件需求的定义、特点和分类方法,能够区分业务需求、用户需求和系统需求,以及功能性需求和非功能性需求。
- 了解常用的软件需求工具及其功能,能够选择适合团队和项目需求的工具,提高需求管理的效率和质量。

1.1 软件需求的本质

软件需求的本质指在特定的环境下,为了解决某个问题或达成某个目标,用户或系统必须满足的条件或能力。它是软件开发过程中极为关键的一环,因为软件需求直接决定了软件产品的功能、性能和质量标准。理解软件需求的本质,有助于人们更准确地捕捉用户的真实软件需求,从而开发出能够满足用户期望的软件产品。

软件需求的本质反映在以下几方面。

(1)用户期望的反映:软件需求是用户对于软件产品的期望和需求的具体表述,它反映了用户希望软件产品能够帮助他们完成什么样的任务、解决什么样的问题。

(2)问题解决的方向:软件需求描述了如何解决用户面临的问题,或者如何帮助用户达成他们的目标。它为软件产品的开发提供了明确的方向和目标。

(3)软件产品的标准:软件需求定义了软件产品的功能、性能和质量标准,它是评价软件产品是否成功的重要依据。

(4)动态变化的特性:随着环境的变化、用户需求的改变或技术的发展,软件需求可能会发生变化。因此,软件需求不是静态的,而是具有动态变化的特性。

总体来说,软件需求的本质是对用户期望、解决方案和产品标准的描述,理解软件需求的本质，有助于人们更准确地捕捉用户的真实需求，从而开发出能够满足用户期望的软件产品。

1.2　软件需求的定义

软件需求定义了软件系统的预期功能和操作环境，它是软件开发过程中的核心和起点。这些软件需求既包括系统必须执行的具体功能，也包括系统在这些功能实现时应遵循的标准和约束。软件需求的精确定义对于确保项目成功、满足用户和业务需求至关重要。

软件需求主要体现如下。

（1）系统能力的规定：明确指出软件系统必须实现哪些功能，这些功能如何响应用户的输入，并产生期望的输出。这不仅关乎软件的核心功能，也包括了对错误处理、用户交互和数据处理等方面的要求。

（2）约束和标准的界定：除具体的功能性要求外，软件需求还明确了系统在实现这些功能时必须遵守的约束条件和标准。这包括但不限于系统的性能标准、安全需求、可靠性标准、兼容性要求，以及对外部接口的定义等。

（3）用户和利益相关者的期望：软件需求捕捉并反映了所有利益相关者的期望和需求。不仅是最终用户，还包括项目发起人、开发团队、维护人员等。理解和满足这些多元化的期望是软件需求定义过程中的关键挑战之一。

（4）变更管理的基础：软件需求不是一成不变的，它可能因为市场环境的变化、用户需求的演进或技术的进步而需要调整。因此，软件需求的定义还包括对软件需求变更的预期和管理策略，确保软件开发过程的灵活性和响应性。

软件需求的定义涵盖了系统功能的详细描述、操作环境的约束、利益相关者的期望，以及对变更管理的考虑。它是软件开发的指南和基石，确保了软件项目能够有效地进行，最终交付满足用户需求的高质量产品。

1.3　软件需求的特点与重要性

软件需求具有一些显著的特点，这些特点对于理解软件需求的重要性和如何进行有效的软件需求管理至关重要。

1. 特点

（1）多样性：软件需求来源于各种不同的利益相关者，包括终端用户、项目赞助者、开发团队、法规制定者等。因此，软件需求可能涵盖多种多样的功能、性能、安全性、可用性等方面。

（2）动态性：随着市场变化、技术进步和用户需求的演进，软件需求可能会发生变化。这就需要一个有效的软件需求变更管理过程来处理这些变化。

（3）复杂性：软件需求往往涉及复杂的业务流程和技术问题，需要通过深入的分析和理解才能准确地定义。

（4）模糊性：由于语言的不精确性和利益相关者对软件需求的理解可能存在差异，软件需求有时可能会存在模糊性。这就需要通过清晰、准确的软件需求表述和持续的沟通来解决。

2．重要性

（1）项目成功的关键：明确、准确的软件需求是项目成功的关键。如果软件需求定义不清，可能导致开发的软件不能满足用户的实际需要，从而导致项目失败。

（2）质量保证：软件需求是质量保证的基础。通过软件需求，人们可以定义出什么是一个"好"的软件，从而制定出相应的测试策略和质量标准。

（3）资源规划：软件需求可以帮助人们进行有效的资源规划。通过了解软件需求的复杂性和范围，可以估计项目的工作量，从而进行人力和时间的规划。

（4）沟通工具：软件需求也是项目团队和利益相关者之间的重要沟通工具。通过软件需求，所有人都可以对软件的目标和期望有一个清晰的理解。

因此，对软件需求的理解和管理是软件开发过程中的重要环节，关系到项目的成功与否，以及软件的质量和用户满意度。

1.4　软件需求的分类与层次

在软件工程中，软件需求可以按照不同的标准进行分类，以便于更好地理解和管理。常见的软件需求分类方法包括按照软件需求的来源（业务需求、用户需求和系统需求）以及按照软件需求的性质（功能性需求和非功能性需求）进行分类（见图 1-1）。

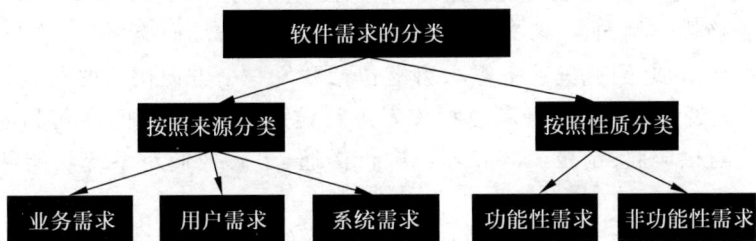

图 1-1　软件需求的分类

此外，软件需求还可以按照不同的层次进行划分，常见的软件需求层次包括高层软件需求和详细软件需求。高层软件需求通常是抽象的、全局的，描述了系统的总体目标和范围；而详细软件需求则是具体的、详细的，描述了系统的具体功能和操作。理解软件需求的分类和层次有助于人们更好地理解和管理软件需求，从而更有效地开发出满足用户需求的软件产品。

1.4.1　业务需求

业务需求是软件开发项目中至关重要的一环，它们直接关系到软件系统是否能够成功地满足企业、组织或利益相关者的特定业务目标或解决业务问题。下面详细介绍业务需求的定义、特点以及识别过程。

1．业务需求的定义

首先，业务需求源自组织的战略目标和业务需求，它们反映了企业的核心目标和期望的业务成果。举一个例子，假设一家电商公司希望提升在线销售额，其业务需求可能包括增加网站流量、提升用户转化率等。这些业务需求是与公司的长期发展战略紧密相关的，能够直接推动公司的业务增长。

4

2. 业务需求的特点

业务需求具有以下主要特点。

（1）高层次：业务需求关注的是期望的商业效益和结果，而不是具体的实现细节。例如，一家快递公司的业务需求可能是提升服务质量和准时送达率，而不是要求系统在技术上如何实现。

（2）战略性：业务需求与组织的长期目标和策略密切相关，是组织未来发展的基石。举一个例子，一家银行制定的业务需求是以提升客户满意度和扩大市场份额为目标，这与银行长期的市场竞争策略息息相关。

（3）度量性：业务需求的实现程度需要通过某种方式度量，通常是通过一些关键指标来衡量。例如，一家保险公司的业务需求可能包括提升理赔处理效率和降低客户投诉率，这些需求的实现程度可以通过理赔处理时间和客户投诉量来度量。

3. 业务需求的识别过程

识别业务需求的过程包括以下步骤。

（1）业务目标分析：首先，团队需要深入理解组织的商业目标及其转化为软件需求的方式。例如，一家医院可能希望提升患者的就诊体验，因此其业务需求可能包括提升预约挂号系统的效率和改善就诊流程。

（2）市场研究：进行市场研究，分析市场趋势、竞争对手和客户需求，以便更好地理解市场需求和行业趋势。例如，一家餐饮连锁企业可能通过市场研究发现，消费者对于线上订餐服务的需求正在增加，因此其业务需求可能包括开发一个方便快捷的在线订餐平台。

（3）利益相关者访谈：与关键利益相关者进行访谈，获取他们的视角和需求。例如，一家零售企业可能与供应商、销售团队和客户进行沟通，了解他们对系统功能和性能的期望，从而确定业务需求。

（4）法规遵从性审查：进行法规遵从性审查，确保业务需求符合所有相关的法律和规定。例如，一家金融机构的业务需求可能受到金融监管机构的严格监管，因此在确定业务需求时需要确保符合相关的法规和规定。

（5）风险评估：进行风险评估，识别可能影响业务目标实现的潜在风险。例如，一家航空公司的业务需求可能包括提升客户满意度和安全性，因此需要对系统的安全性和稳定性进行风险评估，确保系统能够安全可靠地运行。

4. 业务需求的例子

一家快递公司为了提升市场竞争力，决定开发一个订单跟踪系统，以实现对包裹的精确定位和配送的高效管理。该系统的业务需求包括以下几项。

- 实时跟踪包裹位置：客户能够通过应用实时查看包裹的当前所在位置。
- 提高配送速度：系统应支持对快递路线的优化，以确保包裹能够以最快的方式送达。
- 减少丢件率：通过包裹签收确认功能，确保客户收到包裹，减少丢件的发生率。
- 提高客户满意度：系统需具备推送通知功能，实时向客户提供包裹的状态更新（如"已发货""派送中""已签收"等）。
- 业务数据分析：系统应能够自动生成报表，帮助公司分析每月的配送效率、客户满意度，以及未达标订单情况。

1.4.2　用户需求

用户需求是软件开发过程中的一个重要环节,其直接来源于最终用户对软件产品的期望和使用需求。本节将详细介绍用户需求的定义、特性以及识别方法。

1. 用户需求的定义

用户需求指的是用户对软件产品的功能、性能、界面和操作的具体需求。这些需求直接反映了用户在使用软件产品时的期望,包括他们希望软件做什么、不希望软件做什么,以及如何与软件交互。用户需求可能涉及产品的所有方面,包括但不限于用户界面设计、功能实现、性能优化、安全保障等。

2. 用户需求的特性

(1)用户中心:用户需求以用户为中心,考虑的是用户的感受、体验和满意度。这意味着需要深入理解用户的需求,尽可能地满足用户的期望。

(2)具体性:与业务需求的高层次性相比,用户需求更加具体和详细,通常描述了用户在软件中可以执行的具体操作。这意味着用户需求需要具体到每一个功能、每一个操作、每一个界面。

(3)易于理解:用户需求应该用非技术的语言表述,以便所有利益相关者,包括非技术背景的人员都能理解。这意味着用户需求需要避免使用复杂的技术术语,尽可能地使用通俗易懂的语言。

3. 用户需求的识别方法

识别用户需求是一个复杂的过程,需要采用多种方法和技术进行数据收集和分析。

(1)访谈与调研:通过与用户的直接访谈、问卷调查或用户工作坊来收集软件需求。这种方法可以获取到用户的直接反馈,了解他们在使用产品时遇到的问题和期望的改进。

(2)观察:在用户的自然环境中观察他们的工作流程,以识别他们可能尚未意识到的软件需求。这种方法可以帮助人们更深入地理解用户的行为和软件需求。

(3)用户故事:编写用户故事,描述用户在使用产品时可能遇到的场景。这种方法可以帮助人们从用户的角度理解产品的使用场景和软件需求。

4. 用户需求的例子

为了更好地理解用户需求,将以一个在线购物网站的开发项目为例来进行说明。假设正在开发一个在线购物网站,用户需求可能包括如下内容。

- 用户能够通过关键词搜索商品,搜索结果应在 2 秒内显示,并按相关性排序。
- 用户可以查看商品的详细信息,包括产品介绍、价格、库存、用户评价等。
- 用户可以将商品添加到购物车,并在购物车中修改商品数量。
- 用户可以选择不同的支付方式进行支付,如信用卡、支付宝、微信支付等。
- 用户可以查看订单状态,包括订单处理进度、物流信息等。
- 用户可以申请退款或退货,并在网站上跟踪退款或退货的进度。
- 网站应提供用户注册和登录功能,用户可以在个人账户中查看购买历史、管理收货地址和支付方式等。

通过这个具体的例子,可以看到用户需求的具体性和翔实性,这将有助于人们在后续的设计和开发过程中,更好地满足用户的需求,提高产品的用户满意度。

1.4.3 系统需求

系统需求指软件系统的硬件、软件开发技术及架构要求。系统需求决定了软件产品在何种技术环境下运行、如何部署以及如何与其他系统交互。系统需求不仅是软件本身的要求，还涉及整个技术基础设施的规划，以确保系统能够稳定、高效、安全地运行。系统需求是软件需求的一部分，是实现用户需求和业务需求的技术基础。

1. 系统需求的主要组成部分

（1）硬件需求：系统运行所需要的物理设备，如服务器、存储设备、网络设备等。硬件需求的定义主要依据系统的规模、用户数量、数据处理量以及响应时间要求。例如，一个在线零售平台需要支持上千个并发用户，则服务器的处理能力、内存和存储空间需要充分考虑，确保系统能够在高负载下仍然保持稳定的性能表现。

（2）软件开发技术：系统需求中也包括用于开发、运行和维护软件的开发技术和工具。不同类型的软件系统可能需要使用特定的编程语言、框架和数据库技术。例如，开发一个企业级 Web 应用可能需要使用 Java 或 .NET 框架，而数据库可以选择 MySQL、PostgreSQL 或 Oracle。技术需求的选择通常基于系统的复杂性、开发团队的熟悉程度和项目的可扩展性要求。

（3）系统架构：系统架构指软件系统的总体设计和结构，它决定了系统的模块如何相互交互、数据如何流动以及系统如何进行扩展。系统架构设计包括选择单体架构、微服务架构或分布式架构。例如，对于一个大规模的电商平台，使用微服务架构能够将系统分解为多个独立模块，各模块可以独立开发和部署，增强系统的可扩展性和维护性。此外，云架构或本地部署也是系统需求的一部分，云环境可能要求系统设计为高可用性、容错和弹性扩展的模式。

2. 系统需求的特点

（1）硬件依赖性：系统需求直接受硬件设备的支持和限制。不同规模和类型的软件系统对硬件有不同的要求。例如，一个企业级客户关系管理（CRM）系统可能需要高性能的服务器、大量存储空间和高速网络来确保数据处理的快速性和稳定性。此外，一个移动应用可能对硬件要求较低，但仍需考虑移动设备的性能和兼容性。

（2）架构性：系统需求明确了软件的总体架构，包括系统如何模块化设计、如何扩展以及各个组件如何集成和通信。常见的架构类型有单体架构、分布式架构和微服务架构。例如，对于一个全球电子商务平台，分布式或微服务架构可以确保系统在不同地区的数据处理效率和扩展能力。

（3）技术依赖性：系统需求包括使用的编程语言、数据库、框架和中间件等技术要求。例如，一个数据密集型的系统可能需要选择高性能的关系数据库（如 Oracle 或 PostgreSQL），而一个实时通信应用可能选择 Node.js 或 Go 作为后端开发语言，以处理大量的并发请求。

（4）安全性与可扩展性：系统需求通常规定了安全措施和未来系统扩展的能力。对于需要处理敏感数据的应用，如银行系统，系统需求必须包含加密标准、访问控制以及合规性要求。同时，系统需求应考虑系统未来的扩展需求，确保在用户增长时不需要对系统进行大规模重构。

3．系统需求的识别过程

（1）硬件和基础设施评估：确定系统运行所需的硬件设备，包括服务器、存储设备、网络设备等。团队需要评估业务需求对系统硬件的要求，并根据系统的复杂性选择合适的硬件配置。例如，对于一个需要处理大量交易请求的在线支付系统，团队可能需要选择性能强大的服务器集群以及高可用的网络架构。

（2）架构设计：系统需求通常由架构设计引导，确定系统的核心结构、模块化方案和交互模型。架构设计需要确保系统能够应对当前业务需求，并具有应对未来增长的弹性。对于一个在线零售平台，分布式架构可能更适合，能够通过增加新的服务器节点来提高负载能力。

（3）技术选择：根据业务需求和用户需求，团队需要确定合适的开发语言、数据库、框架和工具链。例如，在开发一个实时数据处理系统时，团队可能选择使用 Kafka 作为消息队列，使用 Hadoop 作为大数据处理平台。技术选择应考虑团队对该技术的熟悉程度、项目时间表和系统性能要求。

（4）性能与安全需求分析：系统需求必须包含详细的性能和安全要求，确保系统在高负载下稳定运行，并能够抵御潜在的安全威胁。例如，电信公司可能要求其系统处理大量并发用户请求，且不出现性能瓶颈。同时，系统必须符合行业标准的安全要求，确保用户数据不被非法访问或窃取。

4．系统需求的例子

以下是一些典型的系统需求示例。

1）硬件需求
- 处理器：系统要求至少使用 2.5GHz 四核处理器或更高。
- 内存：系统运行需要至少 8GB RAM，推荐 16GB RAM 以保证最佳性能。
- 存储：系统要求至少 100GB 的可用硬盘空间，用于安装和数据存储。
- 显卡：系统需支持 NVIDIA GTX 1060 或以上的独立显卡。

2）操作系统需求
- Windows：系统应支持 Windows 10 或以上版本的操作系统。
- Linux：系统需兼容 Ubuntu 18.04 LTS 或更高版本。
- macOS：系统需支持 macOS 10.15 及更高版本。

3）软件需求
- 数据库：系统需与 MySQL 8.0 或 PostgreSQL 13.0 及以上版本兼容。
- Web 服务器：系统应要求 Apache HTTP Server 2.4 或 Nginx 1.18 及以上版本。
- 开发框架：系统必须支持 Spring Boot 2.5.0 或更高版本（用于 Java 项目），或者 Django 3.2.0 及以上版本（用于 Python 项目）。

4）网络需求
- 带宽：系统应能在最低 100Mbps 的网络带宽下正常运行，建议使用 1Gbps 带宽以确保高并发情况下的良好表现。
- 连接协议：系统应支持 HTTPS 协议以确保数据传输的安全性。

5）安全需求
- 认证：系统应支持 OAuth 2.0 或 SAML 2.0 用于用户身份认证。

- 加密：所有敏感数据（如用户密码）应使用 AES-256 加密进行存储。
- 日志审计：系统必须记录所有用户登录和关键操作日志，并至少保留 12 个月。

6）性能需求

- 响应时间：系统在峰值负载时的响应时间不得超过 2 秒。
- 并发用户数：系统应能够支持至少 5000 名并发用户在线操作而不会出现性能下降。
- 高可用性：系统应保证 99.9％的可用性，平均故障间隔时间（MTBF）不应少于 1000 小时。

7）备份与恢复需求

- 自动备份：系统需支持每日自动备份并保留最近 30 天的备份数据。
- 恢复时间：系统在灾难恢复后应能够在 1 小时内恢复所有功能。

8）可扩展性需求

- 系统应设计为可横向扩展，能够通过添加服务器节点来提升处理能力。
- 系统架构需支持未来用户数量增加至 10 倍的扩展性。

1.4.4 功能性需求

功能性需求是对系统应提供哪些功能的描述。它们是对系统行为的规定，定义了系统应该如何响应特定的输入，以及在特定情况下的行为。

1. 功能性需求的定义

功能性需求是对系统或系统部分的行为的描述，它们定义了系统在给定输入下的行为，或者在特定条件下的行为，或者系统必须满足的特定属性。这些需求描述了系统应该做什么，而不是如何做。例如，系统应该能够接收用户输入、处理数据、执行计算，或者与其他系统进行交互等。

2. 功能性需求的特性

（1）明确性：功能性需求应该明确、具体，没有歧义。每个需求应详细描述系统在特定情况下的预期行为，以便开发团队能够准确地实现它。

（2）可测性：功能性需求应该是可测的。这意味着对于每个功能性需求，都应该有一种方法来验证系统是否正确地实现了该需求。

（3）完整性：功能性需求应该是完整的。这意味着所有的功能性需求应该覆盖系统的所有功能，没有遗漏。

3. 功能性需求的识别和收集

识别和收集功能性需求是软件需求工程的重要环节。以下是一些常用的方法。

（1）访谈：与系统的潜在用户、管理人员、开发人员等进行访谈，了解他们对系统的期望。

（2）调研：通过调查问卷、在线调研等方式收集大量用户的需求。

（3）文档分析：分析相关的业务文档，如业务流程图、操作手册等，以理解系统的业务流程和规则。

（4）原型设计：设计原型系统，通过用户反馈来收集软件需求。

4. 功能性需求的例子

以在线购物网站为例，功能性需求可能包括以下内容。

- 搜索功能：用户可以通过输入关键词来搜索商品，系统应在 2 秒内返回搜索结果，并按相关性排序。
- 商品详情查看：用户可以点击商品查看商品的详细信息，包括产品介绍、价格、库存、用户评价等。
- 购物车功能：用户可以将商品添加到购物车，并在购物车中修改商品数量。
- 支付功能：用户可以选择不同的支付方式进行支付，如信用卡、支付宝、微信支付等。系统应能够处理支付交易，并在交易成功后更新订单状态。
- 订单管理：用户可以查看和管理他们的订单，包括查看订单状态、修改订单、取消订单等。
- 用户账户管理：用户可以创建和管理他们的账户，包括注册、登录、修改个人信息、管理收货地址和支付方式等。

1.4.5　非功能性需求

非功能性需求也被称为质量属性、服务等级需求或系统属性，是对系统性能、安全性、可靠性、可用性等方面的规定，它们定义了系统如何工作，而不是系统应该做什么。

非功能性需求是对系统的某些质量属性的期望，通常包括以下几个类别。
- 性能需求：关于系统的响应时间、处理能力、资源使用等方面的软件需求。
- 可靠性需求：关于系统的稳定性、错误恢复能力、持久性等方面的软件需求。
- 可用性需求：关于系统的易用性、一致性、可理解性等方面的软件需求。
- 安全性需求：关于系统的访问控制、数据保护、隐私保护等方面的软件需求。
- 可维护性需求：关于系统的可修改性、可扩展性、可测试性等方面的软件需求。
- 可移植性需求：关于系统的可安装性、可替换性、适应性等方面的软件需求。

1. 性能需求

性能需求涵盖了系统在特定工作负载和数据量下的行为和响应。这通常包括系统的响应时间、处理能力和资源使用等方面。例如，一个在线购物网站可能有这样的性能需求：在黑色星期五这样的高流量时期，网站应能处理每秒 1000 个请求，而平均响应时间不应超过 3 秒。性能需求对于提供流畅、无延迟的用户体验至关重要，因为如果网站加载时间过长，用户可能会选择离开。

性能需求的验证通常需要进行性能测试，例如，使用负载测试工具模拟高流量，然后测量系统的响应时间。

2. 可靠性需求

可靠性需求关注系统的稳定性和故障恢复能力。这涉及系统的正常运行时间、故障频率、恢复时间等方面。例如，一个在线购物网站可能有这样的可靠性需求：网站应有 99.9% 的正常运行时间，这意味着每年的故障时间不超过 8.76 小时。可靠性需求对于建立用户对系统的信任至关重要，因为频繁的故障和长时间的恢复会损害用户的信任。

可靠性需求的验证通常需要进行可靠性测试，例如，使用故障注入技术模拟系统故障，然后观察系统的恢复能力。

3. 可用性需求

可用性需求涉及系统的易用性、一致性和可理解性。这包括用户界面的设计、错误消息的清晰性、用户文档的质量等方面。例如,一个在线购物网站可能有这样的可用性需求:网站应具有直观的用户界面和详细的用户帮助文档,使用户能轻松地找到他们想要的商品并完成购买。可用性需求对于提供愉快的用户体验至关重要,因为复杂难用的界面和模糊的指导会让用户感到沮丧。

可用性需求的验证通常需要进行可用性测试,例如,邀请目标用户进行用户体验测试,然后收集他们的反馈。

4. 安全性需求

安全性需求涉及系统的访问控制、数据保护和隐私保护等方面。这包括用户身份验证、数据加密、隐私政策等方面。例如,一个在线购物网站可能有这样的安全性需求:用户的支付信息应通过安全的加密技术进行传输和存储,以防止数据被窃取。安全性需求对于保护用户信息和防止恶意攻击至关重要,因为数据泄露和隐私侵犯会严重损害用户的信任和公司的声誉。

安全性需求的验证通常需要进行安全性测试,例如,使用渗透测试工具测试系统的安全漏洞,然后修复找到的漏洞。

5. 可维护性需求

可维护性需求涉及系统的可修改性、可扩展性和可测试性等方面。这包括代码的质量、模块的独立性、测试的便利性等方面。例如,一个在线购物网站可能有这样的可维护性需求:网站的代码应遵循一定的编码规范,模块应尽可能地独立,以便进行单元测试和维护。可维护性需求对于快速修复错误、添加新功能和提高代码质量至关重要,因为难以维护的代码会增加开发成本和风险。

可维护性需求的验证通常需要进行代码审查和测试,例如,检查代码的质量和可读性,然后改进不合格的代码。

6. 可移植性需求

可移植性需求涉及系统的可安装性、可替换性和适应性等方面。这包括系统的平台独立性、数据格式的标准性、接口的兼容性等方面。例如,一个在线购物网站可能有这样的可移植性需求:网站应能在各种主流浏览器(如 Chrome、Firefox、Safari)上正常运行,而不需要特定的插件或设置。可移植性需求对于扩大用户群和提高用户满意度至关重要,因为用户应能在他们选择的任何设备和平台上使用系统。

7. 非功能性需求的例子

某在线银行系统需要满足以下非功能性需求。

1) 性能需求

- 系统在高峰期需支持每秒处理 1000 笔交易,且每笔交易的响应时间不能超过 3 秒。
- 页面加载时间需控制在 2 秒以内,以保证用户的使用体验。

2) 安全性需求

- 系统需符合 PCI DSS(第三方支付行业数据安全标准),所有用户支付数据必须加密存储和传输。
- 用户登录需使用多因素认证(MFA),以增加账户访问的安全性。
- 必须定期进行安全漏洞扫描和渗透测试,以确保系统无重大安全风险。

3）可靠性需求

- 系统的可用性要求达到99.99％,保证全年无重大停机事故。
- 需要设置24小时自动备份机制,防止数据丢失。

4）可用性需求

- 系统应具备良好的可用性,界面设计需简洁直观,用户能够在无须培训的情况下完成主要操作流程。
- 需要提供清晰明确的错误提示信息和完整的用户帮助文档,以减少用户误操作并提升使用效率。

5）可维护性需求

- 系统架构设计需模块化,便于未来功能的扩展及维护。
- 系统需提供完善的日志记录功能,供技术人员诊断和分析故障。

6）可移植性需求

- 系统需兼容不同的浏览器(如Chrome、Firefox、Safari),并支持PC端和移动端设备的访问。
- 系统应能够轻松迁移至不同的云计算平台,支持横向扩展以应对业务增长。

1.5　软件需求工具

软件需求工具是为了支持需求管理、需求收集、分析和跟踪等过程而开发的应用程序和工具。通过使用这些工具,团队能够更高效地管理和处理软件需求,从而提高工作效率和项目的成功率。本节将详细讲述几类常见的工具类型,如需求管理系统、原型设计工具、用例工具等,从而帮助团队更好地应对软件项目中的挑战,并确保需求能够准确地传达和实现。

软件需求工具是为了支持软件需求管理和分析而设计的各种应用程序和工具。这些工具提供了各种功能,可以帮助团队有效地收集、分析、跟踪和管理软件需求,从而提高团队的工作效率和项目的成功率。以下是一些常用的软件需求工具。

1. 需求管理系统

特点：需求管理系统是一种专门设计用于管理和跟踪需求的软件应用程序。它具有需求收集、分析、跟踪、变更控制、文档化和报告等功能。

示例：IBM Rational DOORS、JIRA、Microsoft Azure DevOps 等。

2. 原型设计工具

特点：原型设计工具用于创建系统原型和模型,帮助团队快速创建系统的初步原型,展示系统的功能和交互方式,并与利益相关者进行交互和反馈。

示例：Axure RP、Adobe XD、Sketch 等。

3. 用例工具

特点：用例工具用于创建、管理和分析系统用例,帮助团队编写和管理用例文档,描述系统与用户之间的交互和行为。

示例：Enterprise Architect、Lucidchart、Visual Paradigm、Rational Rose 等。

4. 文档编辑工具

特点：文档编辑工具用于创建、编辑和格式化需求文档,帮助团队整理需求成文档,并进行适当的格式化和排版。

示例：Microsoft Word、Google Docs、Markdown 编辑器等。

5．需求跟踪工具

特点：需求跟踪工具用于跟踪需求之间的关系和变更，帮助团队建立需求之间的关联关系，跟踪需求的状态和变更。

示例：Jama Connect、TraceCloud、SpiraTeam 等。

通过使用这些软件需求工具，团队可以更加高效地管理和分析软件需求，提高团队的工作效率和项目的成功率。选择适合团队需求和项目规模的工具，可以帮助团队更好地应对软件开发项目中的各种挑战，并实现项目的成功交付。

1.6　案例：某企业二次开发系统的软件需求

请扫描下方二维码查看本案例。

本 章 小 结

本章深入探讨了软件需求的各个方面，首先介绍了软件需求的本质，强调了其作为用户期望、问题解决方向和产品标准的载体的重要性。接着，详细定义了软件需求，涵盖了系统功能、约束条件以及利益相关者期望的各个方面。随后，分析了软件需求的特点，包括多样性、动态性、复杂性和模糊性，并指出了其在项目成功、质量保证、资源规划和沟通中的关键作用。

本章还探讨了软件需求的分类和层次，从业务需求、用户需求到系统需求，以及功能性需求和非功能性需求的不同维度进行了解释。通过这些分类，读者可以更清晰地识别和管理不同层次的需求。此外，本章还介绍了常用的软件需求工具，这些工具能够帮助团队提高需求管理的效率和质量。

通过本章的学习，读者应能够理解和应用软件需求的基本概念和方法，为后续的软件开发工作奠定坚实的基础。

习　　题

请扫描下方二维码在线答题。

第2章 软件需求工程

软件需求工程是软件开发生命周期中至关重要的环节,它决定了最终产品能否满足用户的期望和业务目标。需求工程不仅涉及需求的获取和记录,还包括对需求的深入分析、验证和管理。通过系统化的方法,需求工程帮助团队在项目早期明确方向,减少后期返工的风险,从而提高项目成功率和产品质量。在快速变化的技术环境中,需求工程确保了软件产品的灵活性和适应性,使其能够持续满足用户的需求。这一过程不仅需要技术能力,还需要敏锐的业务洞察力和沟通协调能力,以便在多方利益相关者之间达成共识。

本章目标

- 掌握需求工程的定义及其在软件开发中的关键作用。
- 理解需求工程与软件需求的关系。
- 熟悉多种需求获取技术,能够有效收集和分析用户需求。
- 了解如何有效管理需求变更,保持项目的一致性和灵活性。
- 了解需求工程师的角色及其在项目中的重要性和技能要求。

2.1 需求工程

需求工程是软件开发过程中的关键阶段,贯穿整个软件生命周期。它不仅决定了软件的功能和行为,还直接影响项目成功与否。需求工程的核心是确保所有利益相关者的期望和需求都被准确捕捉、记录、分析、验证和管理。通过对需求进行系统化和结构化的处理,需求工程为软件开发团队提供了明确的目标和指导。

1. 需求工程的定义

需求工程指在软件开发过程中,通过一系列流程和活动,将用户的需求转化为可执行的技术规范。需求工程包含多个阶段和步骤,主要包括需求获取、需求分析、需求文档化、需求确认和验证,以及需求管理。需求工程不仅是收集用户的需求,还需要对这些需求进行理解、细化、澄清,以确保最终的解决方案能够符合业务目标并满足用户期望。

需求工程的最终目标是确保所有软件需求在开发的早期就被识别和确认,避免在后期付出高昂的修改成本或因需求不清晰导致项目失败。

2. 需求工程的价值

需求工程在软件开发中有着不可替代的作用,它不仅确保软件产品符合用户期望,还通过对需求的系统化管理提高了项目的透明度和可控性。通过有效的需求工程,团队可以在项目早期识别出潜在的问题,避免后期返工和需求变更引发的高成本。

- 降低开发风险:通过系统化的需求获取和分析,减少了项目在开发过程中的不确定性,降低了风险。

- 提高项目成功率:需求工程有助于团队在项目初期明确项目目标,确保项目的方向正确,提高了项目按时交付和达到预期的可能性。
- 增强软件的适应性和灵活性:在不断变化的技术和业务环境中,需求工程确保了软件能够随着需求的变化进行调整,保持系统的灵活性和可维护性。

3. 需求工程的挑战

尽管需求工程的价值不可忽视,但它也面临诸多挑战。首先,需求获取本身就是一个复杂的过程,用户的需求可能难以明确表达,甚至可能在项目初期对他们自身的需求不够清晰。此外,需求的变更在项目中是不可避免的,如何有效管理变更,确保项目进度不受大的影响,是需求工程中的一个关键问题。

总之,需求工程不仅是一个技术过程,它更是一种确保业务目标和用户期望能够得到充分实现的管理方法。有效的需求工程能够显著提高软件开发的成功率,减少项目中的风险和不确定性。

2.2 需求工程与软件需求

1. 需求工程

需求工程是软件开发过程中至关重要的阶段,它旨在通过系统化的方法和流程来获取、分析、记录、验证和管理软件需求。该过程不仅关注单一的技术层面,还涉及业务理解、用户需求分析以及利益相关者之间的沟通协调。通过需求工程,开发团队能够确保最终交付的软件产品不仅满足技术要求,还符合用户期望与业务目标。

2. 需求工程与软件需求的关系

1) 相互依存

软件需求是需求工程的核心对象,所有需求工程活动的主要任务都围绕着获取、分析、记录和管理这些软件需求展开。需求工程的首要目标是确保所有利益相关者的需求能够被有效捕捉,并以规范化的方式记录下来,供开发团队和相关方理解和实现。没有明确的软件需求,需求工程将失去其存在的意义;同样,如果没有系统化的需求工程方法,软件需求也难以被准确地定义、管理和实现,可能导致项目失败或产品无法满足用户需求。

2) 目标不同

软件需求和需求工程虽然相互依存,但它们的具体目标存在显著的差异。

- 软件需求是对系统功能、性能、用户界面、环境等方面的详细描述,定义了系统应该实现的具体目标。它是用户和开发团队沟通的基础文档,用以传达对系统的期望。
- 需求工程则是一套系统化的方法与流程,帮助开发团队在需求收集、分析和实现的过程中保持一致性与效率。它的核心任务在于确保这些需求在整个开发生命周期中被正确理解和实现。换言之,软件需求回答的是"系统应做什么",而需求工程回答的是"如何确保系统做对了这些事情"。

3) 覆盖范围

软件需求是需求工程活动的最终产出之一,它详细地描述了系统必须满足的所有功能性和非功能性要求。具体来说,软件需求包括系统应该执行的任务、交互方式、性能目标、用户接口设计、外部接口要求等。

而需求工程的覆盖范围远超软件需求,它贯穿于整个软件开发生命周期,不仅涉及需求获取和记录,还涵盖了对需求的持续管理与追溯。这意味着需求工程不仅关注需求的早期阶段,还延伸至系统的开发、测试、交付和维护,确保需求在不同阶段的完整性和一致性。

4)动态与静态的关系

软件需求本身具有相对的静态特性,它通常代表了用户对系统的期望或规范,这些期望在需求获取和分析阶段会被记录下来,并作为后续开发的指南。然而,随着项目的进展,用户需求、市场需求或技术条件可能发生变化,导致需求的调整或变更。

相对而言,需求工程是一个动态的、不断迭代的过程,旨在管理这些需求的变更,确保系统能够在变化的环境中保持灵活性并继续满足用户需求。因此,需求工程不仅需要在需求定义时确保其完整性和准确性,还需要在项目生命周期的各个阶段对需求进行持续的验证与管理。

3. 需求工程对软件需求的重要性

需求工程在软件开发项目中扮演着关键角色,它通过结构化的流程帮助团队从早期阶段开始减少潜在风险,并提高最终交付的产品质量。以下几方面展示了需求工程对软件需求的重要性。

1)确保完整性和准确性

通过系统化的需求获取和分析过程,需求工程能够确保开发团队对用户需求有深刻的理解,并减少由于需求不明确或不完整而导致的误解。通过使用访谈、问卷调查、原型设计等多种需求获取方法,需求工程能够尽可能详尽地捕捉到所有的需求,并且通过需求确认与验证步骤,确保这些需求准确反映用户的真实需求和期望。

2)处理需求变更

需求在软件项目中往往是动态的,可能由于市场变化、技术进步或用户反馈的原因而发生变更。需求工程通过严格的需求管理流程,确保需求变更能够被有效评估、记录和实施。通过变更管理和追溯性工具,需求工程团队可以跟踪每个需求的来源、变更的原因以及对系统的影响,确保系统的灵活性与一致性。

3)降低项目风险

需求工程帮助团队在项目的早期阶段就识别出潜在的需求问题,诸如需求冲突、模糊性、技术实现的复杂性等。这有助于开发团队及早调整开发计划,减少因需求问题而导致的返工、延迟和成本增加,从而有效降低项目的整体风险。

软件需求和需求工程在软件开发过程中紧密相关。软件需求定义了系统应该具备的功能和特性,而需求工程则通过一系列系统化的流程和方法确保这些需求能够被准确识别、记录、验证和管理。需求工程的动态性使得它能够应对软件开发中出现的需求变更,并在整个项目生命周期中保持对需求的控制与可追溯。这一系统化的方法不仅提高了需求的准确性和完整性,还降低了项目的风险,确保最终的交付产品符合用户需求并达成业务目标。

2.3 需求工程的过程

本节旨在为读者提供一个全面的视角,理解如何系统性地获取、分析和管理需求,帮助读者在实践中高效地应对复杂的需求问题,确保软件产品满足用户需求并符合项目的预期目标。

2.3.1　需求工程的一般步骤

需求工程是一个系统的、迭代的过程,它涉及多个步骤(见图 2-1),包括软件需求获取、软件需求分析、软件需求文档化、软件需求确认和验证,以及软件需求管理。以下是这些步骤的一般内容。

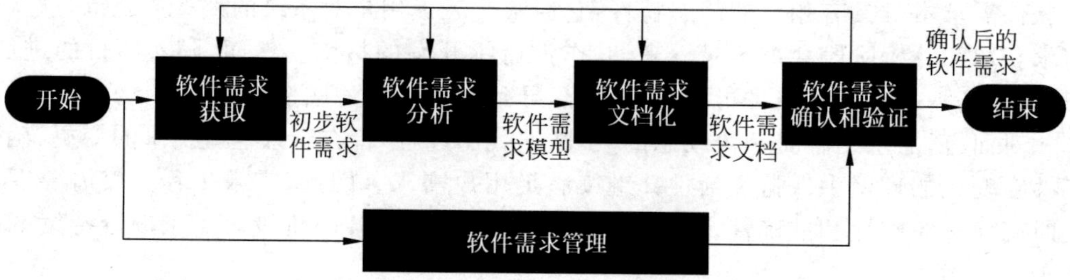

图 2-1　需求工程的一般步骤

(1) 软件需求获取:是软件需求过程的起始点,涉及与用户、客户、利益相关者进行交流,理解他们的软件需求和期望。这个过程可能会使用到访谈、问卷、观察、原型等方法。

(2) 软件需求分析:在收集到初步的软件需求信息后,需要进行分析,理解软件需求的实际含义,识别软件需求的冲突和缺陷,确定软件需求的优先级。这个过程可能会使用到模型、图表、矩阵等工具。

(3) 软件需求文档化:在对软件需求进行了深入的分析后,需要将软件需求转化为具体的文档,这些文档描述了系统必须实现的功能和性能。这个过程可能会生成软件需求规格文档、用例图、状态图等产物。

(4) 软件需求确认和验证:在完成了软件需求文档化后,需要进行确认和验证,确保软件需求规格正确、完整、一致、可实现。这个过程可能会使用到审查、测试等方法。

(5) 软件需求管理:在整个软件需求过程中,需要进行软件需求管理,处理软件需求的变更,维护软件需求的可追溯性,评估软件需求的影响。这个过程可能会使用到软件需求管理工具、跟踪矩阵、变更控制板等工具。

这些步骤并非线性的,而是相互关联的。在实际的软件需求过程中,可能需要反复进行这些步骤,以适应软件需求的变化和项目的发展。

2.3.2　软件需求获取

软件需求获取涉及收集和理解用户、客户、利益相关者的需求和期望。这个过程的主要目标是创建一个全面、详细、准确的软件需求集,这些软件需求可以指导后续的软件需求分析和文档化。以下是软件需求获取的主要方法。

(1) 访谈:访谈是一种需求获取的方法,通过面对面的对话从利益相关者那里收集需求信息。访谈可以是正式的或非正式的、结构化的或非结构化的。它是一种直接、互动的交流方式,能够深入了解用户的需求、期望、业务流程以及潜在的挑战。

(2) 问卷调查:问卷调查是一种通过设计和分发结构化问卷来系统地收集用户和利益相关者需求信息的方法。它特别适用于需要从大量用户中获取标准化、可量化数据的场景。问卷调查可以以纸质或电子形式分发,受访者可以在其方便的时间填写并提交。

（3）观察法：观察法是一种通过直接观察用户在其实际工作环境中如何使用现有系统或执行相关任务来获取需求信息的方法。这种方法能够帮助需求分析师理解用户的实际工作流程、操作习惯和遇到的问题。观察法特别适用于了解用户日常工作中的非言语行为和潜在需求，这些需求往往是通过访谈或问卷难以获取的。

（4）工作坊：工作坊是一种通过组织利益相关者和开发团队在特定时间和地点进行集中讨论、交流和协作的需求获取方法。工作坊旨在通过面对面的互动，快速、有效地收集需求、解决问题、达成共识，促进团队之间的沟通与协作。工作坊通常由专业的主持人引导，采用多种互动方式，如头脑风暴、小组讨论、角色扮演等，确保所有参与者积极参与、充分表达意见。

（5）原型开发与迭代验证：原型开发与迭代验证是软件开发过程中的一种关键方法，它通过创建系统的简化版本（即原型）来展示系统的主要功能和界面。这些原型可以是低保真度的草图，也可以是高保真度的可交互模型，其目的是让用户和利益相关者在开发初期就能够了解系统的外观和功能，从而提供反馈和意见。

（6）焦点小组：焦点小组是一种定性研究方法，通常由一个训练有素的主持人带领一组特定的参与者进行深入讨论。其目的是通过互动和讨论，深入了解参与者的观点、感受、需求和动机。这种方法特别适用于需求获取过程中的探索性研究，以便更好地理解用户的真实需求和期望。

（7）调查分析：调查分析是一种通过系统地收集和分析数据来了解需求的方法。它涉及设计调查问卷、分发问卷、收集回复以及分析数据。这种方法可以定量地衡量用户需求和期望，特别适用于需要从大量用户中收集意见和反馈的情况。

（8）文档研究：文档研究是通过查阅和分析现有文档资料来获取需求的方法。这些文档包括用户手册、业务流程文档、系统规格说明书、技术报告、市场研究报告等。文档研究是一种有效的辅助方法，可以为需求获取提供重要背景信息和参考资料。

（9）用户故事和敏捷方法：用户故事和敏捷方法是获取需求的有效工具，通过简洁的用户故事描述需求，使用敏捷方法迭代开发和验证系统功能，能够灵活应对需求变化，快速响应用户反馈，提高系统设计的准确性和用户满意度。

（10）数据分析法：数据分析法是一种通过对现有数据进行收集、整理、分析和解释，来获取软件需求的方法。它依赖于对各种数据源的深入分析，包括系统日志、用户行为数据、业务数据、市场数据等，以发现用户需求、使用模式和潜在改进点。这种方法特别适用于大型系统和平台，在用户基数大、数据量丰富的情况下，通过数据分析可以提供精确的需求洞察。

这些方法并非相互排斥，而是相互补充的。在实际的软件需求获取过程中，人们可能需要结合使用这些方法，以确保软件需求的全面性和准确性。

2.3.3 软件需求分析

软件需求分析是需求工程的关键阶段，它涉及对收集到的软件需求进行深入的理解和解析。这个过程的主要目标是识别软件需求的实质，解决软件需求的冲突，确定软件需求的优先级，为后续的软件需求文档化提供基础。以下是软件需求分析的主要活动。

（1）软件需求理解：是软件需求分析的基础，涉及对软件需求的深入理解和解析。软件需求工程师需要理解软件需求的含义、背景和目标。这个过程可能会使用到模型、图表、矩阵等工具。

（2）软件需求冲突解决：在收集到的软件需求中，可能存在一些冲突，例如，某些软件需求可能相互矛盾，某些软件需求可能与项目的目标或限制冲突。软件需求工程师需要识别这些冲突，通过协商、调整、削减等方法来解决这些冲突。

（3）软件需求优先级确定：在收集到的软件需求中可能存在一些优先级的问题，例如，某些软件需求可能比其他软件需求更重要，某些软件需求可能比其他软件需求更紧急。软件需求工程师需要确定这些优先级，通过排序、打分、分组等方法来确定这些优先级。

（4）软件需求模型创建：为了更好地理解和管理软件需求，软件需求工程师可能需要创建一些软件需求模型，例如，用例模型、对象模型、动态模型等。这些模型可以帮助软件需求工程师更好地理解软件需求的结构和动态，更好地管理软件需求的变更和追溯。

在软件需求分析阶段，需求工程师需要对需求进行深入的分析和理解，识别并解决潜在的需求冲突，确定需求的优先级，并将这些需求以模型的形式表达出来。这个阶段的工作为后续的需求文档化和验证提供了坚实的基础。

2.3.4　软件需求文档化

软件需求文档化的主要目标是将分析过程中得出的结果以明确、一致、可理解的方式记录下来。软件需求规格文档是项目团队、利益相关者和最终用户之间沟通的重要工具，也是项目进展的关键参考。以下是软件需求文档化的主要步骤。

（1）软件需求规格文档编写：软件需求规格文档是记录软件需求的主要文档。它详细地描述了软件的功能性需求、性能需求、接口需求等，为软件设计和开发提供了基础。软件需求规格文档应该清晰、完整、一致，避免歧义。

（2）软件需求模型文档化：在软件需求分析阶段，软件需求工程师可能创建了一些软件需求模型，如用例模型、对象模型、动态模型等。这些模型需要以适当的形式文档化，以便于理解和沟通。

（3）软件需求跟踪矩阵创建：软件需求跟踪矩阵是一种用于管理软件需求变更和追溯软件需求来源的工具。它可以帮助软件需求工程师了解软件需求的来源，理解软件需求的影响，管理软件需求的变更。

（4）软件需求验证和审查：在软件需求文档化完成后，需要通过验证和审查来确保软件需求的正确性、完整性和一致性。这可能涉及软件需求审查会议、软件需求检查列表、软件需求测试等。

软件需求文档化不仅是记录软件需求的过程，也是沟通和管理软件需求的过程。通过有效的软件需求文档化，可以确保所有的利益相关者对软件需求有共同的理解，可以有效地管理软件需求的变更，可以提高项目的成功率。

2.3.5　软件需求确认和验证

软件需求确认和验证可以确保最终的软件需求集合能够准确反映用户的需求，并且是可实施的。这个阶段的目的是验证软件需求的正确性、一致性、完整性和可测试性。以下是软件需求确认和验证的主要活动。

（1）软件需求审查：通过正式的软件需求审查会议，邀请项目团队成员、利益相关者以及用户代表等参与，共同检查软件需求规格文档。审查的目的是发现软件需求中可能存在的错误、遗漏、不一致和歧义。

（2）软件需求测试：软件需求测试指对软件需求文档进行的一系列测试活动，以确保软件需求的可实施性和可测试性。这包括从软件需求角度出发设计测试用例，验证软件的实际行为是否与软件需求相符。

（3）软件需求验证技术应用：应用多种技术来验证软件需求，如原型验证、模型检验和模拟。通过原型可以快速地获取用户反馈，模型检验可以确保软件需求的逻辑正确性，而模拟则可以在软件开发前评估软件需求的实际表现。

（4）软件需求可追溯性确认：确认软件需求与源需求、系统设计和测试用例之间的可追溯性。这确保了任何软件需求的变更都能够被跟踪，相关的设计和测试用例也能相应更新，保持软件需求的一致性。

（5）用户验收测试：在软件开发的后期，用户会进行验收测试，以验证软件是否满足了其软件需求。这是最终用户确认软件需求已被准确实现的重要步骤。

软件需求确认和验证是一个迭代的过程，可能会导致软件需求的进一步细化或修改。通过持续的确认和验证活动，可以确保软件产品能够满足用户的实际软件需求，并且在整个软件开发生命周期中保持软件需求的质量。

2.3.6　软件需求管理

软件需求管理的目标是确保软件开发项目能够满足用户需求，同时也能够应对软件需求变更。以下是软件需求管理的主要活动。

（1）软件需求变更管理：软件需求变更是软件开发过程中常见的情况，软件需求变更管理是一个系统的过程，包括变更提出、变更评估、变更决策、变更实施和变更验证。

（2）软件需求跟踪：软件需求跟踪是持续监视软件需求状态和进度的过程，以确保软件需求在整个生命周期中得到满足。软件需求报告则是将软件需求的状态、进度和问题向项目团队和利益相关者报告。

软件需求管理是一个持续的过程，它需要在整个软件开发生命周期中进行。通过有效的软件需求管理，可以确保软件产品能够满足用户的实际软件需求，同时也能有效地应对软件需求变更，提高项目的成功率。

2.4　需求工程师

需求工程师（也称为业务分析师）是软件开发项目中的重要角色，主要负责理解、收集、分析、验证和管理软件项目中的需求。他们确保软件系统的功能、性能、用户界面等要求清晰明确，并且符合业务目标和用户的期望。需求工程师的工作贯穿整个软件开发生命周期，从项目启动到最终交付。

1. 需求工程师的职责

（1）需求收集：与客户、业务人员、项目经理等利益相关者进行沟通，收集用户的需求。需求可以是功能性的（如系统需要具备的特定功能）或非功能性的（如性能、安全性等要求）。

（2）需求分析：将用户的需求进行细化、澄清和分析，确保需求合理、可行，并能够被开发团队理解和实现。分析还包括识别潜在的冲突、矛盾和风险。

（3）需求文档撰写：将收集和分析的需求编写成标准化的文档（如需求规格说明书SRS），确保所有人对需求有一致的理解。文档应包括系统的功能、约束条件、数据需求等。

（4）需求验证和确认：与客户和技术团队共同验证需求的准确性，确认需求符合业务目标并且具有可操作性。

（5）需求变更管理：在项目过程中，需求可能会发生变化，需求工程师需要跟踪和管理这些变更，确保它们在不影响项目进度和预算的情况下得到适当的处理。

（6）沟通协调：作为客户、开发团队和测试团队之间的桥梁，需求工程师需要不断地进行沟通和协调，确保项目中的每个人都对需求有一致的理解。

2. 需求工程师的技能

（1）沟通能力：需求工程师需要与多方沟通，既要能与技术人员讨论细节，也要能与非技术人员用通俗的语言进行交流。

（2）分析能力：善于分析和抽象业务需求，能够识别出系统的核心功能和非必要功能。

（3）文档撰写能力：能够清晰、准确地编写需求文档，确保文档的规范性和可理解性。

（4）技术理解力：尽管需求工程师不是开发人员，但需要具备一定的技术背景，能够理解开发团队的语言和技术约束。

（5）问题解决能力：在面对不明确或冲突的需求时，需求工程师需要快速找到合适的解决方案。

（6）项目管理能力：需求工程师通常也需要协助项目经理跟踪需求状态，并管理需求变更的过程。

需求工程师确保项目开发的方向和目标始终与客户和业务需求保持一致。通过需求的清晰表达和管理，减少了开发过程中因理解不清导致的返工和浪费。一个优秀的需求工程师能够极大地提高项目的成功率。

本 章 小 结

本章详细介绍了软件需求工程在软件开发生命周期中的重要性及其核心流程。需求工程是一个系统化的过程，旨在确保软件产品能够准确满足用户的需求和业务目标。通过软件需求获取、软件需求分析、软件需求文档化、软件需求确认和验证，以及软件需求管理等步骤，需求工程师能够有效地识别和管理软件需求，减少后期的返工和风险，提高项目的成功率。

具体来说，本章探讨了需求工程与软件需求之间的关系，强调了需求工程在保障软件需求完整性、处理需求变更和降低项目风险方面的重要性。需求工程的过程被分为多个步骤，包括软件需求获取、软件需求分析、软件需求文档化、软件需求确认和验证，以及软件需求管理。每个步骤都有其特定的方法和工具，以确保需求的准确性和可实现性。

此外，本章还介绍了需求工程师的角色及其在项目中的关键作用。需求工程师不仅需要具备技术能力，还需具备良好的沟通、分析和问题解决能力，以协调各方利益相关者，确保项目目标与用户需求一致。

总之,需求工程通过系统化的方法和流程,帮助开发团队在项目早期明确方向,提高软件产品的质量和适应性,确保项目的成功。

习　　题

请扫描下方二维码在线答题。

软件需求工程

第 3 章　软件需求获取

在软件开发的初期阶段,获取准确且全面的软件需求至关重要。需求的错误或遗漏可能会导致项目失败或资源浪费。因此,软件需求获取作为软件工程中的核心步骤,直接影响项目的成败。本章将深入探讨软件需求获取的定义、目标以及不同的需求获取方法。将介绍如何通过访谈、问卷调查、观察法、工作坊等多种手段,从不同利益相关者那里收集准确的需求信息。通过学习本章内容,读者将掌握需求获取的核心步骤和方法,为软件项目的成功奠定基础。

本章目标

- 了解软件需求获取的定义和目标。
- 掌握软件需求获取过程的步骤。
- 学习不同的软件需求获取方法,包括访谈、问卷调查、观察法、工作坊等。
- 掌握软件需求获取过程中的技巧和策略。
- 了解软件需求获取的工具和技术。

观看视频:
需求获取
补充知识

3.1　软件需求获取过程概述

在深入探讨具体的方法之前,了解软件需求获取的整体过程是非常重要的。需求获取过程通常包含多个步骤,每一步都在确保需求完整性和准确性方面发挥着关键作用。接下来将介绍软件需求获取的定义与目标,并详细说明这一过程的各个步骤。

3.1.1　软件需求获取的定义与目标

1. 定义

软件需求获取是软件工程中一项关键的初始活动,其主要目的是从客户、用户和其他利益相关者处收集和理解他们对软件系统的需求。这一过程不仅涉及询问和记录用户的软件需求,还包括帮助用户明确和澄清他们的软件需求,以确保开发团队能够准确理解并满足这些软件需求。

软件需求获取涉及从抽象的用户需求到具体的软件需求的转化过程。这一过程需要多种方法和技术,以确保收集到的信息是全面、准确且可行的。

2. 目标

软件需求获取的目标是确保最终的软件产品能够满足所有利益相关者的期望和需求,以下是软件需求获取的主要目标。

- 识别利益相关者:确定所有相关的利益相关者,包括客户、最终用户、开发团队、支持人员等,以确保他们的需求和期望能够被充分考虑和理解。

- 理解用户需求:深入理解用户的实际需求和业务目标,而不仅仅是用户提出的功能性需求。这需要了解用户的工作环境、业务流程和面临的挑战。
- 明确系统范围:确定系统的边界和范围,避免范围蔓延问题。明确系统的边界有助于设定合理的开发目标和管理用户期望。
- 收集全面软件需求:收集和记录所有类型的软件需求,包括功能性需求、非功能性需求、业务需求、性能需求、安全需求等,确保软件需求的全面性和准确性。
- 达成共识:在利益相关者之间达成对软件需求的共识,解决任何冲突和分歧,确保所有人对软件需求的理解一致,并同意这些软件需求指导系统的开发。
- 验证软件需求的可行性:评估软件需求的技术可行性、经济可行性和时间可行性,确保软件需求可以在现有的技术和资源条件下实现,并在预定的时间和预算内完成。
- 建立优先级:为软件需求建立优先级,确定哪些软件需求是必需的,哪些软件需求是可选的或可以在后续版本中实现。这有助于在资源有限的情况下,确保最重要的软件需求得到优先实现。
- 记录软件需求:将收集到的软件需求清晰、准确地记录下来,形成软件需求规格文档。这些文档将作为后续系统设计、开发和测试的基础。

通过达成这些目标,软件需求的获取过程有助于确保软件产品能够满足用户的实际软件需求,同时遵守预算和时间限制,减少开发过程中的风险和不确定性。

在实际应用中,软件需求获取是一个动态和迭代的过程,它涉及多种技术和工具,以及与利益相关者的持续沟通。随着项目的进展,新的软件需求可能会被发现,而原有的软件需求也可能会改变,因此软件需求获取并不是一次性的活动,而是贯穿整个项目生命周期的持续过程。

接下来将详细介绍软件需求获取的各种方法、过程、技巧与策略,以及支持这一过程的工具和技术,旨在为软件工程师、项目经理和所有参与软件开发的人员提供一个全面的软件需求获取框架。

3.1.2 软件需求获取的步骤

软件需求获取是一项系统性的工作,需要经过多个步骤才能确保软件需求的完整性和准确性。以下是软件需求获取的步骤(见图 3-1),每一步都有其特定的任务和目标。

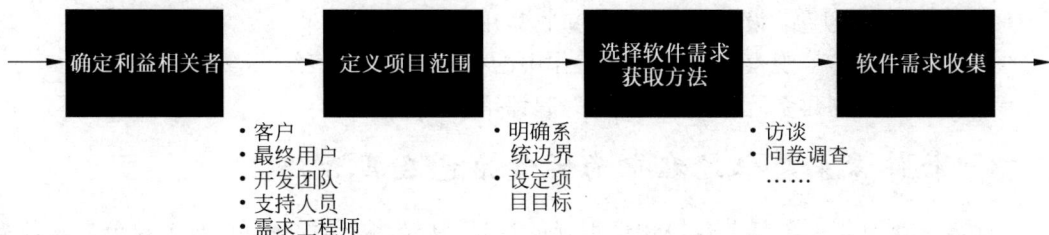

确定利益相关者	定义项目范围	选择软件需求获取方法	软件需求收集
• 客户 • 最终用户 • 开发团队 • 支持人员 • 需求工程师	• 明确系统边界 • 设定项目目标	• 访谈 • 问卷调查 • ……	

图 3-1 软件需求获取的步骤

1. 确定利益相关者

首先,需要识别和确定所有的利益相关者。利益相关者包括那些对系统有软件需求或会受到系统影响的个人和群体。常见的利益相关者如下。

- 客户：支付费用的组织或个人。
- 最终用户：实际使用系统的人。
- 开发团队：包括项目经理、开发人员、测试人员等。
- 支持人员：提供技术支持和维护的人。
- 需求工程师：负责软件需求分析和管理的专业人员。

2. 定义项目范围

在确定利益相关者之后，需要明确项目的范围。这一步的目的是防止软件需求蔓延，确保项目在可控范围内进行。

- 明确系统边界：确定系统的功能性和非功能性需求，明确哪些功能在项目范围内，哪些功能不在项目范围内。
- 设定项目目标：与利益相关者一起制定明确的项目目标，确保所有参与者对项目预期有一致的理解。

3. 选择软件需求获取方法

选择适合的软件需求获取方法是确保软件需求准确的重要步骤。常用的软件需求获取方法包括以下几种。

- 访谈：与利益相关者进行一对一或小组访谈，深入了解他们的需求和期望。
- 问卷调查：通过书面问卷收集大量用户的需求信息。
- 观察法：观察用户的工作流程和实际操作，理解他们的需求。
- 工作坊：组织利益相关者共同讨论和定义软件需求。
- 原型开发与迭代验证：通过原型展示系统功能，收集用户反馈，逐步完善软件需求。
- 焦点小组：小规模用户群体讨论，收集具体软件需求和意见。
- 调查分析与文档研究：分析现有系统文档、用户手册、业务流程图等，获取软件需求信息。
- 用户故事和敏捷方法：使用用户故事和敏捷方法，灵活应对软件需求变化。
- 数据分析法：通过对现有数据进行收集、整理、分析和解释，来获取软件需求的方法。

4. 软件需求收集

选择合适的方法后，开始实际的软件需求收集工作。

- 安排和执行会议：组织访谈、工作坊或焦点小组会议，收集软件需求。
- 分发和收集问卷：设计和分发问卷，收集用户反馈。
- 进行现场观察：观察用户在实际工作中的操作，记录观察结果。
- 开发原型：创建系统原型，与用户一起评审和迭代。

3.1.3 软件需求获取过程中的关键角色及其责任

软件需求获取是一个复杂且协作性很强的过程，涉及多个关键角色，每个角色在软件需求获取过程中承担不同的责任。明确这些角色及其责任对于确保软件需求获取的质量和效率至关重要。以下是软件需求获取过程中的关键角色及其责任。

1. 客户

客户是软件需求的主要来源，客户通常是支付费用的组织或个人，期望通过软件系统解决特定的业务问题或实现某些目标。客户的主要责任包括以下几点。

- 提供需求：描述客户业务需求和期望。
- 参与软件需求评审：确认和评审软件需求，确保开发团队理解准确。
- 决策支持：在软件需求变更或优先级调整时提供决策支持。
- 反馈与验证：提供反馈和验证软件需求的实现情况。

2. 最终用户

最终用户是实际使用软件系统的人，最终用户对系统的功能和使用体验有最直接的软件需求和期望。最终用户的主要责任包括以下几点。

- 提供使用场景：描述日常工作中的实际操作和业务流程。
- 反馈软件需求：提供详细的功能性需求和非功能性需求。
- 参与原型评审：评审系统原型并提供反馈。
- 软件需求验证：确认软件需求是否被准确实现，系统是否符合预期。

3. 需求工程师

需求工程师是软件需求获取过程中非常重要的角色，需求工程师负责在客户、最终用户和开发团队之间架起沟通的桥梁。需求工程师的主要责任包括以下几点。

- 软件需求收集：使用访谈、问卷、观察等方法收集需求。
- 软件需求分析：分析和整理收集到的软件需求，确保软件需求的完整性和一致性。
- 软件需求文档化：编写详细的软件需求规格文档，包括软件需求规格说明书、用户故事等。
- 软件需求验证：与客户和最终用户一起验证和确认软件需求。
- 软件需求管理：持续跟踪和管理软件需求变更，保持软件需求的可追溯性。

4. 项目经理

项目经理负责软件需求获取过程的整体协调和管理，确保软件需求获取过程按计划进行并满足项目目标。项目经理的主要责任包括以下几点。

- 规划和调度：制订软件需求获取的计划和时间表。
- 资源分配：分配和管理软件需求获取所需的资源。
- 进度跟踪：跟踪软件需求获取的进度，确保按时完成。
- 冲突管理：解决软件需求获取过程中出现的冲突和问题。
- 沟通协调：在客户、最终用户和开发团队之间进行沟通和协调。

5. 开发团队

开发团队包括软件工程师、设计师、测试人员等，他们负责将软件需求转化为实际的软件系统。开发团队的主要责任包括以下几点。

- 技术可行性评估：评估软件需求的技术可行性，提供专业建议。
- 原型开发：开发系统原型，帮助客户和最终用户理解软件需求。
- 软件需求实现：根据软件需求规格文档进行系统设计和开发。
- 软件需求验证：通过测试验证软件需求的实现情况，确保系统符合软件需求。

6. 测试人员

测试人员负责验证软件需求的实现情况，确保系统功能和性能符合预期。测试人员的主要责任包括以下几点。

- 软件需求分析：分析软件需求文档，编写测试用例。
- 测试执行：执行功能测试、性能测试等，验证系统的各项软件需求。
- 缺陷报告：记录和报告测试过程中发现的缺陷和问题。
- 回归测试：在软件需求变更后进行回归测试，确保系统的稳定性。

7. 产品经理

产品经理负责产品的整体规划和策略，确保软件需求与产品的长期目标和市场需求一致。产品经理的主要责任包括以下几点。

- 产品愿景：定义和维护产品愿景，确保软件需求与产品战略一致。
- 市场分析：进行市场分析和用户调研，识别用户需求和市场机会。
- 优先级设定：根据业务目标和市场需求为软件需求设定优先级。
- 软件需求沟通：与开发团队、客户和最终用户沟通软件需求，确保各方理解一致。

8. 利益相关者

利益相关者包括所有对项目有影响或受项目影响的个人或组织。利益相关者的主要责任包括以下几点。

- 软件需求提供：提供软件需求和期望。
- 参与评审：参与软件需求评审和确认过程。
- 提供反馈：在软件需求获取和实现过程中提供持续的反馈和建议。

通过明确以上角色及其责任，软件需求获取过程可以更加有序和高效地进行。每个角色在软件需求获取中扮演的关键作用和承担的责任都至关重要，只有各方密切合作，才能确保软件需求的完整性、准确性和可行性，从而为后续的系统设计、开发和测试奠定坚实的基础。

3.2 软件需求获取的方法

在明确了软件需求获取的过程之后，接下来将探讨各种具体的方法。这些方法各有特点，适用于不同的场景和需求类型。通过了解这些方法，读者可以选择最合适的方式来收集和分析需求信息，从而提高项目的成功率。

3.2.1 访谈

1. 访谈的定义

访谈是一种软件需求获取的方法，通过面对面的对话从利益相关者那里收集软件需求信息。访谈可以是正式的或非正式的、结构化或非结构化的。它是一种直接、互动的交流方式，能够深入了解用户的软件需求、期望、业务流程以及潜在的挑战。

根据访谈的结构和目的，访谈可以分为以下几种类型（见图 3-2）。

- 结构化访谈：使用预先设计好的问题列表，访谈内容和顺序严格按照计划进行。结构化访谈能够确保所有受访者回答相同的问题，便于比较和分析。
- 半结构化访谈：结合结构化和非结构化访谈的特点，有一些预设问题，但访谈过程中允许根据具体情况自由扩展和深入探讨。半结构化访谈既有一定的控制性，又具有灵活性，适用于软件需求获取中的大多数情况。

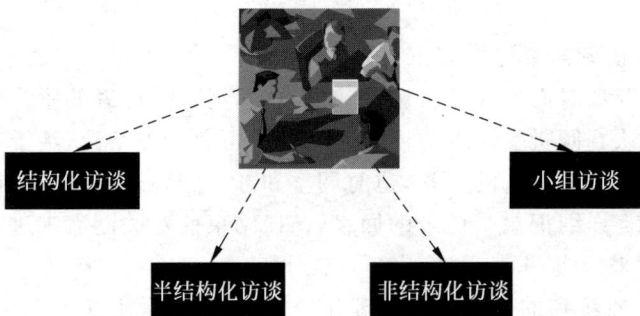

图 3-2 访谈的类型

- 非结构化访谈：没有固定的问题列表，访谈内容完全依靠访谈者和受访者的自由对话。这种访谈方式适合在初期探索软件需求、了解问题背景或挖掘潜在软件需求时使用。
- 小组访谈：对一个小组的利益相关者进行集体访谈，通过互动讨论收集软件需求。这种方式可以获取不同视角的软件需求，同时促进利益相关者之间的沟通和共识。

2. 访谈的步骤

进行有效的访谈需要经过精心的准备和执行，图 3-3 所示是访谈的步骤。

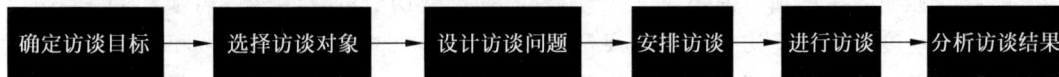

图 3-3 访谈的步骤

1) 确定访谈目标

在开始访谈之前，明确访谈的具体目标和期望结果。这包括：

- 明确要收集哪些类型的软件需求信息（如功能性需求、非功能性需求、业务流程等）。
- 确定访谈的焦点和范围，避免偏离主题。

2) 选择访谈对象

选择合适的受访者非常关键，受访者应当是对项目有深入了解和实际需求的人。通常包括以下几类对象。

- 最终用户。
- 系统管理员。
- 业务负责人。
- 技术支持人员。

3) 设计访谈问题

设计清晰、有针对性的问题列表，确保问题覆盖所有重要方面。通常包括以下问题。

- 开放性问题，如"请描述一下您一天的工作流程？"
- 封闭性问题：如"您是否需要系统提供数据导出功能？"
- 澄清性问题：如"能否详细说明一下您提到的'数据处理速度慢'具体指什么情况？"

4) 安排访谈

与受访者约定访谈时间和地点，确保环境安静、不受干扰。同时，提前告知访谈的目的和流程，取得受访者的同意和支持。

5）进行访谈

实际访谈中，访谈者需要注意以下几点。

- 建立信任：开场时简要介绍自己和访谈目的，消除受访者的紧张感。
- 主动倾听：认真倾听受访者的回答，不打断、不急于下结论，给予充分表达的机会。
- 灵活调整：根据受访者的回答，适时调整和补充问题，深入挖掘有价值的信息。
- 记录与总结：详细记录受访者的回答，访谈结束前对关键需求进行总结和确认。

6）分析访谈结果

访谈结束后，对收集到的信息进行整理和分析，包括以下几点。

- 整理记录：将访谈记录整理成书面文档，确保信息的完整性和准确性。
- 识别软件需求：从访谈记录中识别出具体的软件需求，并进行分类和优先级排序。
- 编写访谈报告：总结访谈结果，形成访谈报告，分享给利益相关者进行确认和反馈。

3. 访谈的技巧

为了确保访谈的有效性，访谈者需要掌握一些关键技巧。

- 准备充分：在访谈前对项目背景、业务流程和受访者情况进行充分了解，准备好相关材料和问题。
- 保持中立：访谈过程中保持客观、中立，不带个人偏见，不诱导受访者回答。
- 善于倾听：注重倾听而不是只关注提问，捕捉受访者的真实软件需求和潜在问题。
- 灵活应变：根据受访者的反应灵活调整访谈策略，避免过于死板或机械化。
- 控制节奏：掌控访谈的节奏和时间，确保在规定时间内完成预定的问题和目标。
- 鼓励表达：鼓励受访者自由表达，避免受访者因紧张或顾虑而不敢说出真实想法。

4. 访谈的优缺点

访谈作为软件需求获取的一种重要方法，具有其独特的优点和缺点。

1）优点

- 互动性强：可以通过互动深入了解软件需求，及时澄清和解答疑问。
- 灵活性高：能够根据实际情况调整访谈内容和方向，灵活应对各种问题。
- 深度挖掘：可以通过追问和探讨，挖掘出潜在软件需求和隐性软件需求。

2）缺点

- 时间成本高：需要花费大量时间进行准备、执行和分析，效率较低。
- 主观性强：访谈结果可能受到受访者个人观点和情绪的影响，存在一定的主观性。
- 依赖技巧：访谈效果很大程度上取决于访谈者的技巧和经验，新手容易出现遗漏或误导。

5. 访谈的实例

假设一个软件项目团队正在开发一个新的客户关系管理（CRM）系统，项目团队决定通过访谈来获取软件需求。他们进行了以下一系列访谈。

（1）与销售经理进行访谈：了解销售团队的业务流程、现有系统的不足以及对新系统的期望。

问题示例：您目前使用的 CRM 系统有哪些主要不足？新系统应如何改进？

（2）与客服代表进行访谈：收集客服代表在处理客户问题时遇到的痛点和软件需求。

问题示例：您在处理客户投诉时，现有系统有哪些限制？您希望新系统有哪些功能来帮助您更有效地工作？

（3）与 IT 支持人员进行访谈：了解技术支持和系统维护方面的软件需求和挑战。

问题示例：现有系统在维护和技术支持方面有哪些问题？新系统应如何设计以提高维护效率？

通过这些访谈，项目团队不仅收集到了详细的功能性需求，还发现了一些之前未曾考虑的非功能性需求，如系统性能和数据安全需求，从而为后续的系统设计和开发提供了全面和可靠的软件需求基础。

访谈作为软件需求获取的重要方法，通过面对面的交流能够深入理解用户需求，捕捉到其他方法难以获取的信息。在软件需求获取过程中，合理安排和运用访谈方法将大幅提高软件需求的准确性和完整性，为软件项目的成功打下坚实的基础。

3.2.2 问卷调查

1. 问卷调查的定义

问卷调查是一种通过设计和分发结构化问卷来系统地收集用户和利益相关者软件需求信息的方法。它特别适用于需要从大量用户中获取标准化、可量化数据的场景。问卷调查可以以纸质或电子形式分发，受访者可以在其方便的时间填写并提交。

2. 问卷调查的目标

问卷调查的主要目标如下。

- 广泛覆盖：收集来自大量分散用户的软件需求，确保各类用户群体的软件需求被充分了解。
- 标准化数据：通过预定义的问题获取标准化数据，便于分析和比较。
- 定量分析：提供可量化的数据，有助于后续的统计分析和软件需求优先级设定。
- 多样反馈：通过问卷能够收集多种类型的软件需求信息，包括功能性需求、非功能性需求和用户期望等。

3. 设计问卷的步骤

成功的问卷调查依赖于精心设计的问卷。图 3-4 所示是设计问卷的步骤。

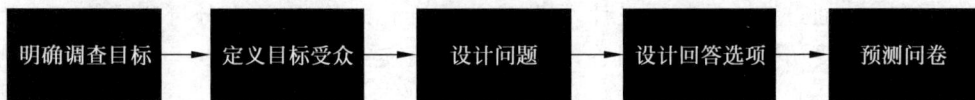

| 明确调查目标 | → | 定义目标受众 | → | 设计问题 | → | 设计回答选项 | → | 预测问卷 |

图 3-4　设计问卷的步骤

（1）明确调查目标：确定调查的具体目标和预期结果，确保问卷的问题与目标一致。

（2）定义目标受众：明确问卷的目标受众，确保问题设计适合受众的背景和理解水平。

（3）设计问题。

- 问题类型：包括开放式问题和封闭式问题。开放式问题允许受访者自由回答，适合收集详细意见；封闭式问题提供固定选项，便于量化分析。
- 问题顺序：问题的顺序应从简单到复杂，循序渐进地设计，以引导受访者顺畅地回答问题。
- 问题清晰：确保问题简明扼要，不含歧义，避免复杂的专业术语。

（4）设计回答选项：对于封闭式问题，设计合理的回答选项，确保涵盖所有可能的回答,避免受访者感到选项不够全面。

（5）预测问卷：在正式分发前,对问卷进行预测试,收集反馈并进行修改和优化。

4. 问卷的类型

根据问题的性质和调查目标,问卷可以分为以下几种类型。

- 开放式问卷：受访者可以自由回答问题,适用于收集详细的意见和建议。
- 封闭式问卷：提供固定的回答选项,适用于获取标准化和可量化的数据。
- 半开放式问卷：结合开放式和封闭式问题,既能收集详细意见,又能获取量化数据。

5. 实施问卷调查

设计好问卷后,接下来的步骤是实施问卷调查。

- 选择分发方式：确定问卷的分发方式,可以是纸质问卷、电子邮件、在线调查工具等。
- 分发问卷：将问卷分发给目标受众,确保覆盖所有利益相关者。
- 收集问卷：设定合理的截止日期,收集受访者填写好的问卷。
- 跟进和提醒：在问卷分发后,适时跟进和提醒受访者填写和提交问卷,确保获得足够的反馈。

6. 数据分析与处理

问卷收集完成后,需要对数据进行分析和处理。

- 数据整理：将收集到的问卷进行整理和录入,确保数据的完整性和准确性。
- 定量分析：对封闭式问题的数据进行统计分析,使用频率分析、平均值分析、交叉分析等方法。
- 定性分析：对开放式问题的回答进行内容分析,提取关键主题和观点。
- 结果总结：总结分析结果,形成数据报告,提炼出主要软件和共性问题。

7. 问卷调查的优缺点

（1）优点。

- 覆盖面广：可以覆盖大量分散的受众,收集广泛的软件需求信息。
- 成本低：相比其他方法,问卷调查的成本相对较低,尤其是在线问卷。
- 标准化：通过统一的问题设计,可以获得标准化的数据,便于分析和比较。
- 匿名性：受访者可以匿名回答,有助于获取真实意见。

（2）缺点。

- 深度有限：难以深入了解复杂软件需求,回答通常较为简短和表面。
- 响应率低：如果问卷设计不合理或分发方式不合适,响应率可能较低。
- 误解风险：问题设计不当可能导致受访者误解,影响数据质量。
- 缺乏互动：缺乏与受访者的互动,无法及时澄清或深入挖掘软件需求。

8. 提高问卷调查效果的策略

为了提高问卷调查的效果,可以采取以下策略。

- 设计简洁：问卷应尽量简洁,控制在合理的长度内,避免过多的问题。
- 提供激励：可以提供一些小礼品或抽奖机会,激励受访者参与填写问卷。
- 清晰说明：在问卷开头提供清晰的说明,解释调查的目的和问卷填写的重要性。
- 预测试：通过预测试收集反馈,优化问卷设计,确保问题清晰和易于理解。

- 及时跟进：在问卷分发后，及时跟进和提醒受访者，鼓励他们尽早填写和提交问卷。

9. 问卷调查的实例

为了更好地理解问卷调查在需求获取中的应用，以下是一个关于医院信息管理系统开发项目的需求获取实例。

1）项目背景

一家大型医院计划开发一个信息管理系统，以提高医院的管理效率和医疗服务质量。项目团队需要通过问卷调查收集不同部门和用户的需求，以确保系统功能全面并满足实际需求。

2）需求获取过程

（1）设计问卷。

- 问卷内容：根据不同用户群体（如医生、护士、管理人员、技术支持人员等）的需求，设计不同的问卷内容，涵盖系统功能性需求、用户体验、数据安全等方面。
- 示例问题。
  - 医生：您希望系统有哪些功能可以帮助您更高效地管理患者信息？
  - 护士：在日常工作中，现有系统有哪些不足？新系统应如何改进？
  - 管理人员：您对系统的报表功能有何需求？希望系统能提供哪些数据分析功能？
  - 技术支持人员：系统在维护和技术支持方面应具备哪些特性？

（2）分发问卷。

- 问卷形式：采用电子问卷和纸质问卷相结合的方式，确保覆盖所有用户群体。
- 分发方式：通过电子邮件、内部通信平台和现场分发等方式，将问卷分发给相关人员。

（3）收集和分析问卷。

- 数据收集：回收问卷后，整理和录入数据，确保数据的完整性和准确性。
- 数据分析：对收集到的数据进行分类和统计分析，识别出主要的功能性需求和非功能性需求。

（4）需求确认和反馈调整。

- 需求确认：根据分析结果，整理出初步的需求清单，与利益相关者进行确认和讨论，确保需求的准确性和可行性。
- 反馈调整：根据利益相关者的反馈，对需求清单进行调整和完善，最终确定系统的详细需求。

问卷调查是一种高效、经济的软件需求获取方法，适用于从大量用户中收集标准化和可量化的数据。通过精心设计和合理实施，问卷调查可以为软件开发提供宝贵的软件需求信息，确保系统能够满足广泛用户的需求和期望。在实际应用中，结合其他软件需求获取方法，可以更全面地理解和满足用户需求，提高软件项目的成功率。

3.2.3 观察法

观察法是一种通过直接观察用户在其实际工作环境中如何使用现有系统或执行相关任务来获取软件需求信息的方法。这种方法能够帮助需求工程师理解用户的实际工作流程、操作习惯和遇到的问题。观察法特别适用于了解用户日常工作中的非言语行为和潜在软件需求,这些软件需求往往是通过访谈或问卷难以获取的。

1. 观察法的目标

观察法的主要目标包括以下几个。

- 获取真实反馈:通过观察用户的实际操作,获取真实的使用行为和软件需求。
- 发现隐性软件需求:发现用户自己未能意识到的软件需求或使用问题。
- 理解工作流程:深入理解用户的工作流程和操作习惯,识别流程中的瓶颈和改进点。
- 验证软件需求:验证从其他方法(如访谈或问卷)获取的软件需求,确保其准确性和完整性。

2. 观察法的类型

观察法可以分为多种类型,主要包括以下几种。

- 参与式观察:观察者直接参与到用户的工作中,与用户共同完成任务,能够获得第一手的操作体验和软件需求信息。
- 非参与式观察:观察者不参与用户的工作,仅作为旁观者观察用户的操作,避免干扰用户的正常工作。
- 直接观察:观察者在现场直接观察用户的操作,能够实时记录用户行为和环境。
- 间接观察:通过视频录制等方式进行观察,观察者在事后回看视频进行分析。

3. 实施观察法的步骤

实施观察法需要精心计划和准备,以确保观察结果的准确性和有效性。图 3-5 所示是实施观察法的步骤。

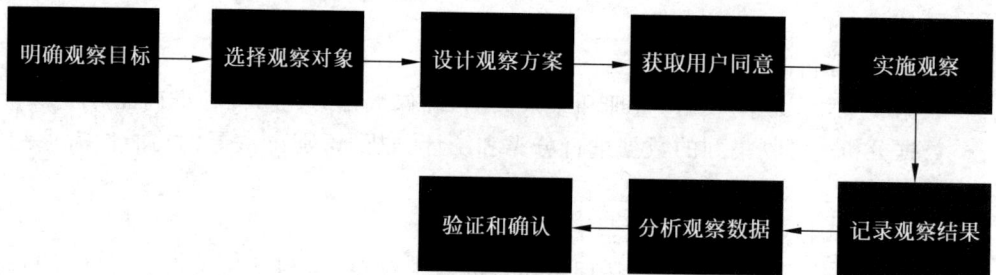

图 3-5　实施观察法的步骤

(1) 明确观察目标:确定观察的具体目标和预期结果,确保观察内容与目标一致。

(2) 选择观察对象:选择典型的用户作为观察对象,确保观察结果具有代表性。

(3) 设计观察方案。

- 观察内容:确定需要观察的具体内容和行为,如操作步骤、使用工具、交互方式等。
- 观察方法:选择适当的观察方法(参与式或非参与式、直接或间接)。
- 观察记录:设计记录表或使用录音机、录像机等工具记录观察内容。

(4) 获取用户同意:在进行观察前,必须获得用户的知情同意,解释观察的目的和内容,确保用户配合。

(5) 实施观察:按照设计好的方案进行观察,注意尽量不干扰用户的正常工作。

(6) 记录观察结果:实时记录用户的操作行为、问题和任何显著的细节,确保记录的准确性和完整性。

（7）分析观察数据：对记录的观察数据进行整理和分析，提取关键软件需求和改进点。

（8）验证和确认：将观察结果与用户和其他利益相关者进行验证和确认，确保软件需求的准确性和可行性。

4．观察法的优缺点

1）优点

- 真实操作行为：通过直接观察用户的实际操作行为，获取反映真实软件需求和使用情况的一手信息。
- 发现隐性软件需求：能够发现用户自己未能意识到的软件需求和问题。
- 全面理解：深入理解用户的工作流程和操作环境，有助于全面分析软件需求。
- 现场验证：能够现场验证软件需求和假设，确保软件需求的准确性。

2）缺点

- 时间和成本高：观察法通常需要花费较多的时间和资源，特别是参与式观察。
- 有干扰风险：观察者的存在可能会干扰用户的正常操作，影响数据的真实性。
- 主观性强：观察结果可能受到观察者的主观判断影响，需要谨慎分析。
- 样本代表性不足：如果被观察的用户样本选择不合理，可能导致所收集信息偏离整体用户需求，影响分析结果的普适性和有效性。

5．提高观察法效果的策略

为了提高观察法的效果，可以采取以下策略。

- 精心选择对象：选择具有代表性的用户和典型的使用场景，确保观察结果的广泛适用性。
- 明确记录标准：制定明确的记录标准和方法，确保记录的客观性和一致性。
- 减少干扰：尽量减少对用户正常工作的干扰，观察者应保持低调，避免影响用户操作。
- 多次观察：通过多次观察不同用户和不同场景，获取更加全面和可靠的数据。
- 结合其他方法：将观察法与访谈、问卷等方法结合使用，相互验证，确保软件需求的全面性和准确性。

6．观察法的实例

为了更好地理解观察法在需求获取中的应用，以下是一个关于银行客户服务系统开发项目的实例。

1）项目背景

一家银行计划开发一个新的客户服务系统，以提升客户服务效率和客户满意度。项目团队需要通过观察法收集前台客服人员的实际操作和工作流程，了解他们的具体需求。

2）需求获取过程

（1）确定观察目标。

- 目标：了解客服人员在处理客户事务时的实际操作流程，识别其中的瓶颈和痛点，收集对新系统的需求。
- 观察对象：前台客服人员，包括柜员和客户经理。

（2）设计观察方案。

- 观察内容。
  - 客户办理不同业务（如开户、存款、贷款申请）时的操作流程。

- 客服人员使用现有系统的具体操作步骤。
- 客服人员与客户的互动和交流方式。
- 处理异常情况和问题的过程。

- 观察方式：非参与式观察，观察者不参与操作，只记录和分析客服人员的操作过程。

（3）实施观察。

- 安排观察时间：在业务高峰期和非高峰期进行观察，以获取全面的操作数据。
- 记录观察结果：使用记录表详细记录每个操作步骤、遇到的问题以及客服人员的反馈。

（4）分析观察数据。

- 整理记录：将观察记录整理成书面文档，确保信息的完整性和准确性。
- 识别需求：从记录中识别出具体的功能性需求和非功能性需求，如系统响应速度、界面友好性、操作简便性等。
- 编写观察报告：总结观察结果，形成观察报告，并与相关利益相关者分享，进行确认和反馈。

通过以上步骤，项目团队能够深入了解客服人员的实际工作流程和需求，为新系统的设计和开发提供翔实的需求数据。同时，观察法能够发现一些潜在的问题和需求，为系统的优化提供依据。

观察法是一种重要的软件需求获取方法，通过直接观察用户的实际操作行为，能够获取真实的软件需求信息和使用情况。尽管观察法需要较高的时间和资源投入，但其在发现隐性软件需求、全面理解用户工作流程等方面具有独特优势。通过精心设计和合理实施，观察法可以为软件需求获取提供宝贵的数据和洞见，确保系统能够更好地满足用户需求和期望。结合其他软件需求获取方法，观察法能够帮助需求工程师全面、准确地了解用户需求，提高软件项目的成功率。

3.2.4 工作坊

工作坊（Workshop）是一种通过组织利益相关者和开发团队在特定时间和地点进行集中讨论、交流和协作的软件需求获取方法。工作坊旨在通过面对面的互动，快速、有效地收集软件需求、解决问题、达成共识，促进团队之间的沟通与协作。工作坊通常由专业的主持人引导，采用多种互动方式，如头脑风暴、小组讨论、角色扮演等，确保所有参与者积极参与、充分表达意见。

1. 工作坊的目标

工作坊的主要目标包括以下几个。

- 快速收集软件需求：在短时间内收集到全面、详细的软件需求信息。
- 促进沟通与协作：通过面对面的互动，促进团队成员和利益相关者之间的沟通与协作。
- 达成共识：通过集中讨论，解决分歧，达成一致的软件需求和解决方案。
- 激发创意：通过互动和讨论，激发创新思维，提出创造性的解决方案。

2. 工作坊的类型

根据具体的软件需求和目标，工作坊可以分为以下几种类型。

- 软件需求收集工作坊：专注于收集和识别软件需求，通常在项目初期进行。
- 软件需求优先级设定工作坊：集中讨论和确定软件需求的优先级，确保关键软件的需求优先实现。
- 问题解决工作坊：针对特定的问题或挑战，集思广益，寻找解决方案。
- 原型评审工作坊：展示和评审系统原型，收集反馈，改进设计。

3. 组织工作坊的步骤

成功的工作坊需要精心策划和组织。图 3-6 所示是组织工作坊的步骤。

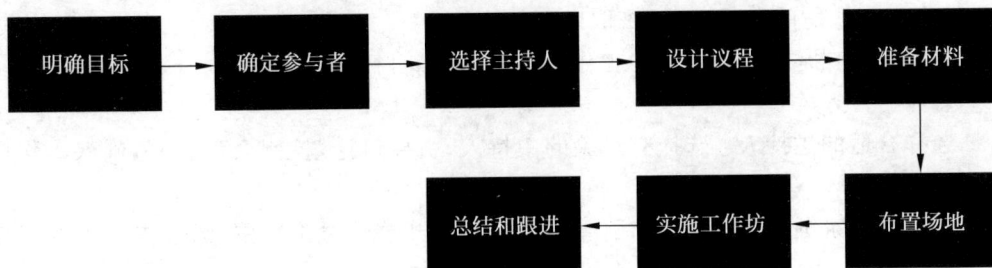

图 3-6　组织工作坊的步骤

- 明确目标：确定工作坊的具体目标和预期结果，确保活动的焦点明确。
- 确定参与者：选择合适的参与者，包括需求工程师、开发团队、用户代表、利益相关者等，确保各方代表参与。
- 选择主持人：选择经验丰富的主持人，负责引导讨论和控制会议进程。
- 设计议程：制定详细的工作坊议程，包括活动安排、讨论主题、时间分配等。
- 准备材料：准备必要的材料和工具，如白板、便笺、原型等。
- 布置场地：选择合适的场地，布置工作环境，确保参与者的舒适和便利。
- 实施工作坊：按照议程进行工作坊，引导讨论，记录关键信息，确保活动顺利进行。
- 总结和跟进：总结工作坊的成果，形成正式的行动计划，确保后续跟进和实施。

4. 工作坊的关键活动

在工作坊中，通常会采用多种互动方式和活动，以确保参与者的积极参与和讨论的深入。以下是一些常见的工作坊活动。

- 头脑风暴：鼓励参与者自由发表意见和创意，广泛收集软件需求和解决方案。
- 小组讨论：将参与者分成小组，围绕特定主题进行深入讨论，形成小组意见。
- 角色扮演：通过模拟用户场景和操作，帮助参与者理解用户需求和使用情境。
- 投票表决：对软件需求或方案进行投票表决，确定优先级和决策方向。
- 原型演示：展示系统原型，收集参与者的反馈和建议，改进设计。

5. 工作坊的优缺点

（1）优点。

- 高效沟通：通过面对面的互动，促进高效沟通，快速收集软件需求和解决问题。
- 达成共识：集中讨论，有助于解决分歧，达成一致的软件需求和解决方案。
- 激发创意：通过集体讨论和头脑风暴，激发创新思维，提出创造性的解决方案。
- 增强团队合作：加强团队成员和利益相关者之间的合作与理解，增进团队凝聚力。

35

第 3 章

软件需求获取

(2) 缺点。

- 组织复杂：工作坊的组织和实施需要精心策划和协调,涉及的准备工作较多。
- 时间成本高：需要投入大量的时间和人力资源,可能影响正常工作进程。
- 参与者依赖：工作坊的效果高度依赖参与者的积极性和参与度,可能存在个别参与者不积极或不配合的情况。
- 信息过载：在短时间内收集大量信息,可能导致信息过载,需要后续整理和分析。

6. 提高工作坊效果的策略

为了提高工作坊的效果,可以采取以下策略。

- 精心策划：提前制订详细的工作坊计划,明确目标、议程和参与者,确保活动的组织有序。
- 选择合适的主持人：选择有经验的主持人,引导讨论,控制会议进程,确保工作坊高效进行。
- 营造积极氛围：通过鼓励和引导,营造积极、开放的讨论氛围,激发参与者的积极性和创造力。
- 合理时间安排：合理安排工作坊的时间,确保每个环节有充足的时间进行讨论和总结。
- 有效记录：实时记录工作坊的讨论内容和关键结论,确保信息完整准确,便于后续整理和分析。
- 及时跟进：在工作坊结束后,及时整理和总结成果,形成正式的软件需求规格文档或行动计划,确保后续的跟进和实施。

7. 工作坊的实例

1) 项目背景

一家银行计划开发新一代手机应用,以提供更便捷和丰富的功能,提升用户体验。为此,项目团队组织了一次需求获取工作坊,邀请了各相关方共同参与讨论和分析需求。

2) 工作坊过程

(1) 准备阶段。

- 目的：明确工作坊的目标,准备相关材料。
- 参与者：项目经理、产品经理、需求工程师、用户代表(不同年龄段的客户)、技术团队、市场团队、客服团队。
- 材料准备：现有应用分析报告、用户反馈、市场调研数据、竞品分析资料。

(2) 工作坊实施。

- 介绍与目标设定：项目经理介绍工作坊目的和目标。
- 头脑风暴。
  - 用户故事：用户代表分享使用现有应用的体验和改进建议。
  - 痛点分析：讨论现有应用的不足和用户痛点。
- 需求优先级划分。
  - 功能性需求：通过讨论和投票确定关键功能性需求的优先级,如账户管理、转账汇款、贷款申请、理财产品购买等。
  - 非功能性需求：性能、安全性、易用性等。

- 原型设计与反馈。
  - 原型展示：设计团队展示初步原型，收集各方反馈。
  - 讨论与改进：根据反馈进行调整和改进。
（3）总结与后续步骤。
- 总结会议：记录各方达成的一致意见和未解决的问题。
- 后续计划：撰写详细的后续计划，计划下一步工作，如需求验证和确认。

3）实例结果

通过此次工作坊，项目团队不仅明确了手机应用的功能性需求和非功能性需求，还发现了一些潜在的问题和改进方向，为后续开发奠定了坚实的基础。

工作坊是一种高效的软件需求获取方法，通过组织利益相关者和开发团队在特定时间和地点进行集中讨论和协作，能够快速收集软件需求、解决问题、达成共识。尽管工作坊的组织和实施需要精心策划和投入较多的时间和资源，但其在高效沟通、达成共识、激发创意和增强团队合作等方面具有独特优势。通过精心设计和合理实施，工作坊可以为软件需求获取提供宝贵的数据和洞见，确保系统能够更好地满足用户需求和期望，提高软件项目的成功率。结合其他软件需求获取方法，工作坊能够帮助需求工程师全面、准确地了解用户需求，确保项目顺利进行。

3.2.5 原型开发与迭代验证

原型开发是软件开发过程中的一种关键方法，它通过创建系统的简化版本（即原型）来展示系统的主要功能和界面。这些原型可以是低保真度的草图，也可以是高保真度的可交互模型，其目的是让用户和利益相关者在开发初期就能够了解系统的外观和功能，从而提供反馈和意见。

原型开发与迭代验证是一种高效的软件需求获取和系统设计方法，通过创建系统的简化版本，让用户和利益相关者在开发初期就能够了解系统的外观和功能，从而提供反馈和意见。通过不断地迭代验证和改进，确保系统软件需求的准确性和完整性，提高用户满意度和项目成功率。尽管原型开发需要投入一定的时间和资源，但其在验证软件需求、减少风险、促进沟通等方面具有独特优势。在实际项目中，结合其他软件需求获取方法，原型开发可以帮助需求工程师全面、准确地了解用户需求，确保系统能够更好地满足用户期望和软件需求。

有关原型开发与迭代验证的具体内容请参看第8章。

3.2.6 焦点小组

焦点小组是一种定性研究方法，通常由一个训练有素的主持人带领一组特定的参与者进行深入讨论。其目的是通过互动和讨论，深入了解参与者的观点、感受、需求和动机。这种方法特别适用于软件需求获取过程中的探索性研究，以便更好地理解用户的真实软件需求和期望。

1. 焦点小组的目标

- 深入理解用户需求：通过参与者的讨论和互动，深入了解用户对系统功能和设计的真实软件需求。

- 发现潜在问题：在讨论过程中发现用户可能面临的潜在问题和挑战，提前识别软件需求和设计中的潜在风险。
- 获取多样化视角：通过多样化的参与者群体，获取不同背景、角色和经验的视角，确保软件需求的全面性和多样性。
- 促进用户参与：鼓励用户积极参与软件需求获取过程，增加用户对系统的认同感和满意度。

2. 焦点小组的组成

一个典型的焦点小组包括以下几个关键角色。

- 主持人：主持人负责引导讨论，确保讨论围绕既定主题展开，并鼓励所有参与者积极发言。主持人需要具备良好的沟通技巧和管理能力，以确保讨论的有序进行。
- 参与者：参与者是焦点小组的核心，他们通常是系统的潜在用户或利益相关者。参与者的选择应具备代表性，以确保讨论结果的广泛适用性。
- 记录员：记录员负责记录讨论的主要内容和关键点，可以通过笔记、录音或视频等方式记录讨论过程，以便后续分析和总结。
- 观察员：在一些情况下，项目团队的成员或其他利益相关者可以作为观察员参与，观察讨论过程，并记录自己的观察和见解。

3. 焦点小组的步骤

焦点小组的步骤如图 3-7 所示。

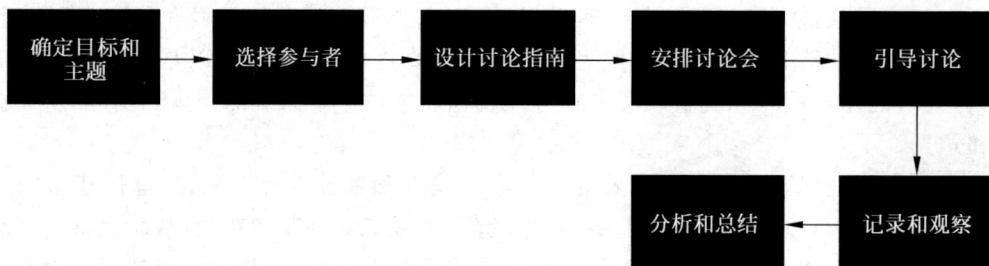

图 3-7　焦点小组的步骤

- 确定目标和主题：明确焦点小组的目标和讨论主题，确保讨论内容与软件需求获取的目标一致。
- 选择参与者：根据项目软件需求选择具有代表性的参与者，确保参与者的多样性和代表性。
- 设计讨论指南：制定详细的讨论指南，包括讨论的主要问题和话题，确保讨论围绕既定主题展开。
- 安排讨论会：选择合适的时间和地点安排讨论会，确保参与者能够方便地参加讨论。
- 引导讨论：主持人引导讨论，确保所有参与者都有机会发言，并鼓励参与者之间的互动和交流。
- 记录和观察：记录员和观察员记录讨论的主要内容和关键点，以便后续分析和总结。
- 分析和总结：对讨论记录进行分析，总结出用户的主要软件需求、问题和建议，形成软件需求规格文档和分析报告。

4. 焦点小组的优缺点

1）优点

- 深入了解：通过互动和讨论，能够深入了解用户的真实软件需求、动机和期望。
- 快速获取反馈：在短时间内获取大量的用户反馈，有助于快速识别软件需求和问题。
- 多样化视角：参与者的多样性能够提供不同的视角和见解，确保软件需求的全面性和多样性。
- 用户参与：通过用户参与软件需求获取过程，增加用户对系统的认同感和满意度。

2）缺点

- 组织复杂，资源投入高：焦点小组需要精心组织，包括招募合适的参与者、安排场地、记录与整理讨论内容等，整体协调成本较高。
- 结果易受主观影响：讨论过程易受到参与者主观偏见或群体心理影响，可能导致数据偏差。
- 主持人依赖性强：讨论质量在很大程度上取决于主持人的引导能力，其经验和技巧直接影响信息的准确性与完整性。
- 数据处理复杂：小组讨论通常产生大量非结构化的定性数据，需耗费大量精力进行整理、编辑与分析。

5. 提高焦点小组效果的策略

为了提高焦点小组的效果，可以采取以下策略。

- 选择合适的参与者：根据项目软件需求和目标选择具有代表性的参与者，确保讨论结果的广泛适用性。
- 精心设计讨论指南：设计详细的讨论指南，包括讨论的主要问题和话题，确保讨论围绕既定主题展开。
- 培训主持人：确保主持人具备良好的沟通技巧和管理能力，通过培训提高主持人的引导和管理能力。
- 充分准备：提前准备好讨论所需的材料和设备，确保讨论顺利进行。
- 鼓励互动：在讨论过程中鼓励参与者之间的互动和交流，确保所有参与者都有机会发言。
- 详细记录：通过笔记、录音或视频等方式详细记录讨论过程，确保数据的完整性和准确性。
- 系统分析：对讨论记录进行系统的分析和总结，提炼出用户的主要软件需求、问题和建议，形成软件需求规格文档和分析报告。

6. 实例：移动银行应用的焦点小组

1）项目背景

一家大型银行计划推出一款移动银行应用，旨在为客户提供方便的移动金融服务。项目团队决定通过焦点小组方法收集用户需求，以确保应用能够满足用户期望。

2）焦点小组过程

（1）组建焦点小组。

- 参与者选择：银行现有客户，包括不同年龄段、职业和收入水平的代表，共 12 人。

- 组长：项目团队中的一名高级需求工程师负责主持讨论。

（2）会议准备。

- 议题设计：准备一系列开放性问题，涵盖用户对移动银行应用的功能期望、使用习惯、体验反馈等。
- 场地与设备：选择舒适的会议室，准备录音设备和白板。

（3）会议实施。

- 引导讨论：组长引导参与者讨论他们在使用其他移动银行应用时的体验、遇到的问题和期望的功能。
- 收集反馈：鼓励参与者分享具体的使用场景和需求，并记录关键点。

（4）结果分析。

- 汇总意见：整理参与者的反馈，识别出高频需求和共性问题。
- 优先级划分：根据需求的重要性和实现难度对需求进行优先级排序。

（5）总结。

- 用户期望功能：实时账户余额查询、转账功能、账单支付、投资理财服务。
- 常见问题：用户担心安全性、操作复杂性、页面加载速度等。

通过焦点小组，项目团队能够深入了解用户对移动银行应用的实际需求和使用习惯。这种方法不仅提供了丰富的定性数据，还帮助团队识别出用户关注的关键问题，为后续的需求分析和设计提供了宝贵的参考。

焦点小组是一种有效的定性研究方法，通过组织一组具有代表性的参与者进行深入讨论，能够深入了解用户的真实需求和期望。尽管焦点小组需要投入一定的时间和成本，但其在深入理解用户需求、发现潜在问题、获取多样化视角和促进用户参与等方面具有独特优势。在实际项目中，结合其他软件需求获取方法，焦点小组可以帮助需求工程师全面、准确地了解用户需求，确保系统能够更好地满足用户期望和软件需求。

3.2.7 调查分析与文档研究

1. 调查分析

调查分析是一种通过系统地收集和分析数据来了解软件需求的方法。它涉及设计调查问卷、分发问卷、收集回复以及分析数据。这种方法可以定量地衡量用户需求和期望，特别适用于需要从大量用户中收集意见和反馈的情况。

1）调查分析的目标

- 获取广泛意见：从大量用户中收集数据，了解不同用户群体的需求和期望。
- 量化软件需求：通过定量分析，确定软件需求的优先级和重要性，为决策提供数据支持。
- 识别趋势和模式：分析数据中的趋势和模式，发现用户需求的共性和差异。
- 评估满意度：评估用户对现有系统或产品的满意度，识别需要改进的领域。

2）调查分析的步骤

调查分析的步骤如图 3-8 所示。

- 定义目标：明确调查的目的和目标，确定需要了解的主要问题和软件需求。
- 设计问卷：设计结构合理、问题明确的问卷，确保问题易于理解并能有效获取所需信息。

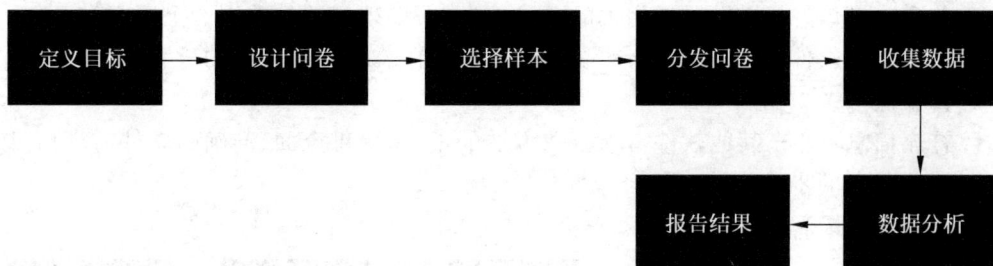

图 3-8 调查分析的步骤

- 选择样本：确定调查的目标用户群体，选择具有代表性的样本，确保数据的广泛性和代表性。
- 分发问卷：通过电子邮件、在线平台或纸质方式分发问卷，确保覆盖足够多的用户。
- 收集数据：收集用户填写的问卷数据，确保数据的完整性和准确性。
- 数据分析：使用统计方法对数据进行分析，提取有意义的结论和洞见。
- 报告结果：编写调查分析报告，展示数据分析的结果，为软件需求决策提供依据。

3）问卷设计的要点

- 明确问题：确保每个问题都明确、具体，避免模棱两可的表达。
- 简洁明了：问题和选项应简洁明了，避免复杂的术语和长句。
- 避免偏见：设计问题时避免引导性语言，以免影响用户的回答。
- 多样化题型：使用多种题型（如选择题、评分题、开放式问题等），全面了解用户需求。
- 逻辑顺序：按逻辑顺序安排问题，确保用户回答时流畅自然。
- 测试问卷：在正式分发前进行测试，确保问卷设计合理，问题清晰易懂。

4）调查分析的优缺点

（1）优点。

- 广泛覆盖：能够覆盖大量用户，获取广泛的意见和反馈。
- 定量分析：通过定量数据分析，提供客观、量化的软件需求信息。
- 高效便捷：使用在线问卷工具可以高效、便捷地分发和收集数据。
- 用户匿名性：用户可以匿名回答问卷，减轻心理负担，获取真实反馈。

（2）缺点。

- 设计难度大：问卷设计需要专业知识，设计不当可能影响数据质量。
- 响应率低：问卷调查的响应率可能较低，需要激励措施提高参与度。
- 有数据偏差：部分用户可能随意填写问卷，导致数据偏差和不准确。
- 定性不足：问卷调查主要提供定量数据，难以深入了解用户的具体软件需求和背景。

2. 文档研究

文档研究是通过查阅和分析现有文档资料来获取软件需求的方法。这些文档包括用户手册、业务流程文档、系统规格说明书、技术报告、市场研究报告等。文档研究是一种有效的辅助方法，可以为软件需求获取提供重要背景信息和参考资料。

1）文档研究的目标

- 了解现状：通过查阅现有文档，了解当前系统或业务流程的现状和存在的问题。

- 获取背景信息：提供项目相关的背景信息，帮助理解软件需求的上下文和环境。
- 识别历史软件需求：通过历史文档，识别之前未解决或遗留的软件需求，为当前项目提供参考。
- 补充信息：补充其他软件需求获取方法的不足，提供全面、准确的软件需求信息。

2）文档研究的步骤

文档研究的步骤如图 3-9 所示。

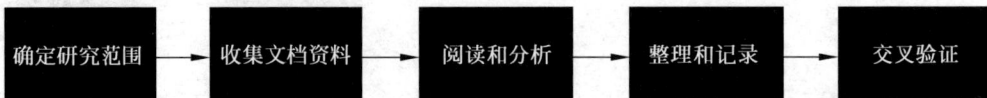

确定研究范围 → 收集文档资料 → 阅读和分析 → 整理和记录 → 交叉验证

图 3-9　文档研究的步骤

- 确定研究范围：明确需要查阅和分析的文档类型和范围，确保文档研究的针对性。
- 收集文档资料：收集相关的文档资料，包括用户手册、业务流程文档、系统规格说明书等。
- 阅读和分析：仔细阅读和分析文档内容，提取与软件需求相关的信息和数据。
- 整理和记录：将提取的信息和数据整理和记录，形成系统的文档研究报告。
- 交叉验证：将文档研究的结果与其他软件需求获取方法的结果进行交叉验证，确保信息的准确性和一致性。

3）文档研究的优缺点

（1）优点。

- 历史参考：通过查阅历史文档，可以了解之前的软件需求和设计思路，为当前项目提供参考。
- 信息全面：文档通常包含详细的信息和数据，提供全面的背景资料。
- 成本较低：文档研究主要依赖已有资料，成本较低，适合辅助软件需求获取。
- 补充验证：可以作为其他软件需求获取方法的补充和验证，提高软件需求信息的准确性。

（2）缺点。

- 信息过时：部分文档的信息可能过时，不适用于当前软件需求获取。
- 内容冗长：文档内容冗长，查阅和分析耗时较多，需要耐心和细致。
- 不够具体：文档研究主要提供背景信息和参考资料，难以获取具体、详细的用户需求。
- 依赖文档质量：文档质量不一，内容完整性和准确性直接影响研究结果。

4）提高调查分析与文档研究效果的策略

为了提高调查分析与文档研究的效果，可以采取以下策略。

- 明确目标：在进行调查分析和文档研究前，明确目标和软件需求，确保研究的针对性和有效性。
- 专业设计：设计问卷时聘请专业人员，确保问卷设计合理，问题清晰易懂。
- 提高响应率：通过激励措施（如奖励、抽奖等）提高问卷调查的响应率，确保数据的代表性。
- 多渠道分发：利用多种渠道（如电子邮件、社交媒体、公司内部网等）分发问卷，覆盖更多用户。

- 详细记录：在文档研究过程中，详细记录和整理提取的信息，确保数据的完整性和系统性。
- 交叉验证：将调查分析和文档研究的结果与其他软件需求获取方法的结果进行交叉验证，确保信息的准确性和一致性。
- 持续改进：根据项目进展和反馈，不断改进调查分析和文档研究的方法和策略，提高软件需求获取的质量和效果。

3. 实例：图书馆管理系统需求获取

1）项目背景

某大学计划开发一个新的图书馆管理系统，以替代现有的老旧系统并提升管理效率和用户体验。项目团队需要通过调查分析和文档研究来获取系统需求。

2）调查分析过程

（1）问卷调查。

- 对象：学生、教职工、图书馆工作人员。
- 内容。
  - 学生和教职工：了解他们在借阅、查询、预约图书等方面的需求和痛点。
  - 图书馆工作人员：了解他们在书籍管理、借还流程、库存管理等方面的需求和改进意见。

（2）文档研究。

- 现有系统文档：阅读并分析现有系统的使用手册、维护文档、需求规格说明书等，了解系统的功能、限制和问题。
- 相关标准和规范：查阅图书馆管理相关的国家或行业标准，确保新系统符合必要的规范要求。

3）需求获取结果

通过调查分析和文档研究，项目团队收集并整理了如下需求。

（1）功能性需求。

- 借还书流程简化，支持自助借还书。
- 提供在线预约、续借功能。
- 实现书籍库存管理的自动化，减少手工操作。

（2）非功能性需求。

- 系统需具备高可用性，支持大并发访问。
- 数据安全性需得到保障，确保用户隐私和书籍信息不被泄露。

（3）用户界面需求。

- 界面简洁易用，支持移动端访问。
- 提供多语言支持，满足国际学生的需求。

该实例展示了如何通过调查分析和文档研究，有效获取并整理系统需求，为后续的系统设计和开发提供坚实的基础。

调查分析与文档研究是两种有效的软件需求获取方法，分别通过定量数据和现有文档资料为软件需求获取提供支持。调查分析通过系统地收集和分析数据，能够广泛了解用户需求和期望,特别适用于需要从大量用户中收集意见和反馈的情况。文档研究通过查阅和分析现有文档资料,提供重要的背景信息和参考资料,辅助软件需求获取过程。尽管两种方法各有优缺点,但在实际项目软件需求获取过程中,常常需要综合运用,以达到全面和准确的软件需求收集效果。这种综合运用不仅能够弥补单一方法的不足,还能通过相互验证提高软件需求获取的可靠性和有效性。

3.2.8 用户故事和敏捷方法

用户故事是一种简洁的软件需求描述方式,以非技术语言描述系统功能或特性,旨在通过用户的视角来明确软件需求。每个用户故事通常由以下 3 部分组成。

- 角色:用户是谁?
- 目标:用户想要做什么?
- 原因:用户为什么需要这样做?

用户故事的格式为:"作为一个[角色],我想要[目标],因为[原因]。"这种简洁、清晰的描述方式有助于项目团队和利益相关者快速理解和讨论软件需求。

1. 用户故事的目标

- 明确软件需求:通过用户故事,明确系统需要实现的功能和特性。
- 促进沟通:用户故事使用非技术语言,促进开发团队与用户之间的有效沟通。
- 指导开发:用户故事为开发团队提供具体的开发目标和验收标准。
- 迭代改进:在敏捷开发过程中,用户故事可以不断细化和调整,以应对软件需求的变化。

2. 敏捷方法的定义

敏捷方法是一种迭代和增量的软件开发方法,强调灵活性、快速交付和用户参与。敏捷方法通过短周期的迭代(通常为 1~4 周的"冲刺"),逐步实现系统功能,并在每个迭代结束时交付可用的产品增量。敏捷方法的核心原则包括以下几个。

- 以客户为中心:强调用户和客户的参与,确保开发的系统满足用户需求。
- 快速交付:通过短周期的迭代,快速交付可用的产品增量。
- 持续改进:不断收集反馈,调整和改进系统功能和特性。
- 团队协作:强调团队成员之间的紧密协作和沟通。

3. 用户故事和敏捷方法的步骤

用户故事和敏捷方法的步骤如图 3-10 所示。

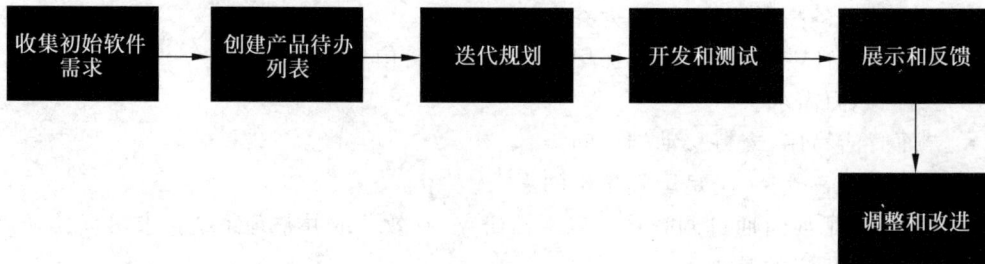

图 3-10 用户故事和敏捷方法的步骤

- 收集初始软件需求：与用户和利益相关者沟通，收集初步的软件需求和期望，形成用户故事。
- 创建产品待办列表：将收集到的用户故事整理成产品待办列表，按优先级排序。
- 迭代规划：在每次迭代开始前，开发团队与产品负责人一起选择高优先级的用户故事，制定迭代目标。
- 开发和测试：在迭代周期内，开发团队实现选定的用户故事，并进行测试和验证。
- 展示和反馈：在每次迭代结束时，开发团队向用户和利益相关者展示迭代成果，收集反馈意见。
- 调整和改进：根据反馈意见，调整和改进用户故事和产品待办列表，进入下一个迭代。

4. 用户故事的撰写技巧

- 明确角色：确保每个用户故事中都明确描述用户角色，了解用户的背景和软件需求。
- 具体目标：描述用户希望完成的具体任务或操作，确保目标清晰可实现。
- 突出价值：阐明用户完成任务后的预期收益，强调软件需求的商业价值和用户价值。
- 小而精：将用户故事分解为小而精的单元，确保每个用户故事在一个迭代内可以完成。

5. 敏捷方法的关键实践

- 每日站会：团队每天进行简短的站会，交流进展、问题和计划，确保信息透明和团队协作。
- 迭代回顾：每次迭代结束后进行回顾，总结经验教训，提出改进建议，持续优化开发过程。
- 看板和任务板：使用看板或任务板管理迭代中的任务，跟踪任务的状态和进展，确保任务按计划完成。
- 持续集成：在开发过程中持续集成代码，进行自动化测试，确保系统稳定并保证其质量。
- 用户参与：邀请用户和利益相关者参与迭代展示和反馈，确保系统满足实际软件需求。

6. 用户故事和敏捷方法的优缺点

1) 优点

- 灵活应变：敏捷方法强调灵活应对软件需求变化，能够快速响应用户反馈和市场变化。
- 用户参与：用户故事和敏捷方法强调用户和利益相关者的参与，确保系统满足用户需求。
- 快速交付：通过短周期的迭代，快速交付可用的产品增量，缩短产品上市时间。
- 高效沟通：用户故事使用非技术语言，促进开发团队和用户之间的有效沟通和理解。
- 持续改进：通过迭代回顾和持续反馈，不断优化和改进系统功能和特性。

2）缺点

- 初期规划不足：敏捷方法强调迭代开发，可能导致初期规划不足，需要不断调整和改进。
- 团队要求高：敏捷方法对团队的自组织能力和协作要求高，需要经验丰富的团队成员。
- 用户依赖：敏捷方法依赖用户和利益相关者的持续参与和反馈，用户的参与度和反馈质量直接影响开发效果。
- 文档不足：敏捷方法强调工作软件而非文档，可能导致文档不够翔尽，需要额外的文档工作。

7. 提高用户故事和敏捷方法效果的策略

- 加强用户参与：确保用户和利益相关者持续参与软件需求获取和开发过程，提供及时的反馈和意见。
- 优化团队协作：通过培训和团队建设，提升团队成员的协作能力和自组织能力，确保高效开发。
- 精细用户故事：将用户故事分解为小而精的单元，确保每个用户故事在一个迭代内可以完成，提高开发效率。
- 制定验收标准：为每个用户故事制定清晰的验收标准，确保开发成果可以被验证和接受。
- 持续改进：定期进行迭代回顾，总结经验教训，提出改进建议，持续优化开发过程和团队协作。

8. 实例：青年租房管理系统的用户故事和敏捷方法

请扫描下方二维码查看本实例。

用户故事和敏捷方法是获取软件需求的有效工具，通过简洁的用户故事描述软件需求，使用敏捷方法迭代开发和验证系统功能，能够灵活应对软件需求变化，快速响应用户反馈，提高系统设计的准确性和用户满意度。尽管这两种方法对团队的协作能力和用户的参与度有较高要求，但通过合理的策略和实践，可以显著提高软件需求获取的效果，确保系统满足用户需求和商业目标。在实际项目中，结合其他软件需求获取方法，用户故事和敏捷方法能够帮助需求工程师全面、准确地了解用户需求，确保系统能够更好地满足用户期望和软件需求。

3.2.9 数据分析法

数据分析法是一种通过对现有数据进行收集、整理、分析和解释，来获取软件需求的方法。它依赖于对各种数据源的深入分析，包括系统日志、用户行为数据、业务数据、市场数据等，以发现用户需求、使用模式和潜在改进点。这种方法特别适用于大型系统和平台，在用户基数大、数据量丰富的情况下，通过数据分析可以提供精确的软件需求洞察。

1. 数据分析法的目标

- 理解用户行为：通过分析用户的操作记录和行为数据，了解用户的实际使用情况和软件需求。
- 发现使用模式：识别用户群体的使用模式和趋势，找出常见的使用场景和问题。
- 优化系统性能：通过分析系统性能数据，发现瓶颈和性能问题，提出改进建议。
- 提高用户满意度：基于数据分析的结果，优化用户体验，提升用户满意度。
- 支持决策：为产品和业务决策提供数据支持，指导产品开发和改进。

2. 数据分析法的步骤

数据分析法的步骤如图 3-11 所示。

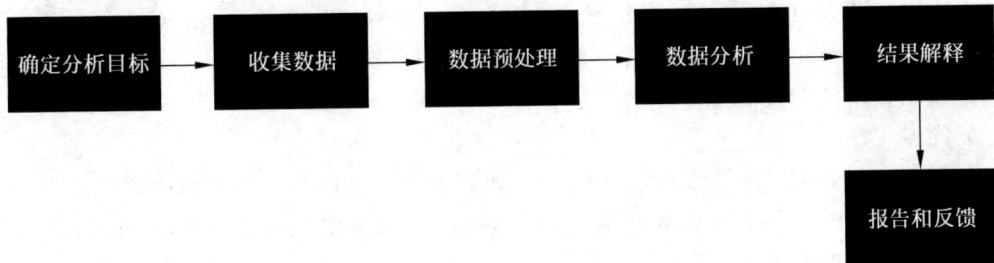

图 3-11　数据分析法的步骤

- 确定分析目标：明确数据分析的目的和目标，确定需要解决的问题和获取的软件需求。
- 收集数据：从不同的数据源收集相关数据，包括系统日志、用户行为数据、业务数据等。
- 数据预处理：对收集到的数据进行清洗、整理和格式化，处理缺失值和异常值，确保数据的质量和一致性。
- 数据分析：应用统计分析、数据挖掘、机器学习等方法对数据进行深入分析，提取有价值的信息和洞见。
- 结果解释：对分析结果进行解释和总结，形成具体的软件需求和改进建议。
- 报告和反馈：编写数据分析报告，展示分析过程和结果，向利益相关者汇报，并收集反馈意见。

3. 数据分析的方法和技术

- 描述性分析：通过描述性统计方法，对数据的基本特征进行总结和描述，包括均值、中位数、标准差等指标。
- 探索性分析：通过可视化和数据挖掘技术，探索数据中的模式和关系，发现潜在的软件需求和问题。
- 诊断性分析：通过因果分析和关联分析，查找问题的根本原因和影响因素，提出针对性的改进建议。
- 预测性分析：利用机器学习和统计建模技术，预测未来的趋势和软件需求变化，为产品规划和决策提供支持。
- 规范性分析：通过优化和仿真技术，提出最优的解决方案和改进措施，指导系统优化和改进。

4. 数据分析的工具和技术

- 数据收集工具：包括日志收集工具（如 ELK Stack）、数据仓库（如 Amazon Redshift）、API 等，用于收集和存储数据。
- 数据预处理工具：包括数据清洗和整理工具（如 Pandas、SQL），用于处理和准备数据。
- 数据分析工具：包括统计分析工具（如 R、SPSS）、数据挖掘工具（如 RapidMiner）、机器学习工具（如 Scikit-Learn、PyTorch）等，用于分析和挖掘数据。
- 数据可视化工具：包括可视化工具（如 Tableau、Power BI）、图表库（如 Matplotlib、D3.js），用于展示分析结果和洞见。
- 协作和报告工具：包括协作平台（如 Jupyter Notebook、Google Colab）、报告工具（如 Markdown、LaTeX），用于编写和分享数据分析报告。

5. 数据分析法的优缺点

1）优点

- 基于客观数据：数据分析法依赖于客观数据提供准确和可靠的软件需求洞察。
- 发现隐藏的软件需求：通过深入分析数据，可以发现隐藏的软件需求和潜在问题，并提出针对性的改进建议。
- 支持决策：数据分析为产品和业务决策提供数据支持，帮助决策者做出明智的选择。
- 持续改进：数据分析是一个持续的过程，可以不断收集和分析新数据，持续优化和改进系统。

2）缺点

- 数据质量依赖：数据分析的结果高度依赖于数据的质量，数据缺失、错误或不一致会影响分析结果的准确性。
- 技术要求高：数据分析需要掌握一定的统计、数据挖掘和编程技术，对分析人员的技能要求较高。
- 结果解释与落地难：分析所得结果往往较为抽象，若缺乏对业务背景的深入理解，可能难以准确解读并有效转化为可执行的需求或改进措施，降低实际价值。
- 隐私与合规风险：在处理用户数据时，若未妥善管理数据隐私和安全，将面临泄露风险及法律合规问题，带来潜在的法律责任和用户信任危机。

6. 提高数据分析法效果的策略

- 确保数据质量：在数据收集和预处理阶段，确保数据的准确性、一致性和完整性，处理缺失值和异常值，提高数据质量。
- 选择合适的方法：根据分析目标和数据特征，选择合适的分析方法和技术，确保分析结果的有效性和准确性。
- 多角度分析：从多个角度和维度对数据进行分析，全面了解软件需求和问题，避免片面和单一的结论。
- 结合业务背景：在解释和应用分析结果时，结合业务背景和用户需求，提出实际可行的软件需求和改进措施。
- 注重数据隐私和安全：在数据收集和分析过程中，遵守数据隐私和安全规定，确保用户数据的保护和合规性。
- 持续监控和改进：定期收集和分析新数据，持续监控系统性能和用户需求，进行持续改进和优化。

7. 实例：社交媒体应用的数据分析

1）项目背景

一家初创公司计划开发一款新的社交媒体应用，旨在为用户提供更具互动性和个性化的社交体验。项目团队需要通过数据分析了解用户需求，确保应用功能符合市场需求。

2）数据分析过程

（1）数据收集。

- 从现有的社交媒体平台收集用户行为数据，包括用户活跃时间、互动频率、内容偏好等。
- 使用在线问卷和调查工具，收集潜在用户对新应用的期望和需求。
- 访问公开的行业报告和市场研究，获取社交媒体市场的最新趋势和统计数据。

（2）数据清洗。

- 删除重复数据和无效数据。
- 处理缺失数据，确保数据完整性。
- 规范数据格式，统一数据单位和类型。

（3）数据分析。

- 描述性分析：使用统计工具对用户行为数据进行描述性统计，计算平均值、中位数、标准差等，描述用户行为的总体特征。
- 探索性数据分析（EDA）：使用可视化工具（如 Python 的 Matplotlib、Seaborn）对数据进行可视化分析，发现潜在的模式和关系。例如，分析用户活跃时间分布，发现高峰使用时间。
- 相关性分析：分析不同变量之间的相关性，如用户活跃时间与互动频率之间的关系，帮助识别关键影响因素。

（4）需求提炼。

- 根据数据分析结果，提炼出用户对新应用的核心需求。例如，用户希望有更多的实时互动功能、更好的隐私保护措施、个性化推荐内容等。
- 确定优先级，根据用户需求的重要性和技术实现的可行性，制订需求实现计划。

（5）报告和反馈。

- 撰写数据分析报告，详细描述数据收集、清洗、分析的过程及结果。
- 向项目团队和利益相关者汇报分析结果，征求反馈意见，进一步完善需求文档。

通过数据分析法，项目团队能够系统地收集和分析用户的行为数据，深入了解用户需求和市场趋势，从而为社交媒体应用的开发提供科学依据和数据支持。这种方法不仅提高了需求获取的准确性，还帮助团队识别潜在的市场机会和确定产品改进方向。

数据分析法是一种通过对现有数据进行深入分析来获取软件需求的方法，适用于大型系统和平台。通过数据分析，可以客观、准确地了解用户需求和使用模式，发现隐藏的问题和改进点，为产品和业务决策提供数据支持。尽管数据分析对数据质量和分析技能有较高要求，但通过合理的策略和实践，可以显著提高软件需求获取的效果，确保系统设计符合用户需求和商业目标。在实际项目中,结合其他软件需求获取方法,数据分析法能够帮助需求工程师全面、准确地了解用户需求,确保系统能够更好地满足用户期望和软件需求。

3.3　软件需求获取的技巧与策略

请扫描下方二维码查看本节的内容。

3.4　软件需求获取工具和技术

请扫描下方二维码查看本节的内容。

本 章 小 结

本章对软件需求获取的核心过程进行了系统性梳理,重点分析了需求获取的各种方法和技术手段。首先,明确了软件需求获取在项目初期的重要性,接着详细探讨了不同需求获取技术的应用场景与优缺点,包括访谈、问卷调查、观察法、用户故事等方法的具体操作步骤。还讨论了利益相关者的角色及其在需求获取中的关键作用,强调了与最终用户、客户及其他相关方的密切沟通对需求准确性的影响。

通过本章的学习,读者能够理解并掌握需求获取的基本方法,深入认识到需求获取不仅是简单的信息收集,更是一个迭代、不断完善的过程。系统性地获取准确且全面的需求,为后续的软件设计、开发和验证奠定了坚实的基础。

习　　题

请扫描下方二维码在线答题。

第4章 软件需求分析

软件需求分析是软件开发生命周期中至关重要的一个阶段,它为项目的成功奠定了基础。在需求收集之后,需求分析的过程旨在对初步获得的需求进行深入解析,确保这些需求准确、清晰、可行,并能够最终为用户和业务目标提供有效支持。本章将介绍需求分析的关键步骤,包括对需求的理解、冲突的识别与解决、优先级的确定以及需求模型的创建。通过这些系统化的步骤,开发团队能够有效地减少项目中的风险和不确定性,提升产品质量,确保项目按时交付和满足客户需求。

本章目标

- 理解软件需求分析在软件开发生命周期中的关键作用,并认识其对项目成功的重要性。
- 掌握软件需求分析的基本步骤,包括需求理解、冲突解决、优先级确定以及需求模型创建。

4.1 软件需求分析概述

观看视频:
需求分析
补充知识

需求分析不仅是对需求的简单确认,还涉及深入探讨需求的合理性、优先级、依赖关系以及可能存在的冲突。接下来将进一步探讨需求分析的定义、目标以及如何通过系统化的步骤,为项目的成功奠定坚实的基础。

4.1.1 软件需求分析的定义与目标

软件需求分析是软件开发过程中的重要阶段,旨在对收集到的需求进行深入解析和澄清,以确保开发团队、用户和利益相关者对需求的理解达成一致。这个过程帮助识别潜在的需求冲突,确定各个需求的优先级,并为后续的需求文档化、设计和开发提供坚实基础。

1. 软件需求分析的定义

软件需求分析是通过细化和澄清需求,解决需求冲突,确保需求的可行性和可操作性,并将需求转化为可实现的解决方案的过程。它涉及对需求背景、目标、优先级和实现方式的深入理解,以确保系统最终能够满足用户和业务的期望。

2. 软件需求分析的目标

软件需求分析的主要目标可以总结为以下几个。

- 确保需求的准确性:需求分析的首要目标是确保收集到的需求准确反映了用户的期望和业务需求。通过深入的解析,分析师能够消除需求中的歧义,避免开发过程中出现误解或偏差。

- 消除需求的模糊性和冲突：需求收集阶段往往会存在不明确或相互冲突的需求。通过需求分析，团队能够清晰定义每个需求的边界和范围，并通过协商解决可能存在的需求冲突。
- 提高需求的一致性和完整性：需求分析帮助团队确保需求之间具有一致性，并且每个需求都完整描述了其目标和实现条件。确保所有相关的需求都被充分识别和考虑，避免遗漏重要功能或特性。
- 评估需求的可行性：在需求分析过程中，团队不仅要理解需求的业务背景，还要评估其在技术、资源和时间限制下的可行性。确保需求在实际开发和部署中可操作，并且不会超出项目的技术和预算限制。
- 为后续开发阶段提供清晰的指导：需求分析的最终目标是将需求转化为清晰、可执行的设计和实现方案。通过分析，团队能够为系统设计、开发和测试阶段奠定基础，确保各个需求能够被准确、及时地实现。
- 为项目成功提供保障：软件需求分析是减少开发过程中潜在风险和错误的关键。通过深入的分析和验证，团队可以预见项目中可能出现的问题，并采取预防措施，从而保障项目按时、高质量地交付。

4.1.2 软件需求分析的重要性

软件需求分析在软件开发过程中的重要性不容忽视。它不仅是项目成功的关键因素之一，还直接影响到软件的质量、开发成本和项目进度。以下将详细介绍软件需求分析的重要性，并通过实例来说明其对软件开发的巨大影响。

1. 确保产品满足用户需求

软件需求分析的首要目标是确保开发的软件产品能够满足用户的需求和期望。如果在软件需求分析阶段未能充分理解和捕捉用户需求，则最终的产品很可能偏离用户的实际需求，导致用户满意度低下。

实例：假设某公司要开发一个电子商务平台。如果软件需求分析不到位，只是基于开发团队的假设进行开发，则可能会忽略一些关键需求，如多语言支持、不同支付方式的集成、用户个性化推荐等。通过详细的软件需求分析，团队与用户进行了多次访谈和调研，明确了这些软件需求，确保了最终产品符合用户的预期，提升了用户满意度和使用体验。

2. 降低项目风险

在软件开发过程中，软件需求变更是导致项目失败或延迟的主要原因之一。详细的软件需求分析可以预先识别并解决潜在的问题，降低项目风险，避免软件需求变更导致的时间和成本浪费。

实例：一家医疗机构计划开发一个新的医疗管理系统。通过全面的软件需求分析，团队识别了系统需要遵循的法规要求和数据隐私保护措施，并且与所有利益相关者进行了深入沟通，明确了系统的功能和性能需求。这样，在开发过程中，软件需求变更的次数大幅减少，项目按时按预算完成，减少了项目的风险和成本。

3. 提高开发效率

软件需求分析提供了明确的软件需求规格文档，为开发团队制订详细的开发计划和设计方案提供了依据。明确的软件需求可以避免在开发过程中出现重复劳动和不必要的修改,提高开发效率。

实例:在开发一个金融交易系统时,详细的软件需求分析帮助团队明确了系统的各项功能性需求,如实时交易处理、数据加密、安全审计等。开发团队基于清晰的软件需求规格文档制订了详细的开发计划,各个模块的开发和集成工作得以高效进行,最终按时完成了高质量的系统开发。

4. 提高产品质量

通过软件需求分析,可以确保软件需求的完整性、一致性和可验证性,从而提高产品质量。明确的软件需求有助于开发团队在设计、编码和测试阶段严格按照软件需求进行工作,减少缺陷和错误。

实例:在开发航空预订系统时,通过详细的软件需求分析,团队明确了系统的核心功能,如航班查询、预订、支付和改签等。在软件需求分析过程中,还特别关注了系统的性能要求和安全性需求。最终开发出的系统功能完善,性能优越,用户反馈良好,产品质量得到显著提高。

5. 促进团队协作

软件需求分析过程中的沟通和协作能够促进团队内部以及团队与利益相关者之间的有效协作。通过软件需求分析,各方对需求的理解可以达成一致,避免在后续开发过程中出现分歧和误解。

实例:在一个跨国项目中,团队成员分布在不同国家。通过详细的软件需求规格分析和软件需求规格文档,所有团队成员对项目需求的理解达成了一致,避免了由于地理位置和文化差异导致的沟通障碍。软件需求规格文档成为了团队协作的基础,确保了项目的顺利推进。

6. 提供项目管理依据

软件需求分析为项目管理提供了详细的软件需求规格文档和基线。这些文档和基线为项目的进度管理、资源分配、风险管理和质量控制提供了依据,有助于项目的整体管理和控制。

实例:在开发一个大型ERP(企业资源计划)系统时,通过详细的软件需求分析,项目团队制定了详细的软件需求规格说明书,并作为项目管理的基线。项目经理基于软件需求规格说明书进行进度安排和资源分配,定期进行风险评估和控制,确保项目按计划推进。

软件需求分析是软件开发过程中至关重要的一环。它不仅直接影响到软件的质量和用户满意度,还能够显著降低项目风险、提高开发效率和促进团队协作。通过详细、系统的软件需求分析,开发团队能够明确和理解用户的真实需求,为项目的成功奠定坚实的基础。因此,在软件开发过程中必须高度重视软件需求分析,并严格按照系统化的方法和步骤进行,以确保项目的成功和软件产品的高质量。

4.1.3　软件需求分析的挑战与解决策略

软件需求分析虽然是软件开发中的关键步骤,但在实际执行过程中常常会遇到各种挑战。这些挑战包括软件需求的不确定性、沟通障碍、利益相关者的冲突、软件需求的变更等。为了确保软件需求分析的有效性,必须采取相应的解决策略。以下将详细介绍软件需求分析过程中常见的挑战及其解决策略。

1. 软件需求的不确定性

挑战:在软件需求分析初期,用户和利益相关者可能对自己真正需要的功能和特性并不明确,这会导致软件需求模糊、不确定,影响后续的开发工作。

解决策略如下。

- 迭代获取软件需求:采用迭代的方法逐步获取和细化软件需求。通过快速原型开发和用户反馈,不断澄清和完善软件需求。
- 使用场景描述:通过详细的使用场景描述,帮助用户和利益相关者明确软件需求。使用故事板、用例等工具进行软件需求展示,便于用户理解和确认。
- 召开工作坊:组织工作坊,邀请各类利益相关者参与讨论和头脑风暴,集思广益,逐步明确软件需求。

实例:在开发一个智能家居系统时,初期用户对系统需要具备的功能只有模糊的概念。通过迭代获取软件需求,开发团队先开发了简单的原型系统,并通过多次用户反馈和软件需求讨论,逐步明确了系统需要具备的各项智能控制功能。

2. 沟通障碍

挑战:在软件需求分析过程中,开发团队与用户、利益相关者之间的沟通不畅可能导致软件需求理解偏差,影响软件需求的准确性和完整性。

解决策略如下。

- 软件需求访谈与问卷调查:采用面对面的访谈和结构化的问卷调查,获取用户和利益相关者的真实需求。通过多轮访谈和调查,逐步消除沟通障碍。
- 定期会议与沟通:定期召开软件需求评审会议,确保开发团队与用户、利益相关者之间保持持续的沟通和信息共享。使用软件需求管理工具记录和跟踪软件需求,确保所有人对软件需求的理解一致。
- 使用可视化工具:采用原型、流程图、用例图等可视化工具展示软件需求,帮助利益相关者更直观地理解软件需求。

实例:在开发一个银行管理系统时,开发团队与银行工作人员之间的沟通存在一定障碍。通过多次软件需求访谈和问卷调查,开发团队逐步了解了银行业务流程,并采用原型图展示系统功能,确保软件需求的准确理解和确认。

3. 利益相关者的冲突

挑战:不同利益相关者可能对系统有不同的期望和软件需求,这些软件需求可能相互冲突,导致软件需求分析过程复杂化。

解决策略如下。

- 软件需求优先级划分:与利益相关者一起对软件需求进行优先级划分,确保关键软件需求得到优先处理。使用 MoSCoW 法(Must have,Should have,Could have,Won't have)进行软件需求分类。
- 利益相关者协同工作:组织利益相关者协同工作,召开冲突解决会议,讨论和协商软件需求,找到平衡点和共同点。
- 指定利益相关者代表:选定具有代表性的人员作为利益相关者代表,统一负责需求的收集与反馈,避免因沟通渠道过多导致的信息混乱。

实例:在开发一个跨国企业的资源管理系统时,不同国家的分公司对系统功能有不同的软件需求。通过利益相关者协同工作和优先级划分,项目团队平衡了各方软件需求,确保系统满足核心业务,同时兼顾各分公司的特殊软件需求。

4. 软件需求的频繁变更

挑战:在软件开发过程中,软件需求的频繁变更可能导致开发工作重复、进度延迟和成本增加。

解决策略如下。

- 变更管理流程:建立严格的软件需求变更管理流程,明确软件需求变更的审批权限和流程,确保变更得到有效控制和管理。
- 软件需求基线管理:在软件需求分析阶段建立软件需求基线,将已确认的软件需求纳入基线管理。变更软件需求需经过严格的评审和确认,确保变更的必要性和合理性。
- 敏捷开发方法:采用敏捷开发方法,通过短周期迭代和持续反馈,灵活应对软件需求变更。每个迭代周期结束后,重新评估和确认软件需求,确保开发工作与软件需求保持一致。

实例:在开发一个移动应用时,市场需求变化较快,导致软件需求频繁变动。通过采用敏捷开发方法,团队在每个迭代周期结束后重新评估软件需求,并根据最新的市场需求调整开发计划,有效应对了软件需求变更。

5. 确保软件需求的完整性和一致性

挑战:在软件需求分析过程中可能会遗漏一些重要的软件需求,或者不同软件需求之间存在矛盾,导致软件需求的完整性和一致性不足。

解决策略如下。

- 全面软件需求获取:采用多种软件需求获取方法(如访谈、问卷、观察法等),确保软件需求信息的全面性和完整性。
- 软件需求验证与确认:通过软件需求评审会议、原型评审和用户确认等方式,对软件需求进行详细验证和确认,确保软件需求的准确性和一致性。
- 构建软件需求跟踪矩阵:建立软件需求跟踪矩阵,将每个软件需求与设计、实现和测试活动进行明确关联,确保所有需求均被覆盖、实现并验证,从而提升需求的完整性和一致性。

实例:在开发一个大型企业的 ERP 系统时,通过采用多种软件需求获取方法,项目团队全面收集了各业务部门的软件需求。通过软件需求跟踪矩阵,团队确保了每个软件需求在设计、实现和测试阶段都得到有效验证和实现,保证了软件需求的完整性和一致性。

软件需求分析是一个复杂且关键的过程,面临许多挑战。通过采取有效的解决策略,如迭代获取软件需求、定期沟通、优先级划分、变更管理和软件需求验证等,可以克服这些挑战,确保软件需求分析的高效性和准确性。详细的软件需求分析不仅能够提高软件产品的质量和用户满意度,还能显著降低项目风险,确保项目按时按预算完成。因此,在软件需求分析过程中,开发团队应高度重视这些挑战,并采取相应的解决策略,确保软件需求分析工作的成功。

4.2 软件需求分析步骤

软件需求分析步骤如图 4-1 所示。

图 4-1 软件需求分析步骤

软件需求分析是软件开发过程中不可或缺的步骤,其目的在于明确和细化用户软件需求,确保开发团队准确理解和实现这些软件需求。软件需求分析的步骤包括软件需求理解、软件需求冲突解决、软件需求优先级确定、软件需求模型创建,通过系统化的步骤,需求分析不仅帮助团队识别潜在的需求冲突,还为开发提供清晰的实现路径。本节将详细介绍软件需求分析的核心步骤,帮助读者理解如何将原始的需求信息转化为切实可行的开发蓝图,为后续的软件设计和实现提供有力支持。

4.2.1 软件需求理解

软件需求理解是软件需求分析的基础环节,也是确保开发团队准确实现需求的前提。该过程不仅是简单地读取和接收用户或业务方提供的需求,而是通过深入分析、澄清和验证,确保对需求背后的业务目标、用户期望以及技术约束条件有清晰的理解。只有准确理解需求,才能确保开发的系统满足用户和业务需求,并减少后期的返工和修改。

1. 理解需求的背景

在软件需求理解的过程中,首先要明确需求的业务背景。需求本身往往只是表面问题,背后可能隐藏着更深层次的业务目标或用户痛点。通过理解需求的背景,团队能够更好地把握需求的真正目的,并提出更合适的技术解决方案。

实例:一个在线电商平台希望优化结算流程,表面上这是一个功能性需求,可能只是要求"简化支付流程"。但在深入分析其业务背景后,可能发现真正的问题是用户在结算过程中的高跳出率,导致了销售转化率的降低。通过理解这一背景,团队可以提出更为精确的需求,如"减少用户支付步骤,并提供多种支付方式",从而实现更高的转化率。

2. 澄清需求中的不确定性

在需求收集过程中,往往会遇到一些模糊或未明确说明的需求,导致开发团队无法明确如何实现或测试这些需求。此时,需求工程师需要通过与利益相关者沟通,澄清其中的模糊点或不确定性,确保每个需求都有明确的定义和实现条件。

常见的不确定性类型包括以下几方面。

- **功能范围不明确**:例如,"系统应该具有良好的用户体验"。这样的需求虽然提出了目标,但缺乏具体的评判标准,需要进一步明确"良好"的具体含义,如响应时间、界面设计标准、用户反馈等。
- **需求的歧义**:例如,"系统需要提供快速的搜索功能"。"快速"在不同场景下可能有不同的解释,团队需要确认具体的性能指标,如响应时间应小于 1 秒,或对特定数量的用户请求能够保持流畅。

3. 理解需求的优先级和关键性

在理解需求的过程中,另一个关键任务是确定需求的重要性和优先级。并非所有需求对项目的成功同等重要,有些需求可能是业务的核心驱动力,而另一些需求则可以推迟实现或仅作为附加功能。需求的优先级不仅影响开发资源的分配,也直接关系到项目的时间表和交付计划。

需求优先级可以通过以下几种方式确定。

- **业务价值评估**:哪些需求能够直接带来业务价值?如提高销售额、增加用户黏性等。
- **用户痛点**:哪些需求能解决用户的主要痛点或提高用户满意度?
- **技术实现难度**:哪些需求的实现成本较高?是否可以分阶段实现?

通过与利益相关者讨论需求的优先级,团队能够合理安排开发顺序,确保资源被用在最具价值的需求上。

4. 理解需求的依赖关系

许多需求之间存在依赖关系,某些需求的实现可能依赖于其他需求的完成。因此,需求工程师需要在需求分析过程中识别这些依赖关系,并确保需求在技术和实现上能够顺利进行。识别需求之间的依赖性有助于团队更好地规划开发阶段,避免因依赖关系处理不当导致项目进度的延迟或返工。

实例:在一个客户关系管理系统中,报告生成功能可能依赖于客户数据的整理和输入。如果客户数据管理功能未完成或实现有问题,报告功能将无法按预期实现。因此,报告功能的需求必须与数据管理功能的需求紧密结合,确保前者顺利实现。

5. 利用工具和模型帮助需求理解

需求工程师常常需要使用多种工具和模型来更好地理解和表达需求。这些工具不仅能帮助工程师自身深入理解需求,也能帮助利益相关者更清楚地表达和确认他们的期望。常见的工具包括以下几种。

- **用例图**:用例图可以清晰地展示系统的功能以及各个功能之间的关系,帮助团队理解系统的功能性需求。
- **流程图**:流程图可以帮助团队理解系统各个功能的执行流程,尤其在涉及复杂业务流程时,流程图能够有效表达各个步骤的依赖关系和逻辑顺序。
- **需求矩阵**:需求矩阵能够帮助团队跟踪需求与设计、实现、测试的对应关系,确保需求在每个开发阶段都能得到满足。

通过这些工具,需求理解可以变得更为系统化和直观化,团队可以将需求分解为更小的模块或组件,逐步理解和实现。

6. 持续与利益相关者沟通

需求理解是一个持续的过程,需要与利益相关者保持密切沟通。需求工程师不仅需要在分析过程中与客户和用户讨论需求,还需要在开发的各个阶段确保需求没有发生偏差。随着项目的推进,业务环境、市场需求或用户期望可能发生变化,需求也可能随之调整,因此持续的沟通尤为重要。

实例:在开发医疗管理系统的过程中,需求可能在项目初期明确,但随着法规的变更或用户反馈的更新,需求也可能发生调整。需求工程师必须及时与利益相关者沟通,确保需求变化能够及时被识别、分析并实现。

7. 需求理解的结果输出

需求理解的最终成果应该包括一份清晰、无歧义的需求说明。这些需求说明将成为后续设计、开发和测试的基础。需求说明应包括对每个需求的详细描述,以及其优先级、依赖关系、测试标准等内容。通过这一成果,团队能够确保每个需求都得到了充分的理解和文档化,为项目的顺利推进奠定坚实基础。

软件需求理解是软件需求分析的关键步骤,它通过对需求的深入解析和澄清,帮助团队从复杂的需求信息中提炼出清晰、可执行的需求集。在这一过程中,需求工程师需要充分理解需求的背景、目标、优先级和依赖关系,并通过与利益相关者的持续沟通,确保需求在项目开发的各个阶段都能得到有效实现。

4.2.2 软件需求冲突解决

软件需求冲突解决是软件需求分析中的重要环节。需求冲突指在收集需求的过程中,不同的需求可能在目标、实现方式、资源分配、优先级等方面出现不一致或相互排斥的情况。这种冲突如果不及时解决,会影响后续开发,甚至导致项目失败。因此,需求冲突的识别和解决对于确保项目顺利推进至关重要。

1. 需求冲突的来源

软件需求冲突的产生可以有多种原因,通常来自以下几方面。

(1) 不同利益相关者的不同需求:不同的利益相关者对系统有不同的期望和目标,这些需求可能存在冲突。例如,业务部门希望增加系统功能以提升用户体验,而技术部门则希望简化功能以减少开发的工作量和维护的复杂度。

实例:在开发一款客户管理系统时,销售团队可能要求在系统中添加更多的客户数据分析功能以提升销售决策,而 IT 团队则希望减少数据处理的复杂性,避免增加系统负载,这两者之间的需求显然存在冲突。

(2) 功能性需求与非功能性需求冲突:功能性需求通常关注系统"做什么",而非功能性需求则关注系统"如何做"。某些功能性需求的实现方式可能与非功能性需求(如性能、可扩展性、安全性等)产生矛盾。

实例:一个系统要求对所有用户的每次访问进行详细日志记录,这是一个功能性需求。然而,这种记录可能会影响系统的响应时间(性能需求),因此开发团队需要在数据完整性和系统性能之间做出平衡。

(3) 资源限制引发的冲突:资源限制(如时间、资金、人力等)往往会导致需求间的冲突,特别是当多个高优先级的需求竞争同样的资源时。项目可能无法同时满足所有需求,因此需要通过妥协和调整来解决。

实例:假设一个开发项目需要同时实现移动端和 Web 端的功能,而开发团队的规模有限,资源分配不足以同时进行这两个平台的开发。此时,团队需要决定优先开发哪个平台,从而产生冲突。

(4) 需求优先级的不一致:不同的利益相关者可能会对需求的优先级有不同看法,导致开发团队在资源分配上陷入困境。某些需求可能在商业上具有较高的紧迫性,但技术实现上较为复杂,无法快速完成。

实例：在电子商务平台开发中，市场部可能希望在购物节前推出一个全新的推荐算法，而技术部门则认为该功能开发周期过长，建议推迟发布。双方在优先级上的不一致导致产生冲突。

2. 识别需求冲突

识别需求冲突是需求冲突解决的首要步骤。需求工程师需要仔细审查和分析所有收集到的需求，识别出哪些需求可能存在矛盾或潜在的冲突。需求冲突的识别可以通过以下几种方式进行。

- 跨团队会议和讨论：组织各利益相关者和开发团队的会议，集体讨论各自的需求，倾听各方的需求陈述，识别其中的分歧。
- 需求对比分析：通过构建需求矩阵，将不同需求之间的关系进行对比，查看是否有需求在实现或目标上存在冲突。
- 需求模型：通过使用需求模型（如用例图、流程图等），可以可视化地显示需求的执行流程，找出其中存在的冲突。例如，两个需求都指向同一资源的使用，而时间或顺序上互斥，便可通过模型表现出来。

3. 解决需求冲突的方法

一旦识别出需求冲突，需求工程师需要通过多种方法来解决这些冲突。解决需求冲突的过程通常涉及与利益相关者的协商、分析需求背后的动机、技术可行性评估以及对解决方案的折中选择。以下是几种常见的需求冲突解决方法。

（1）协商和妥协：协商是解决需求冲突最常用的方法之一。通过与利益相关者进行沟通，了解他们对需求的核心期望，团队可以通过妥协来调整需求。例如，某个冲突的需求可能只需要部分实现，或可以在稍后的版本中推迟实现。

实例：在开发一款数据分析平台时，营销部门希望增加数据可视化功能以吸引客户，而开发团队认为这会增加开发复杂度，导致项目延期。双方可以通过协商，先实现核心的分析功能，并在后续版本中逐步引入可视化功能，以避免初期的时间压力。

（2）需求调整：在某些情况下，通过对需求进行调整或重构，可以有效解决冲突。例如，通过改变功能的实现方式或范围，减少对其他需求的影响，从而解决冲突。

实例：在一个物流管理系统中，仓储部门提出希望能够实时跟踪货物的具体位置，而这种需求可能导致系统性能负荷增加。开发团队可以通过优化位置更新频率或设计缓存机制来平衡实时性与性能之间的冲突。

（3）优先级调整：在资源有限且无法同时满足所有需求时，通过调整需求的优先级来解决冲突是一个有效的方法。团队可以根据需求的商业价值、技术难度和用户需求的紧急程度，重新评估哪些需求应该优先处理。

实例：在一个在线教育平台开发中，市场部希望在下个版本中推出社交互动功能，而运营团队则希望增加支付选项。由于支付功能对平台的商业价值更高，开发团队决定优先实现支付选项功能，而将社交互动功能推迟到后续版本。

（4）技术创新：在一些复杂的冲突中，可能需要技术创新或采用新的技术手段来解决问题。例如，某些需求之间的冲突可能源于技术限制，通过引入新的技术架构或解决方案，可以使得原本冲突的需求得以共存。

实例：在一个实时通信应用中，既要求支持海量用户并发通信，又要求通信信息安全无延迟。团队可以通过采用分布式架构和高效加密算法来解决性能与安全之间的冲突。

（5）需求删除或延后：当某些需求的价值不足以支持其实现成本时，团队可能需要通过删除或延后该需求的方式来解决冲突。这种方法虽然有时会导致功能缺失，但能够确保项目的核心需求能够按时交付，并避免系统复杂度过高。

实例：在一个快速迭代的敏捷开发项目中，如果某个功能与关键路径冲突，并且对项目成功的影响较小，则可能会被暂时移除，待后续迭代再考虑实现。

4. 需求冲突解决的沟通与跟踪

在解决需求冲突的过程中，沟通是关键。需求工程师不仅需要确保所有利益相关者达成共识，还需要将解决方案记录在需求文档中，以便在后续的设计、开发和测试阶段保持一致性。冲突的解决过程应透明、可跟踪，确保每个决策有据可依，避免后期开发中的分歧和误解。

通过需求跟踪矩阵，团队可以跟踪每个需求的状态及其与其他需求的关系，确保冲突解决方案得以执行，并在项目推进过程中保持一致的需求管理。

5. 冲突解决的结果输出

需求冲突解决的最终结果应该是更新后的需求文档或需求说明。所有的冲突解决决策都应被详细记录，更新的需求说明应反映每个需求的最终状态和实现方案。通过对冲突的有效解决，团队能够确保系统的功能性、性能以及用户需求的平衡，从而为项目的后续阶段奠定坚实基础。

软件需求冲突解决是确保项目顺利推进的关键环节。通过识别需求冲突、协商调整、优先级排序以及技术创新等多种手段，团队可以有效应对需求之间的矛盾，确保最终的需求集能够反映项目的核心目标、技术可行性和资源限制。冲突的解决不仅提高了需求的执行力，还为后续的设计和开发提供了清晰的方向。

4.2.3 软件需求优先级确定

在软件开发过程中，需求优先级的确定是确保项目资源合理分配、开发进度高效推进，并在既定时间内实现业务目标的关键环节。由于资源和时间的限制，开发团队不可能同时实现所有需求，因此必须根据业务价值、技术实现难度、风险和时间等因素对需求进行排序。确定优先级能够帮助团队识别最具商业价值、最符合用户期望的需求，并且优先处理那些对项目成功最为重要的部分。

需求优先级的确定并不是一个简单的任务，它通常需要开发团队与业务利益相关者之间进行深入的讨论和评估。以下是需求优先级确定的意义、影响因素及常见方法等。

1. 需求优先级确定的意义

需求优先级的确定有助于项目在有限的资源条件下取得最大的业务价值。优先级的排序决定了开发团队在项目的不同阶段应集中精力实现哪些需求，哪些需求可以暂时搁置。确定需求优先级还可以减少开发中的风险，确保最重要的需求能够及时交付，从而提高用户满意度，满足业务目标。

实例：在一个在线购物平台的开发中，支付功能显然比某些次要的推荐功能更为关键，因为支付功能直接影响用户购买体验和平台的收入。通过合理的优先级排序，团队能够优先实现支付功能，确保平台能够正常运营，再在后续版本中增加推荐系统等附加功能。

2. 需求优先级确定的影响因素

在确定需求优先级时,需要综合考虑多个因素,确保最终的排序能够为项目带来最大效益。主要影响因素如下。

(1) 业务价值:需求的业务价值是优先级确定的核心考虑因素。那些能够直接提升业务绩效、增加收入、提升市场竞争力的需求,往往优先级较高。例如,电商平台中的"快速结算"功能对提高订单转化率和增加收入至关重要,因此应优先实现。

(2) 用户需求和体验:需求是否能够满足用户的核心需求以及是否能够显著提升用户体验,直接影响其优先级。对于用户非常关心的功能,例如,一个社交平台的"即时消息通知",其优先级应高于一些用户不常用的次要功能。

(3) 技术复杂性和实现成本:需求的实现难度和开发成本也是影响优先级的重要因素。某些需求尽管重要,但由于其技术复杂性高,可能需要较长的开发周期或高昂的资源投入。因此,在项目时间紧迫或资源有限的情况下,可能会暂时降低这些需求的优先级,先实现一些相对简单但仍具有较高业务价值的需求。

(4) 风险和不确定性:某些需求在实现过程中可能存在较大的技术风险或业务不确定性。这类需求尽管重要,但如果无法有效评估其可行性和潜在风险,可能需要谨慎处理。高风险的需求通常不会优先实现,而是会被推迟到后续版本,待条件成熟时再进行开发。

(5) 依赖关系:需求之间的依赖关系也会影响优先级排序。有些需求的实现依赖于其他需求的完成,因此必须首先完成那些基础性需求,确保依赖需求的正常实现。例如,某些统计分析功能可能依赖于数据采集和存储模块的实现,因此需要先开发数据采集模块,再开发分析功能。

3. 需求优先级确定的常见方法

为确保需求优先级确定的科学性和合理性,团队通常会采用多种方法对需求进行排序。以下是几种常用的需求优先级确定方法。

1) MoSCoW 法

MoSCoW 法是一种简单而有效的需求优先级确定方法,将需求划分为以下 4 类。

- M(Must have):必须实现的需求。这类需求是项目成功的关键,系统无法在没有这些需求的情况下正常运行。例如,支付功能是电子商务平台的"必须实现"需求,若未实现该功能,平台将无法完成交易。

- S(Should have):应当实现的需求。虽然不如"必须实现"的需求紧急,但这类需求对用户体验和业务目标至关重要。例如,产品搜索功能对用户体验至关重要,尽管它不影响核心交易流程,但缺少该功能会显著降低用户体验。

- C(Could have):可以实现的需求。这类需求具有一定的附加价值,但其优先级较低,若时间和资源不足,则可以推迟或不实现。例如,社交平台的用户头像自定义功能可能对用户体验有所帮助,但并非平台运行的关键。

- W(Won't have):暂时不实现的需求。此类需求在当前版本中不必实现,可以根据后续版本的规划进行考虑。

MoSCoW 法的优点在于它提供了一个简单明确的分类框架,便于利益相关者快速达成共识。通过明确区分需求的紧急性,开发团队能够集中精力先实现最重要的需求,确保项目的核心目标得以实现。

2）Kano 模型

Kano 模型是一种基于用户体验的需求优先级分析工具，帮助团队根据用户对需求的期望和满意度来确定优先级。Kano 模型将需求划分为以下几类。

- 基本需求：这些需求是用户认为理所当然的功能，用户对其期望很高，但通常不会特别表达出来。例如，电子商务网站的支付安全性是用户的基本需求，若未实现，用户会极为不满。
- 期望需求：这些需求是用户明确表达的期望，直接影响用户满意度。例如，用户对新闻阅读应用的"个性化推荐"功能有明确的期望，该功能能够显著提升用户满意度。
- 兴奋需求：这类需求超出用户预期，是为用户提供惊喜体验的功能。例如，在电子邮件服务中，自动分类和智能回复功能虽然不是用户的核心需求，但当它们出现时，能极大提升用户体验。

Kano 模型帮助团队根据用户满意度的层次，优先实现那些会对用户满意度产生最大正面影响的需求，从而提升产品竞争力。

3）价值-复杂性矩阵

价值-复杂性矩阵是一种直观的需求优先级确定方法，它将需求的业务价值与技术实现复杂性进行对比，帮助团队找到高价值且易实现的需求优先进行处理。价值-复杂性矩阵将需求分为以下几类。

- 高价值、低复杂性：优先级最高，应该尽快实现的需求。它们能带来显著的业务价值，并且实现难度较低，开发团队可以快速交付。
- 高价值、高复杂性：重要但具有一定挑战性，团队可以评估是否可以分阶段实现或通过技术创新降低复杂性。
- 低价值、低复杂性：可以在资源富余的情况下实现，属于"锦上添花"的需求。
- 低价值、高复杂性：优先级最低，通常不会优先处理，除非在某些特定条件下需要。

通过这种矩阵分析方法，团队能够迅速识别哪些需求既能为项目带来巨大价值，又可以快速实现，从而最大化项目的效率和效益。

4. 需求优先级的动态调整

需求优先级并非一成不变的。在项目进行过程中，随着市场需求、业务战略或技术条件的变化，需求优先级也可能发生调整。因此，团队应定期对需求优先级进行重新评估，确保资源分配与项目目标保持一致。

实例：某个在线支付平台最初可能优先开发"银行卡支付"功能，但随着市场的变化和用户对移动支付需求的增加，团队可能需要重新调整优先级，优先开发"第三方支付"功能。

5. 需求优先级确定的沟通与决策

在确定需求优先级的过程中，团队与利益相关者之间的沟通尤为重要。需求优先级往往牵涉不同部门和用户的利益，因此需要确保每个利益相关者能够参与讨论，并基于透明的标准达成共识。开发团队可以通过会议、工作坊或需求评审会等形式，与利益相关者共同讨论优先级决策，确保决策过程公开透明。

6. 需求优先级确定的文档化与跟踪

在需求优先级确定后，团队需要将最终的优先级列表进行文档化，并在项目生命周期内定期跟踪和更新需求的优先级状态。需求的优先级变更应经过正式流程,并及时通知所有相关人员,确保开发过程中的一致性和协调性。

软件需求优先级的确定是项目成功的关键步骤。通过科学的优先级确定方法,团队能够在有限的资源和时间内最大化项目的业务价值和用户体验。结合业务需求、用户需求、技术复杂性和风险等多方面因素,需求优先级的合理确定能够确保项目资源的有效利用、开发过程的高效推进,并最终交付符合用户期望和业务目标的高质量软件系统。

4.3 软件建模简介

在软件开发过程中,软件建模是需求分析的重要组成部分。通过建模,开发团队能够将复杂的系统需求转化为可视化的表示形式,从而更好地理解、沟通和实现这些需求。模型不仅帮助团队明确系统的结构和行为,还为后续的设计和开发提供了清晰的指导。本节将深入探讨软件建模的基本概念、目标和方法,帮助读者理解如何通过建模提高软件开发的效率和质量。

4.3.1 什么是模型

软件建模是软件需求分析的重要组成部分,它通过创建抽象表示来描述系统的结构、行为和其他方面。模型作为系统的简化表示,能够帮助开发团队和利益相关者更好地理解和沟通软件需求,制定有效的设计和实现方案。

1. 模型的定义

模型是对现实世界中某一特定部分的简化和抽象,它以特定的方式捕捉该部分的核心要素和行为。软件模型通过图形、符号和文本描述系统的各个方面,提供了系统蓝图和规范。

在软件工程中,模型通常包括以下几种类型。

- 对象模型:描述系统的静态结构,如类图、对象图等。
- 动态模型:描述系统的动态行为,如状态图、活动图、序列图等。
- 功能模型:描述系统的功能和操作,如用例图、功能图等。

2. 模型的目标

软件模型的目标主要包括以下几方面。

1)理解和沟通

模型能够帮助开发团队和利益相关者更清晰地理解软件需求和设计。通过图形化和结构化的表示,模型使复杂的系统变得更易于理解和讨论,促进了团队内部及与利益相关者之间的有效沟通。

实例:在开发一个在线学习平台时,通过用例图描述了用户与系统的交互场景,使开发团队和教育专家能够快速理解和确认系统的主要功能。

2)规范和文档化

模型为系统提供了详细的规范和文档。它不仅描述了系统的当前状态,还为后续的开发、测试和维护提供了重要依据。通过模型,团队可以明确系统的各项软件需求和设计,确保实现的一致性和完整性。

实例：在开发一个银行管理系统时，通过类图和对象图详细描述了系统的静态结构和对象关系，为系统的设计和实现提供了明确的指导和规范。

3）分析和验证

模型能够帮助团队在系统开发的早期进行分析和验证，识别和解决潜在的问题。通过模拟和仿真，团队可以验证系统的行为和性能，确保系统设计的正确性和可行性。

实例：在开发一个交通管理系统时，通过状态图模拟系统在不同交通状况下的行为，验证了系统的响应和调度逻辑，提高了系统的可靠性和安全性。

4）设计和实现

模型为系统设计和实现提供了清晰的指导。通过模型，团队可以制订详细的设计方案，明确系统的各个模块和组件，以及它们之间的交互和依赖关系。模型还可以生成代码框架，支持自动化开发和代码生成。

实例：在开发一个电子商务平台时，通过活动图和顺序图详细描述了各项业务流程和交互场景，指导开发团队进行模块设计和代码实现，提高了开发效率和质量。

3. 模型的基本要素

软件模型通常由以下基本要素构成。

（1）实体：实体是模型中的基本构建块，表示系统中的对象、类、组件等。实体具有属性和行为，反映了系统的静态和动态特性。

（2）关系：关系描述了实体之间的连接和相互作用。常见的关系包括关联、继承、依赖、实现等。通过关系，模型能够描述系统的结构和交互。

（3）约束：约束是对实体和关系的附加条件和规则，用于限制和规范系统的行为和状态。常见的约束包括业务规则、数据完整性、时序约束等。

（4）视图：视图是从特定角度对模型的展示和表示。不同的视图关注系统的不同方面，如结构视图、行为视图、功能视图等。通过视图，模型能够多维度地描述系统。

实例：在开发一个医院管理系统时，通过类图表示系统的静态结构，通过状态图和活动图表示系统的动态行为，通过用例图表示系统的功能和用户交互，为系统的设计和实现提供了全面的指导和规范。

4. 常见的软件建模方法

在软件工程中，常用的软件建模方法包括以下几种。

1）结构化建模

结构化建模是一种传统的建模方法，主要通过数据流图（DFD）、实体关系图（ERD）等表示系统的结构和数据关系。结构化建模适用于描述系统的静态结构和信息流动。

2）面向对象建模

面向对象建模是目前最常用的建模方法，采用统一建模语言（UML）描述系统的各个方面。UML包括类图、对象图、用例图、顺序图、状态图等，能够全面描述系统的结构、行为和功能。

3）业务流程建模

业务流程建模主要通过业务流程图（BPMN）描述系统的业务流程和操作步骤。业务流程建模适用于描述复杂的业务流程和工作流。

实例：在开发一个物流管理系统时，通过业务流程图描述了从订单处理到配送的各个业务流程,帮助团队理解和优化系统的工作流程和操作步骤。

模型是软件工程中不可或缺的工具,通过模型,开发团队和利益相关者能够更好地理解、沟通、设计和实现系统。模型不仅为系统提供了详细的规范和文档,还支持系统的分析、验证和优化。在实际开发过程中,通过采用合适的建模方法和工具,团队可以有效地提升软件开发的质量和效率,确保系统的成功交付。

4.3.2 建模的重要性

软件建模是软件开发过程中不可或缺的一环,其重要性体现在多个方面。通过建模,开发团队能够清晰地表达软件需求、设计方案和实现细节,从而提高系统的质量和开发效率。以下将详细阐述建模在软件开发中的重要性。

1. 提高沟通效率

建模提供了一种标准化的、可视化的方式来表达系统的软件需求和设计。通过模型,开发团队、用户和其他利益相关者可以更直观地理解和讨论系统的各个方面,避免了因语言表达不清或理解偏差而导致的沟通障碍。

实例:在开发一个医疗管理系统时,通过使用统一建模语言创建用例图和类图,开发团队和医疗专业人员能够更准确地理解系统软件需求和设计方案,减少了沟通中的误解和错误。

2. 支持软件需求分析和验证

模型能够帮助开发团队进行软件需求分析和验证。通过建模,可以将软件需求转化为具体的图形和符号表示,便于发现软件需求中的缺陷、冲突和不一致之处。模型还可以用来模拟系统行为,验证软件需求的可行性和合理性。

实例:在开发一个电商平台时,使用活动图和顺序图模拟用户的购物流程,发现了原始需求中一些未考虑的异常处理情况,从而改进了软件需求规格说明书,确保系统能够处理各种实际使用场景。

3. 提供设计指导

模型为系统的设计提供了明确的指导。通过结构模型和行为模型,开发团队可以详细描述系统的模块、组件、接口及其相互关系,制定系统的架构和设计方案。这些模型为编码和实现提供了清晰的蓝图。

实例:在开发一个银行管理系统时,通过类图和对象图详细描述了系统的静态结构和对象关系,为系统的模块划分和接口设计提供了明确的指导,确保了系统设计的规范性和一致性。

4. 提高开发效率

模型能够提高软件开发的效率。通过建模,开发团队可以在开发初期发现和解决问题,减少了后期修改和返工的成本。模型还可以用于生成代码框架和文档,支持自动化开发和文档生成。

实例:在开发一个物流管理系统时,通过使用面向对象建模方法创建的类图和状态图,开发团队能够生成初步的代码框架,大大缩短了编码时间,提高了开发效率。

5. 增强系统可维护性

模型为系统的维护提供了重要支持。在系统的整个生命周期中,模型作为系统的规范和文档,能够帮助维护人员理解系统的结构和行为,迅速定位和解决问题。模型还可以作为系统演化和扩展的基础,支持系统的持续改进和优化。

实例:在维护一个已有的财务管理系统时,通过原有的类图和顺序图,维护人员能够快速理解系统的设计和实现细节,定位和修复了一个复杂的业务逻辑错误,避免了系统的长时间停机。

6. 提供系统分析和优化依据

模型为系统的分析和优化提供了科学依据。通过建模,开发团队可以对系统的性能、可靠性、安全性等进行详细分析和评估,识别和消除系统中的瓶颈和薄弱环节,优化系统的设计和实现,提高系统的整体质量和性能。

实例:在开发一个智能交通管理系统时,通过使用状态图和活动图模拟交通流量和系统响应,开发团队发现并优化了系统的瓶颈,提高了系统的处理能力和响应速度。

7. 支持协同开发

模型为大规模、复杂系统的协同开发提供了基础。在大型软件项目中,多个开发团队通常需要并行工作。通过建立统一的模型和规范,各团队可以在同一基础上进行开发,减少了接口和集成的风险,确保了系统的整体一致性。

实例:在开发一个全球化的 ERP 系统时,通过使用统一建模语言创建的整体架构模型,各地区的开发团队能够在统一的框架下进行模块开发,确保了系统的集成和一致性。

8. 提高项目管理和控制

模型为项目管理和控制提供了重要工具。通过建模,项目经理可以详细了解系统的软件需求、设计和实现进度,评估项目的风险和复杂度,制订合理的项目计划和资源分配方案,提高项目管理的科学性和有效性。

实例:在管理一个大型软件开发项目时,通过使用甘特图和网络图等项目管理模型,项目经理能够详细掌握项目的各项进度和资源使用情况,及时发现和解决项目中的问题,确保项目按时按质完成。

软件建模在软件开发过程中具有重要的作用和价值。通过建模,开发团队能够提高沟通效率,支持软件需求分析和验证,提供设计指导,提高开发效率,增强系统可维护性,提供系统分析和优化依据,支持协同开发,提高项目管理和控制水平。在实际开发过程中,通过合理选择和应用建模方法和工具,开发团队可以有效提升软件开发的质量和效率,确保系统的成功交付。

本 章 小 结

本章对软件需求分析的重要性、核心步骤及其在软件开发中的应用进行了全面介绍。通过需求分析,开发团队能够深入理解用户需求,解决潜在的冲突,并确保需求的可行性和一致性。本章探讨了需求分析的基本定义、目标及其在项目成功中的关键作用,强调了准确捕捉用户需求、减少项目风险、提高开发效率以及提升产品质量的重要性。

在需求分析的过程中,团队通过明确需求的背景、澄清不确定性、处理冲突和确定需求的优先级,能够有效地将用户需求转化为具体的开发目标。同时,通过需求模型的创建,需求分析为后续的设计和开发提供了有力支持。

通过本章的学习,读者可以掌握需求分析的关键技术和方法,为确保软件开发项目的成功奠定了坚实基础。

习　　题

请扫描下方二维码在线答题。

第 5 章　结构化分析建模

本章首先介绍结构化分析的方法,包括功能建模、数据建模、行为建模、数据字典和加工规格说明;然后描述结构化分析的图形工具,包括层次方框图、Warnier 图和 IPO 图。

本章目标

- 掌握结构化分析的几种常用建模方法。
- 掌握结构化分析的几种图形工具。

有一种需求分析方法被称作结构化分析(Structured Analysis,SA)方法,是 20 世纪 70 年代被提出的,该方法得到了广泛的应用。它基于"分解"和"抽象"的基本思想,逐步建立目标系统的逻辑模型,进而描绘出满足用户要求的软件系统。

"分解"指对于一个复杂的系统,为了将复杂性降低到可掌握的程度,把大问题分解为若干小问题,然后分别解决。图 5-1 所示为对目标系统 X 进行自顶向下逐层分解的示意图。

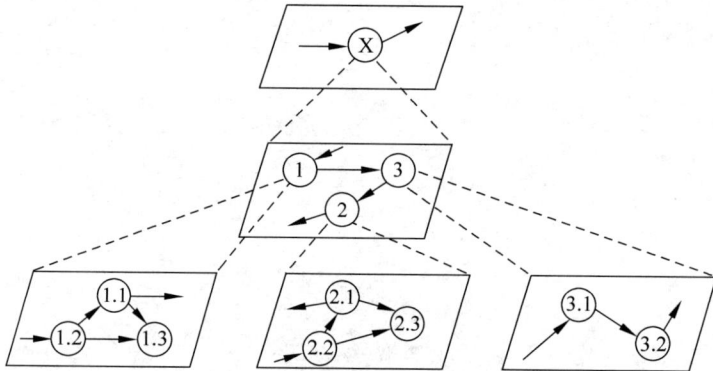

图 5-1　自顶向下逐层分解的示意图

顶层描述了目标系统 X,中间层将目标系统划分为若干模块,每个模块完成一定的功能,而底层是对每个模块实现方法的细节性描述。可见,在逐层分解的过程中,起初并不考虑细节性的问题,而是先关注问题最本质的属性,随着分解自顶向下地进行,才会逐渐考虑越来越具体的细节。这种用最本质的属性表示一个软件系统的方法就叫"抽象"。

结构化分析方法是一种面向数据流的需求分析方法,其中,数据作为独立实体转换。数据建模定义了数据的属性和关系,处理建模说明了数据在系统中流动过程中如何被操作和转换。

结构化分析的具体步骤如下。

(1) 建立当前系统的"具体模型":系统的"具体模型"就是现实环境的真实写照,这样的表达与当前系统完全对应,因此用户容易理解。

（2）抽象出当前系统的逻辑模型：分析系统的"具体模型"，抽象出其本质的因素，排除次要因素，获得当前系统的"逻辑模型"。

（3）建立目标系统的逻辑模型：分析目标系统与当前系统逻辑上的差别，从而进一步明确目标系统"做什么"，建立目标系统的"逻辑模型"。

（4）为了对目标系统进行完整描述，还需要考虑人机界面和其他一些问题。

5.1　结构化分析的方法

结构化分析实质上是一种创建模型的方法，它建立的模型如图 5-2 所示。

结构化分析建立的模型的核心是"数据字典"，它描述软件使用或产生的所有数据对象。围绕着这个核心有 3 种图："数据流图"指出当数据在软件系统中移动时怎样被变换，以及描绘变换数据流的功能和子功能，用于功能建模；"E-R 图"描绘数据对象之间的关系，用于数据建模；"状态转换图"指明作为外部事件结果的系统行为，用于行为建模。

每种建模方法对应其各自的表达方式和规约，描述系统某一方面的需求属性。它们基于同一份数据描述，即数据字典。

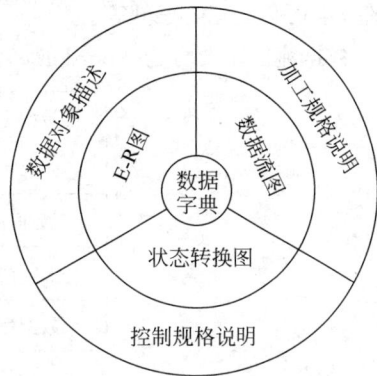

图 5-2　结构化分析建立的模型

结构化分析方法必须遵守下述准则。

- 必须定义软件应完成的功能，这条准则要求建立功能模型。
- 必须理解和表示问题的信息域，这条准则要求建立数据模型。
- 必须表示作为外部事件结果的软件行为，这条准则要求建立行为模型。
- 必须对描述功能、信息和行为的模型进行分解，用层次的方式展示细节。
- 分析过程应该从要素信息移向实现细节。

需求分析中的建模过程使用一些抽象的图形和符号来表述系统的业务过程、问题和整个系统。这种描述与自然语言的描述更易于理解。对模型的描述还是系统分析和设计过程之间的重要"桥梁"。

不同的模型往往表述系统需求的某一方面，而模型之间又相互关联、相互补充。除用分析模型表示软件需求之外，还要写出准确的软件需求规格说明书。模型既是软件设计的基础，也是编写软件需求规格说明书的基础。

5.1.1　功能建模

功能建模的思想就是用抽象模型的概念，按照软件内部数据传递和变换的关系，自顶向下逐层分解，直到找到满足功能要求的可实现的软件为止。功能模型用数据流图来描述。

数据流图（Dataflow Diagram，DFD）采用图形的方式来表达系统的逻辑功能、数据在系统内部的逻辑流向和逻辑变换过程，是结构化系统分析方法的主要表达工具及用于表示软件模型的一种图示方法。

1. 数据流图的表示符号

数据流图中存在以下 4 种符号约定方法。

（1）外部实体：表示数据的源点或终点，它是系统之外的实体，可以是人、物或者其他系统。

（2）数据流：表示数据的流动方向。数据可以从加工流向加工，从加工流向文件，从文件流向加工。加工是对数据进行处理的单元，接收一定的数据输入，然后对其进行处理，再进行输出。

（3）数据变换：表示对数据进行加工或处理，如对数据的算法分析和科学计算。

（4）数据存储：表示输入或输出文件。这些文件可以是计算机系统中的外部或者内部文件，也可以是表、账单等。

数据流图主要分为 Yourdon 和 Gane-Sarson 两种表示方法，其符号约定方法如图 5-3 所示。

符号约定方法	Yourdon	Gane-Sarson
外部实体		
数据流		
数据交换		
数据存储		

图 5-3　数据流图符号的约定方法

2. 环境图

环境图（见图 5-4）也称为系统顶层数据流图（或 0 层数据流图），它仅包括一个数据处理过程，也就是要开发的目标系统。环境图的作用是确定系统在其环境中的位置，通过确定系统的输入和输出与外部实体的关系确定其边界。

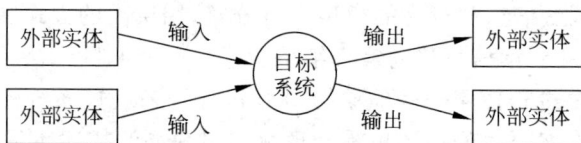

图 5-4　环境图

根据结构化需求分析采用的"自顶向下，由外到内，逐层分解"的思想，开发人员要先画出系统 0 层数据流图，然后逐层画出底层的数据流图。0 层数据流图要定义系统范围，并描述系统与外界的数据联系，它是对系统架构的高度概括和抽象。底层的数据流图是对系统某个部分的精细描述。

可以说，数据流图的导出是一个逐步求精的过程。使用时要遵守如下一些原则。

（1）第 0 层的数据流图应将软件描述为一个"泡泡"。

（2）主要的输入和输出应该被仔细地标记。

（3）把在下一层表示的候选处理过程、数据对象和数据存储分离，从而开始求精过程。

（4）应使用有意义的名称标记所有的箭头和"泡泡"。

（5）当从一个层转移到另一个层时要保持信息流的连续性。

（6）一次精化一个"泡泡"。

图 5-5 所示是某考务处理系统 0 层数据流图。其中只用一个数据变换表示软件，即"考务处理系统"；包含所有相关外部实体，即"考生""考试中心""阅卷站"；包含外部实体与软件中间的数据流，但是不含数据存储。0 层数据流图应该是唯一的。

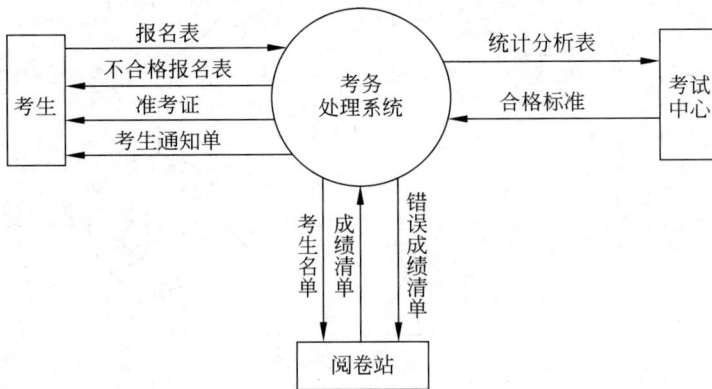

图 5-5 某考务处理系统 0 层数据流图

3. 数据流图的分解

对 0 层数据流图进行细化，得到 1 层数据流图，细化时要遵守上文所介绍的各项原则，如图 5-6 所示。软件被细分为两个数据处理，分别为"登记报名表"和"统计成绩"，即两个"泡泡"；同时引入了数据存储"考生名册"。

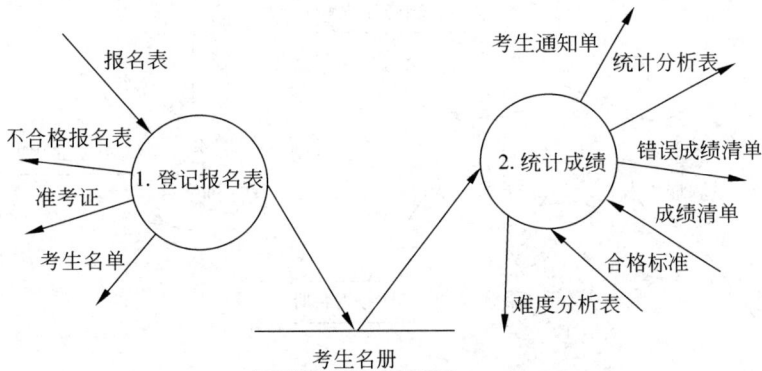

图 5-6 某考务处理系统 1 层数据流图

同理，可以对"登记报名表"和"统计成绩"分别细化，得到两张该系统 2 层数据流图，如图 5-7 和图 5-8 所示。

在绘制数据流图的过程中，要注意以下几点。

(1) 数据处理不一定是一个程序或一个模块，也可以是一个连贯的处理过程。

(2) 数据存储指输入或输出文件，但它不仅可以是文件，还可以是数据项或用来组织数据的中间数据。

(3) 数据流和数据存储是不同状态的数据。数据流是流动状态的数据，而数据存储指处于静止状态的数据。

(4) 当目标系统的规模较大时，为了描述清晰和易于理解，通常采用逐层分解的方法，画出分层的数据流图。在分解时，要考虑到自然性、均匀性和分解度几个概念。

结构化分析建模

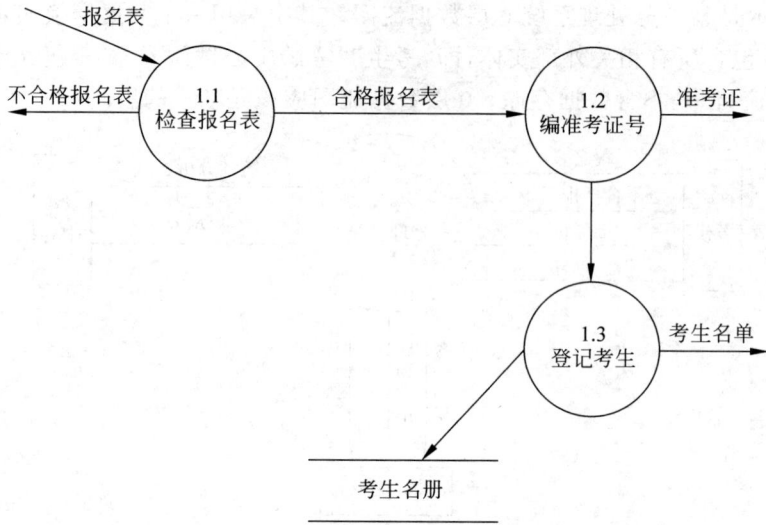

图 5-7 "登记报名表"2 层数据流图

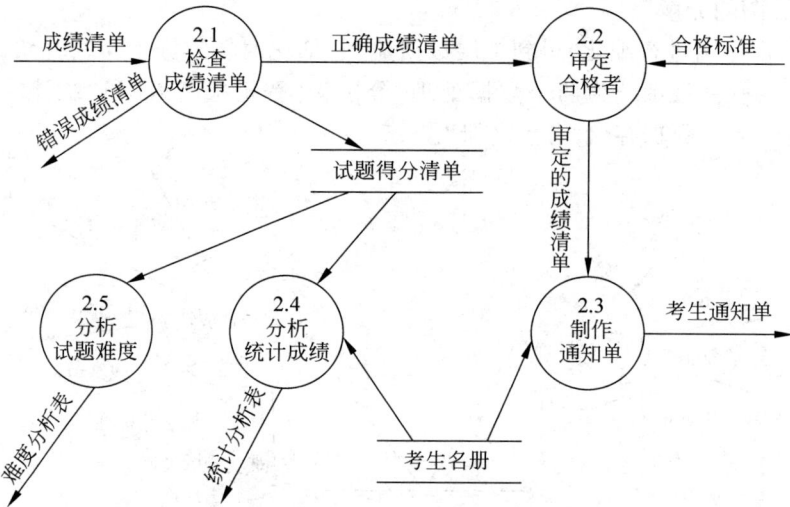

图 5-8 "统计成绩"2 层数据流图

- 自然性指概念上要合理和清晰。
- 均匀性指尽量将一个大问题分解为规模均匀的若干部分。
- 分解度指分解的维度。一般每个加工每次分解最多不宜超过 7 个子加工,应分解到基本的加工为止。

(5) 在数据流图分层细化时必须保持信息的连续性,即细化前后对应功能的输入和输出数据必须相同。

5.1.2 数据建模

数据建模的思想是在较高的抽象层次(概念层)上对数据库结构进行建模。数据模型用 E-R 图来描述。

E-R 图可以明确描述待开发系统的概念结构数据模型。对于较复杂的系统,通常要先构造出各部分的 E-R 图,然后将各部分 E-R 图集合成总的 E-R 图,并对 E-R 图进行优化,以得到整个系统的概念结构数据模型。

在建模的过程中,E-R 图以实体、关系和属性 3 个基本要素概括数据的基本结构。实体就是现实世界中的事物,多用矩形框来表示,框内含有相应的实体名称。属性多用椭圆形表示,并用无向边与相应的实体联系起来,表示该属性归某实体所有。可以说,实体是由若干属性组成的,每个属性都代表了实体的某些特征。例如,在某教务管理系统中,"学生"实体及其属性如图 5-9 所示。

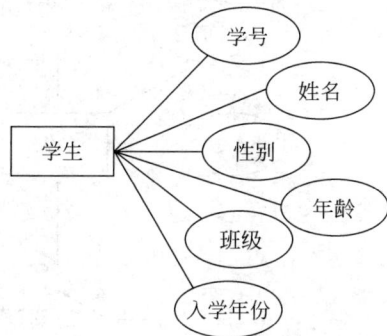

图 5-9 "学生"实体及其属性

关系用菱形表示,并用无向边分别与有关实体连接起来,以此描述实体之间的关系。实体之间存在着 3 种关系类型,分别是一对一、一对多、多对多,它们分别反映了实体之间不同的对应关系。图 5-10 所示的"车"与"车位"之间是一对一的关系,即一辆车只能分配一个车位,且一个车位只能属于一辆车。"订单"与"订单行"之间是一对多的关系,即一个订单包含若干订单行,而一个订单行只属于一个订单。"学生"与"课程"之间是多对多的关系,即一个学生能登记若干门课程,且一门课程能被多个学生登记。

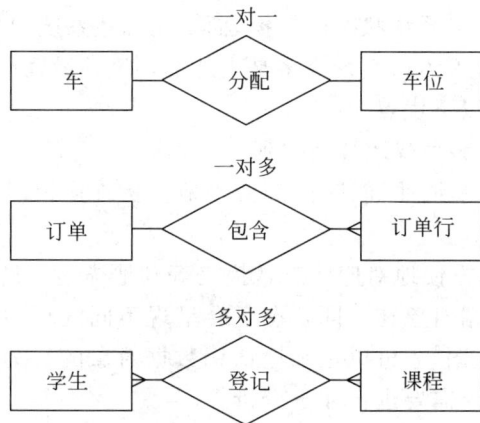

图 5-10 3 种关系类型

图 5-11 所示为某教务管理系统中课程、学生和教师之间的 E-R 图。其中,方框表示实体,有"学生""教师""课程"3 个实体;椭圆形表示实体的属性,如学生实体的属性有学号、姓名、性别和专业;菱形表示关系,学生和课程是选课关系,且是一个多对多关系,教师和课程是任教关系,且是一个一对多关系;实体与属性、实体与关系之间用实线进行连接。

另外,关系本身也可能有属性,这在多对多的关系中尤其常见。如图 5-11 所示,成绩就是选课这个关系的一个属性。

运用 E-R 图,概念结构设计可以在调查用户需求的基础上,对现实世界中的数据及其关系进行分析、整理和优化。需要指出的是,E-R 图并不具有唯一性,也就是说,对于同一个系统,可能有多个 E-R 图,这是由于不同的分析人员看问题的角度不同而造成的。

结构化分析建模

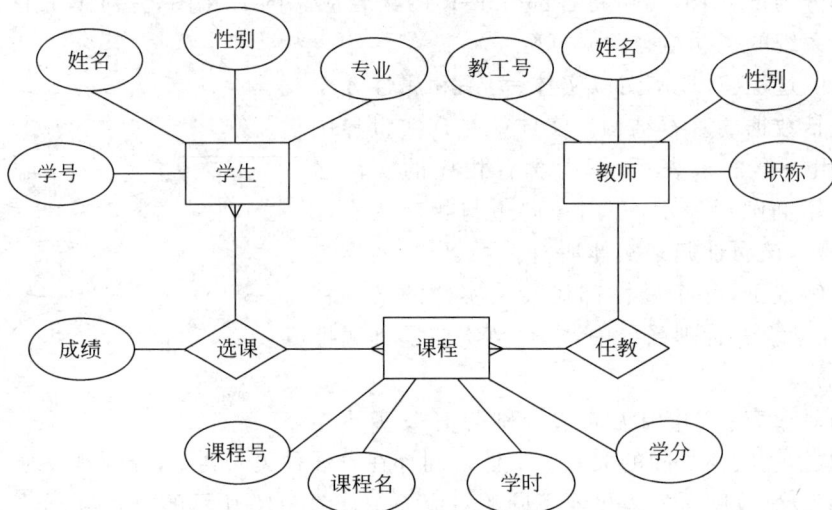

图 5-11 某教务管理系统 E-R 图

5.1.3 行为建模

状态转换图(也称为状态图)是一种描述系统对内部或外部事件响应的行为模型。它描述系统状态和事件,事件引发系统状态的转换,而不是描述系统中数据的流动。这种模型尤其适合用来描述实时系统,因为这类系统多是由外部环境的激励而驱动的。

使用状态转换图具有以下优点。

- 状态之间的关系能够直观地被捕捉到。
- 由于状态转换图的单纯性,能够按部就班地分析许多情况,可以很容易地建立分析工具。
- 状态转换图能够很方便地对应状态转换表等其他描述工具。

有时系统中的某些数据对象在不同状态下会呈现不同的行为方式,此时应分析数据对象的状态,画出其状态转换图,才可以正确地认识数据对象的行为,并定义其行为。对这些行为规则较复杂的数据对象需要进行如下分析。

- 找出数据对象的所有状态。
- 分析在不同的状态下,数据对象的行为规则是否不同,若无不同则可将其合并为一种状态。
- 分析从一种状态可以转换成哪几种状态,数据对象的什么行为导致了这种状态的转换。

1. 状态及状态转换

状态是任何可以被观察到的系统行为模式,一个状态代表系统的一种行为模式。状态规定了系统对事件的响应方式。系统对事件的响应,既可以是做一个(或一系列)动作,也可以是仅仅改变系统本身的状态,还可以是既改变状态又做动作。

在状态转换图中定义的状态主要有初态(即初始状态)、终态(即最终状态)和中间状态。初态用一个黑圆点表示,终态用黑圆点外加一个圆表示(很像一只牛眼睛),状态转换图中的状态用一个圆角矩形表示(可以用两条水平横线将其分成上、中、下 3 部分。上面部分为状态的名称,这部分是必须有的;中间部分为状态变量的名称和值,这部分是可选的;下面部分是活动表,这部分也是可选的)。状态之间为状态转换,用一条带箭头的线表示。当带箭头的线上的事件发生时,状态转换开始(有时也称为转换"点火"或转换被"触发")。在一张状态转换图中只能有一个初态,而终态则可以没有,也可以有多个。状态转换图中使用的主要符号如图 5-12 所示。

图 5-12　状态转换图中使用的主要符号

状态中的活动表的语法格式如下:

事件名(参数表)/动作表达式

其中,"事件名"可以是任何事件的名称,需要时可以为事件指定参数表;"动作表达式"描述系统应做的具体动作。

2. 事件

事件是在某个特定时刻发生的事情,它是对引起系统做动作或(和)从一个状态转换到另一个状态的外界事件的抽象。例如,观众使用电视遥控器,用户移动鼠标、单击鼠标等都是事件。简而言之,事件就是引起系统做动作或(和)转换状态的控制信息。

状态转换通常是由事件触发的,在这种情况下应在表示状态转换的箭头线上标出触发转换的事件表达式。

如果在箭头线上未标明事件表达式,则表示在源状态的内部活动执行完之后自动触发转换。事件表达式的语法格式如下:

事件说明[守卫条件]/动作表达式

事件说明的语法如下:

事件名(参数表)

守卫条件是一个布尔表达式。如果同时使用事件说明和守卫条件,则当且仅当事件发生且守卫条件为真时,状态转换才发生。如果只有守卫条件,没有事件说明,则只要守卫条件为真,状态转换就发生。

动作表达式是一个过程表达式,当状态转换开始时执行该表达式。

3. 示例

为了具体说明怎样用状态转换图建立系统的行为模型,下面举一个例子。

在某图书馆管理系统中,图书可分类、借阅、归还、续借,图书也可能破损或遗失。根据以上情况画出某图书馆管理系统图书的状态转换图如图 5-13 所示。

图书在初始时需要进行分类并更新在库数量。如果图书发生借阅,则执行借阅操作,并对在库图书数量进行更新。在借阅期间,如果图书发生续借操作,则对该图书重新执行借阅操作并更新在库数量。如果借阅的图书被归还,则需要对在库图书数量进行更新。此外,如果在库图书发生破损或者借阅图书发生遗失,则对在库图书的数量进行更新。

结构化分析建模

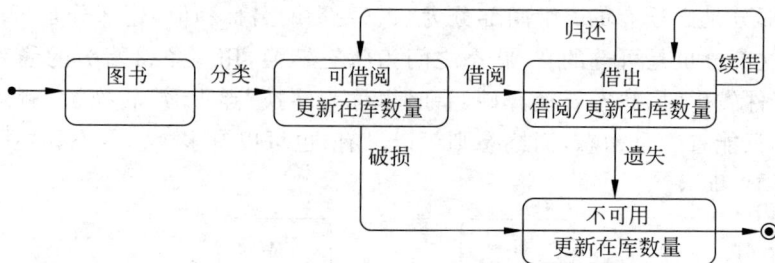

图 5-13 某图书馆管理系统图书的状态转换图

5.1.4 数据字典

分析模型包括功能模型、数据模型和行为模型。数据字典以一种系统化的方式定义在分析模型中出现的数据对象及控制信息的特性,给出它们的准确定义,包括数据流、数据存储、数据项、数据加工,以及数据源点、数据汇点等。数据字典成为将分析模型中的 3 种模型黏合在一起的"黏合剂",是分析模型的"核心"。

数据字典中采用的符号如表 5-1 所示。

表 5-1 数据字典中采用的符号

符　　号	含　　义	示　　例
＝	被定义为	$X=a$ 表示 X 由 a 组成
＋	与	$X=a+b$ 表示 X 由 a 与 b 组成
$[\cdots\mid\cdots]$	或	$X=[a\mid b]$ 表示 X 由 a 或 b 组成
$m\{\cdots\}n$ 或 $\{\cdots\}_m^n$	重复	$X=2\{a\}6$ 或 $\{a\}_2^6$ 表示 X 重复 2~6 次 a
$\{\cdots\}$	重复	$X=\{a\}$ 表示 X 由 0 个或多个 a 组成
$(\cdots)$	可选	$X=(a)$ 表示 a 在 X 中可能出现,也可能不出现
"…"	基本数据元素	$X=$"a"表示 X 是取值为字符 a 的数据元素
..	连接符	$X=1..9$ 表示 X 可取 1~9 中的任意一个值

例如,数据流"应聘者名单"由若干应聘者姓名、性别、年龄、专业和联系电话等信息组成,那么"应聘者名单"可以表示为:应聘者名单＝{应聘者姓名＋性别＋年龄＋专业＋联系电话}。数据项"考试成绩"可以表示为:考试成绩＝0..100。再如,某教务系统的学生成绩库文件的数据字典描述可以表示为以下形式。

```
学生成绩库 = {学生成绩}
学生成绩 = 学号 + 姓名 + {课程代码 + 成绩 + [必修|选修]}
学号 = 6{数字}6
姓名 = 2{汉字}4
课程代码 = 8{字符}8
成绩 = 0..100
```

5.1.5 加工规格说明

在对数据流图的分解中,位于底层数据流图的数据处理也称为基本加工或原子加工;对于每一个基本加工都需要进一步说明,这称为加工规格说明,也称为处理规格说明。在编写基本加工的规格说明时,主要目的是表达"做什么",而不是"怎样做"。加工规格说明一般用结构化语言、判定表和判定树来表述。

1. 结构化语言

结构化语言又称为过程设计语言（Procedure Design Language，PDL），也称为伪代码，在某些情况下，在加工规格说明中会用到。但一般来说，将用 PDL 来描述加工规格说明的工作推迟到过程设计阶段进行比较好。PDL 的介绍可参见 5.8.4 节。

2. 判定表

在某些数据处理中，某个数据处理（即加工）的执行可能需要依赖多个逻辑条件的取值，此时可用判定表来表示。判定表能够清晰地表示复杂的条件组合与应做的动作之间的对应关系。

一张判定表由 4 部分组成，左上部列出所有条件，左下部是所有可能做的动作，右上部是表示各种条件组合的一个矩阵，右下部是与每种条件组合相对应的动作。判定表右半部的每一列实质上是一条规则，规定了与特定的条件组合相对应的动作。

下面以某工厂生产的奖励算法为例说明判定表的组织方法。某工厂生产两种产品 A 和 B，凡每月的实际生产量超过计划指标者均有奖励，奖励政策如下。

对于产品 A 的生产者，当超产数 n 小于或等于 100 时，每超产 1 件奖励 2 元；当 n 大于 100、小于或等于 150 时，大于 100 件的部分每件奖励 2.5 元，其余的每件奖励金额不变；当 n 大于 150 时，超过 150 件的部分每件奖励 3 元，其余按超产 150 件以内的方案处理。

对于产品 B 的生产者，当超产数 n 小于或等于 50 时，每超产 1 件奖励 3 元；当 n 大于 50、小于或等于 100 时，大于 50 件的部分每件奖励 4 元，其余的每件奖励金额不变；当 n 大于 100 时，超过 100 件的部分每件奖励 5 元，其余按超产 100 件以内的方案处理。

此处理功能的判定表如表 5-2 所示。

表 5-2 此处理功能的判定表

	决策规则号	1	2	3	4	5	6
条件	产品 A	Y	Y	Y	N	N	N
	产品 B	N	N	N	Y	Y	Y
	$n \leqslant 50$	Y	N	N	Y	N	N
	$50 < n \leqslant 100$	Y	N	N	N	Y	N
	$100 < n \leqslant 150$	N	Y	N	N	N	Y
	$n > 150$	N	N	Y	N	N	Y
奖励政策	$2n$	√					
	$2.5(n-100)+200$		√				
	$3(n-150)+325$			√			
	$3n$				√		
	$4(n-50)+150$					√	
	$5(n-100)+350$						√

从上面这个例子可以看出，判定表能够简洁而又无歧义地描述处理规则。当把判定表和布尔代数或卡诺图结合起来使用时，可以对判定表进行校验或化简。判定表并不适合作为一种通用的工具，没有一种简单的方法使它能同时清晰地表示顺序和重复等处理特性。

判定表也可以用在结构化设计中。

3. 判定树

判定表虽然能清晰地表示复杂的条件组合与应做的动作之间的对应关系,但其含义却不是一眼就能看出来的,初次接触这种工具的人要理解它需要有一个简短的学习过程。此外,当数据元素的值多于两个时,判定表的简洁程度也将下降。

判定树是判定表的变种,也能清晰地表示复杂的条件组合与应做的动作之间的对应关系。判定树也是用来表述加工规格说明的一种工具。判定树的优点在于,它的形式简单到不需任何说明,让人一眼就可以看出其含义,因此易于掌握和使用。多年来判定树一直受到人们的重视,是一种比较常用的系统分析和设计的工具。图 5-14 所示为与表 5-2 所示的判定表等价的判定树。从图 5-14 可以看出,虽然判定树比判定表更直观,但是不如判定表简洁,数据元素的同一个值往往要重复写多遍,而且越接近树的叶端,重复次数越多。此外还可以看出,画判定树时分枝的次序可能对最终画出的判定树的简洁程度有较大影响。显然,判定表并不存在这样的问题。

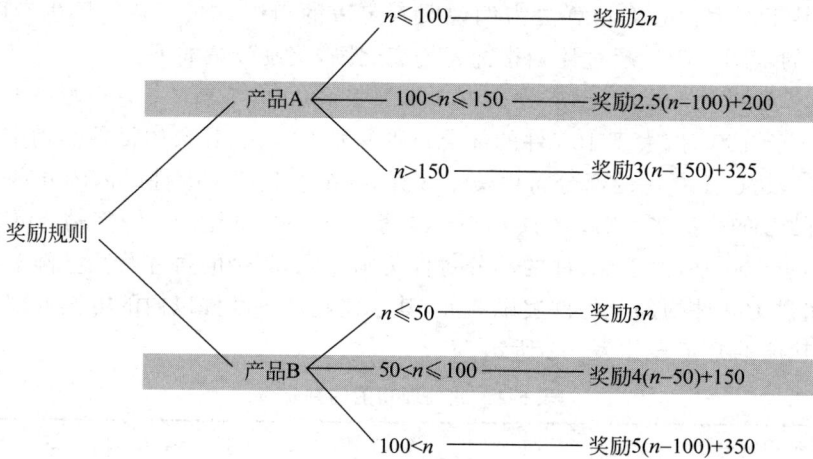

图 5-14 用判定树表示此处理功能的算法

判定树也可以用在结构化设计中。

5.2 结构化分析的图形工具

除前述所用的数据流图、E-R 图、状态转换图、数据字典和加工规格说明(结构化语言、判定表和判定树)外,在结构化的分析中,有时还会用到层次方框图、Warnier 图和 IPO 图这 3 种图形工具。

5.2.1 层次方框图

层次方框图由树状结构的一系列多层次的矩形组成,以描述数据的层次结构。树状结构的顶层是一个单独的矩形框,它表示数据结构的整体。顶层下面的各层矩形框表示这个数据的子集,底层的各个框表示这个数据的不能再分割的元素。这里需要提醒的是,层次方框图不是功能模块图,方框之间的关系是组成关系,而不是调用关系。

图 5-15 所示为电子相册管理系统组成的层次方框图。

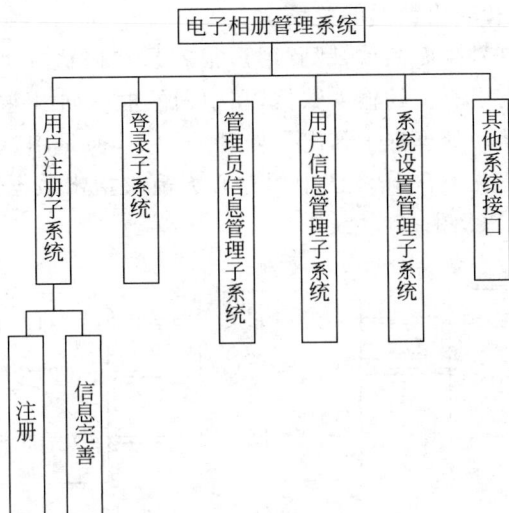

图 5-15　电子相册管理系统组成的层次方框图

5.2.2　Warnier 图

Warnier 图是表示数据层次结构的另一种图形工具,它与层次方框图相似,也用树状结构来描绘数据结构。Warnier 图提供了比层次方框图更详细的描绘手段,能指出某一类数据或某一数据元素重复出现的次数,并能指明某一特定数据在某一类数据中是否有条件地出现。

Warnier 图使用如下的几种符号。

(1) 花括号内的信息条目构成顺序关系,花括号从左至右排列表示树状层次结构。

(2) 异或符号⊕表示不可兼具的选择关系。

(3) "－"表示"非"。

(4) 圆括号内的数字表示重复次数:$(1,n)$表示重复结构;(1)或不标次数表示顺序结构;$(0,1)$表示选择结构。

报纸的组成就可以用 Warnier 图来描述,如图 5-16 所示。

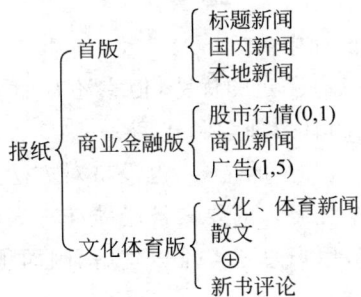

图 5-16　报纸组成的 Warnier 图

5.2.3　IPO 图

IPO 图是输入/处理/输出图的简称。它是 IBM 公司提出的一种图形工具,能够方便地

结构化分析建模

描绘输入数据、处理数据和输出数据的关系。

IPO图使用的基本符号少而简单,因此用户很容易掌握这种工具的使用方法。它的基本形式是在左边的框中列出有关的输入数据,在中间的框中列出主要做出的处理,在右边的框中列出产生的输出数据。处理框中列出了处理的顺序,但是用这些基本符号还不足以精确描述执行处理的详细情况。在IPO图中用空心大箭头指出数据通信的情况。图5-17所示为一个主文件更新的IPO图。

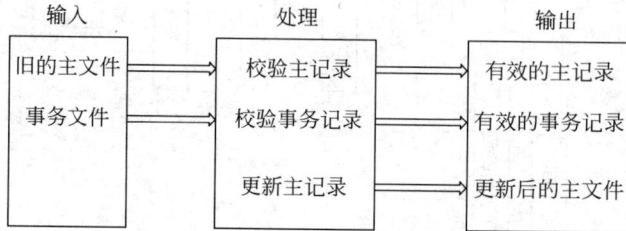

图 5-17 主文件更新的 IPO 图

一种改进的模块IPO图的形式如图5-18所示,这种图除描述输入、处理、输出过程外,还包括某些附加的信息,这些附加的信息非常有利于理解系统及对该模块的实现,包括系统名称、设计人、设计日期、模块名称、模块编号,还包括调用模块、被调用模块,以及模块描述和变量说明等。

图 5-18 一种改进的模块 IPO 图的形式

IPO图也可以用在结构化设计中。

尽管使用结构化方法建模具有一定的优势,但它还有如下的局限性。

- 不提供对非功能性需求的有效理解和建模。
- 不提供帮助用户选择合适方法的指导,也没有对方法适用的特殊环境的忠告。
- 往往会产生大量文档,系统需求的要素被隐藏在一大堆具体细节的描述中。
- 产生的模型不注意细节,用户总觉得难以理解,因而很难验证模型的真实性。

5.3 结构化分析建模实例

【例 5-1】 某培训机构入学管理系统有报名、收费、就读等多项功能,并有课程表(课程号,课程名,收费标准)、学员登记表(学员号,姓名,电话)、学员选课表(学员号,课程号,班级号)、账目表(学员号,收费金额)等诸多数据表。

下面是对其各项功能的说明。

(1) 报名:由报名处负责,需要在学员登记表上进行报名登记,需要通过查询课程表让学员选报课程,学员所报课程将记录到学员选课表中。

(2) 收费:由收费处负责,需要根据学员所报课程的收费标准进行收费,然后在账目表上记账,并打印收款收据给办理缴费的学员。

(3) 就读:由培训处负责,其在验证学员收款收据后,根据学员所报课程将学员安排到合适班级就读。

请用结构化分析方法(数据流图)画出入学管理系统 0 层数据流图、1 层数据流图,并写出其数据字典。

【解析】

(1) 对于一个培训机构,其外部用户主要有非学员、学员、工作人员。非学员通过报名成为学员。学员只有缴费,才可以上课。工作人员需要登记学员、收费以及安排学员就读,根据以上分析得到 0 层数据流图(见图 5-19)。

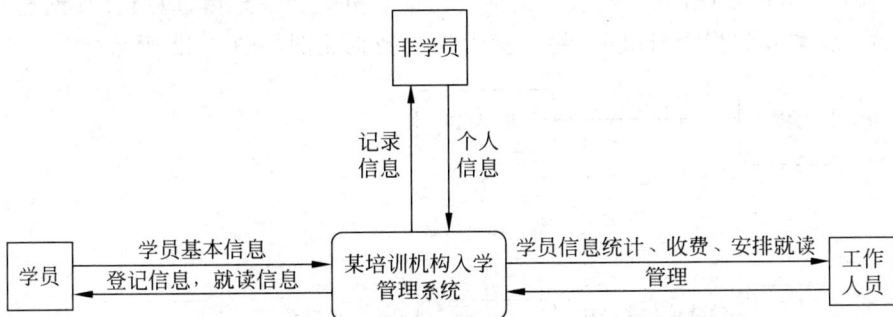

图 5-19 "某培训机构入学管理系统"0 层数据流图

(2) 一个非学员通过报名成为学员。他需要将个人信息提供给报名处,报名处负责记录学员信息,并通过查询课程表提供课程信息;然后让学员选课并将学员选课信息记录在学员选课表中。"报名"1 层数据流图如图 5-20 所示。

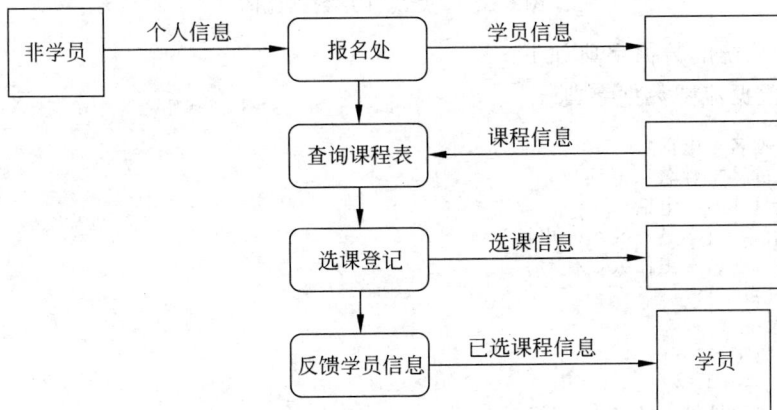

图 5-20 "报名"1 层数据流图

(3) 学员将学员号报给收费处,收费处通过查询选课表获取课程信息,通过查询课程表

结构化分析建模

查询应收金额,并将信息记录在账目表中,最后向学员收费并打印账目信息。"收费"1 层数据流图如图 5-21 所示。

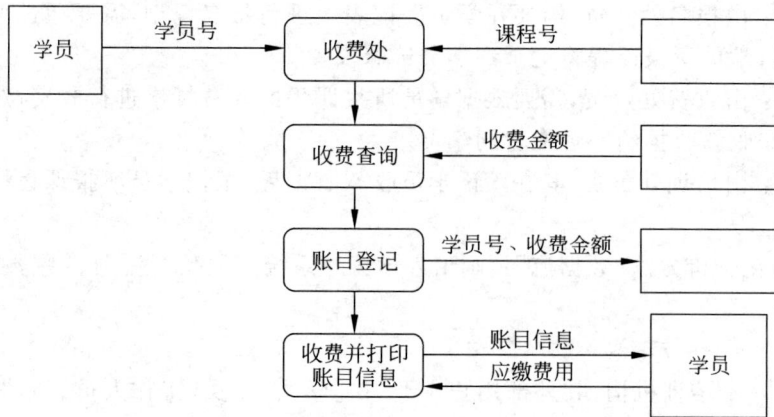

图 5-21 "收费"1 层数据流图

(4)学员向培训处提供缴费凭证,培训处验证学员缴费信息后,应通过查询选课表提供学员班级号,分配其到指定班级上课。"就读"1 层数据流图如图 5-22 所示。

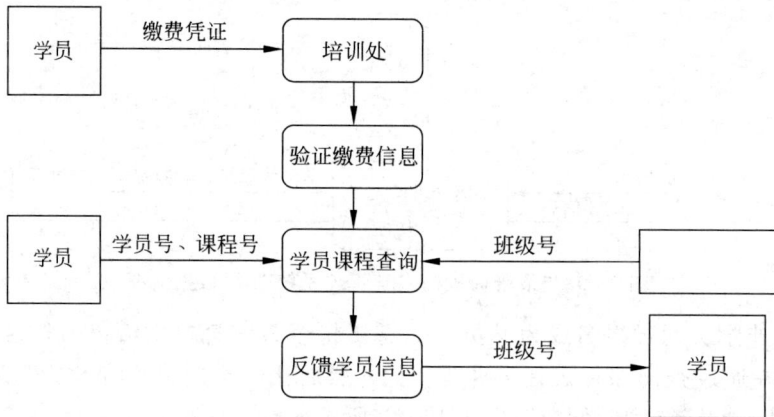

图 5-22 "就读"1 层数据流图

入学管理系统的数据字典如下。

(1)0 层数据流图数据字典。

非学员 = {姓名 + 电话}
学员 = {学员号 + 姓名 + 电话}
个人信息 = {姓名 + 电话}
学员基本信息 = {学员 + 姓名 + 电话}
工作人员 = {姓名 + 工作人员代号}
学员号 = 6{数字}6
姓名 = 2{汉字}4
电话 = 11{数字}11
工作人员代号 = 4{数字}4
登记信息 = {学员号 + 姓名 + 电话}
就读信息 = {学员号 + 课程号 + 班级号}
课程号 = 4{数字}4
班级号 = 3{数字}3

（2）"报名"1 层数据流图数据字典。

非学员 = {姓名 + 电话}
学员基本信息 = {学员 + 姓名 + 电话}
课程信息 = {课程号 + 课程名 + 收费金额}
选课信息 = {学员号 + 课程号}
学员 = {学员号 + 姓名 + 电话}
学员号 = 6{数字}6
姓名 = 2{汉字}4
电话 = 11{数字}11
收费金额 = 2{数字}4
课程号 = 4{数字}4
课程名 = 2{汉字}10

（3）"收费"1 层数据流图数据字典。

学员 = {学员号 + 姓名 + 电话}
姓名 = 2{汉字}4
电话 = 11{数字}11
课程号 = 4{数字}4
收费金额 = 2{数字}4
学员号 = 6{数字}6
账目信息 = {学员号 + 收费金额}
应缴费用：2{数字}4

（4）"就读"1 层数据流图数据字典。

学员 = {学员号 + 姓名 + 电话}
学员号 = 6{数字}6
姓名 = 2{汉字}4
电话 = 11{数字}11
课程号 = 4{数字}4
班级号 = 3{数字}3
缴费凭证 = {账目信息}
账目信息 = {学员号 + 收费金额}
收费金额 = 2{数字}4

5.4 案例：某企业产品数据管理系统的结构化需求分析

请扫描下方二维码查看本案例。

本 章 小 结

本章介绍了结构化分析方法。结构化分析方法基于"分解"和"抽象"的基本思想,逐步建立目标系统的逻辑模型,进而描绘出满足用户要求的软件系统。常用的结构化分析方法的工具有 E-R 图、数据流图、状态转换图和数据字典等。

本章还介绍了结构化分析方法的图形工具，包括层次方框图、Warnier 图和 IPO 图。

习　　题

请扫描下方二维码在线答题。

第6章　面向对象分析建模基础

本章首先讲述面向对象的基本概念；然后引出面向对象软件工程方法的特征与优势；接着讲述面向对象的实施步骤；最后介绍 UML 以及 UML 的 9 种图。

本章目标
- 理解面向对象的基本概念。
- 了解 UML。
- 掌握 UML 的 9 种图。

6.1　面向对象的基本概念

哲学的观点认为现实世界是由各种各样的实体所组成的，每种实体都有自己的内部状态和运动规律，不同实体之间的相互联系和相互作用构成了各种系统，并进而构成整个客观世界。同时人们为了更好地认识客观世界，把具有相似内部状态和运动规律的实体综合在一起称为类。类是具有相似内部状态和运动规律的实体的抽象，进而人们抽象地认为客观世界是由不同类的实体之间相互联系和相互作用所构成的一个整体。计算机软件的目的就是模拟现实世界，使各种现实世界系统在计算机中得以实现，进而为人们工作、学习、生活提供帮助。这种思想就是面向对象的思想。

以下是面向对象中的几个基本概念。

（1）面向对象，即按人们认识客观世界的系统思维方式，采用基于对象的概念建立模型，模拟客观世界分析、设计、实现软件的办法。通过面向对象的理念，计算机软件系统能与现实世界中的系统一一对应。

（2）对象，即现实世界中各种各样的实体。它可以指具体的事物，也可以指抽象的事物。在面向对象概念中，把对象的内部状态称为属性，把运动规律称为操作或服务。例如，将某架载客飞机作为一个具体事物，也就是一个对象。它的属性包括型号、运营公司、座位数量、航线、起飞时间、飞行状态等，而它的行为包括整修、滑跑、起飞、飞行、降落等。

（3）类，即具有相似内部状态和运动规律的实体的抽象。类的概念来自人们认识自然、认识社会的过程。在这一过程中，人们主要使用两种方法：由特殊到一般的归纳法和由一般到特殊的演绎法。在归纳的过程中，从一个个具体的事物中把共同的特征抽取出来，形成一个一般的概念，这就是"归类"；在演绎的过程中又把同类的事物，根据不同的特征分成不同的小类，这就是"分类"；对于一个具体的类，它有许多具体的个体，将这些个体叫作"对象"。类的内部状态指类集合中对象的共同状态；类的运动规律指类集合中对象的共同运动规律。例如，所有的飞机可以归纳成一个类，它们共同的属性包括型号、飞行状态等，它们共同的行为包括起飞、飞行、降落等。

（4）消息，即对象之间相互联系和相互作用的方式。一条消息主要由 5 部分组成：发送消息的对象、接收消息的对象、消息传递办法、消息内容、反馈。

（5）类的特性。类的定义决定了类具有以下 5 个特性。

① 抽象。类的定义中明确指出类是具有相似内部状态和运动规律的实体的抽象，抽象是一种以一般的观点看待事物的方法，它要求人们集中于事物的本质特征，而非具体细节或具体实现。面向对象鼓励人们用抽象的观点来看待现实世界，也就是说，现实世界是由一组抽象的对象——类组成的。从各种飞机中寻找出它们共同的属性和行为，并定义飞机这个类的过程，就是抽象。

② 继承。继承是类的不同抽象级别之间的关系。类的定义主要有两种方法：归纳和演绎。由一些特殊类归纳出来的一般类称为这些特殊类的父类，特殊类称为一般类的子类。父类可以演绎出子类；父类是子类更高级别的抽象。子类可以继承父类的所有内部状态和运动规律。在计算机软件开发中采用继承，提供了类的规范的等级结构；通过类的继承关系，使公共的特性能够共享，提高了软件的可复用性。例如，战斗机就可以作为飞机的子类。它集成飞机所有的属性和行为，并具有自己的属性和行为。

③ 封装。对象之间的相互联系和相互作用过程主要是通过消息机制来实现的。对象之间并不需要过多地了解对方内部的具体状态或运动规律。面向对象的类是封装良好的模块，类定义将其说明与实现显式地分开，其内部实现根据定义的作用域进行访问控制，从而实现有效的封装保护。类是封装的最基本单位。封装防止了程序相互依赖而带来的影响。在类中定义的用于接收对方消息的方法称为类的接口。

④ 多态。多态指同名的方法可在不同的类中具有不同的运动规律。在父类演绎为子类时，类的运动规律同样可以演绎，演绎使子类的同名运动规律或运动形式更具体，甚至子类可以有不同于父类的运动规律或运动形式。不同的子类可以演绎出不同的运动规律。例如，同样是飞机父类的起飞行为，战斗机子类和直升机子类具有不同的实际表现。

⑤ 重写。重写是子类对父类允许访问的方法的实现过程进行重新编写，返回值和形参都不能改变，即外壳不变，核心重写。重写的好处在于，子类可以根据需要定义自己的行为。也就是说，子类能够根据需要实现父类的方法。发生方法重写的两个方法，返回值、方法名、参数列表必须完全一致（子类重写父类的方法）。注意：方法重写与方法重载不同，方法重载是方法的参数个数、种类或顺序不同，方法名相同。

（6）包。不同对象之间的相互联系和相互作用构成了各种系统，不同系统之间的相互联系和相互作用构成了更庞大的系统，进而构成了整个世界。在面向对象概念中把这些系统称为包。

（7）包的接口类。在系统之间相互作用时为了隐藏系统内部的具体实现，系统通过设立接口界面类或对象来与其他系统进行交互；让其他系统只看到这个接口界面类或对象，这个类在面向对象中称为接口类。

6.2　UML

本节对 UML 进行概述，并讲述 UML 的应用范围及 UML 的图。

6.2.1 UML 简述

统一建模语言(Unified Modeling Language,UML)是一种通用的可视化建模语言,可以用来描述、可视化、构造和文档化软件密集型系统的各种工件。它能记录与被构建系统有关的决策和理解,可用于对系统的理解、设计、浏览、配置、维护以及控制系统的信息。这种建模语言已经得到了广泛的支持和应用,并且已被国际标准化组织(International Organization for Standardization,ISO)发布为国际标准。

观看视频:
使用 UML
的准则

(1) UML 是一种标准的可视化建模语言,它是面向对象分析与设计的一种标准表示。它不是一种可视化的程序设计语言,而是一种可视化的建模语言;它不是工具或知识库的规格说明,而是一种建模语言规格说明,是一种表示的标准;它不是过程,也不是方法,但允许任何一种过程和方法使用它。

(2) UML 用来捕获系统静态结构和动态行为的信息。其中静态结构定义了系统中对象的属性和方法,以及这些对象之间的关系;动态行为则定义了对象在不同时间、状态下的变化以及对象之间的通信。此外,UML 可以将模型组织为包的结构组件,使得大型系统可分解成易于处理的单元。

(3) UML 是独立于过程的,它适用于各种软件开发方法、软件生命周期的各个阶段、各种应用领域以及各种开发工具。UML 规范没有定义一种标准的开发过程,但它更适用于迭代式的开发过程。它是为支持现今大部分面向对象的开发过程而设计的。

(4) UML 不是一种可视化的程序设计语言,但用 UML 描述的模型可以与各种编程语言相联系。人们可以使用代码生成器将 UML 描述的模型转换为多种程序设计语言代码,或者使用逆向工程将程序代码转换成 UML 描述的模型。把正向代码生成与逆向工程这两种方式结合起来就可以产生双向工程,使得 UML 既可以在图形视图下工作,也可以在文本视图下工作。

6.2.2 UML 的应用范围

UML 以面向对象的方式来描述系统,最广泛的应用是对软件系统进行建模,但它同样适用于许多非软件系统领域的系统。从理论上来说,任何具有静态结构和动态行为的系统都可以使用 UML 进行建模。当 UML 应用于大多数软件系统的开发过程时,它从需求分析阶段到系统完成后的测试阶段都能起到重要作用。

观看视频:
在统一软件
开发过程中
使用 UML

在需求分析阶段,可以通过用例捕获需求,通过建立用例模型来描述系统的使用者对系统的功能要求。在分析和设计阶段,UML 通过类和对象等主要概念及其关系建立静态模型,对类、用例等概念之间的协作进行动态建模,为开发工作提供详尽的规格说明。在开发阶段,将设计的模型转换为编程语言的实际代码,指导并减轻编程工作。在测试阶段,可以用 UML 的图作为测试依据:用类图指导单元测试,用组件图和协作图指导集成测试,用用例图指导系统测试等。

6.3 静态建模机制

任何建模语言都以静态建模机制为基础,UML 也不例外。UML 的静态建模机制包括用例图、类图、对象图、包图等。

面向对象分析建模基础

6.3.1　用例图

用例图从用户的角度描述系统的功能,由用例(Use Case)、参与者(Actor)及它们的关系连线组成。

用例从用户角度描述系统的行为,它将系统的一个功能描述成一系列的事件,这些事件最终对参与者产生有价值的观测结果。参与者(也称为操作者或执行者)是与系统交互的外部实体,可能是使用者,也可能是与系统交互的外部系统、基础设备等。用例是一个类,它代表一类功能而不是使用该功能的某一具体实例。

在 UML 中,参与者使用人形符号表示,并且具有唯一的名称;用例使用椭圆表示,也具有唯一的名称。参与者与用例之间使用带箭头的实线连接,由参与者指向用例。如果参与者与用例之间的实线连接不带箭头,则表示参与者为次参与者。

正确识别系统的参与者尤为重要,以图书管理系统中学生借书事务为例,学生将书带到总借还台,由图书管理员录入图书信息,完成学生的借书事务。在这个场景中,图书管理员是参与者,而学生不是,因为借书事务本身是由图书管理员来完成的,而不是学生本身。但如果学生可以自助借书,或者可以在网上借书,那么学生也将是参与者,因为在这两种场景中学生直接与图书管理系统进行了交互。

在分析系统的参与者时,除考虑参与者是否与系统进行了交互之外,还要考虑参与者是否在系统的边界之外,只有在系统边界之外的参与者才能称为参与者,否则只能称为系统的一部分。初学者常常把系统中的数据库识别为系统的参与者。对于多数系统来说,数据库是用来存储系统数据的,是系统的一部分,不应该被识别为参与者。可能的例外是,一些遗留系统的数据库存储着新系统需要导入或者处理的历史数据,或者系统产生的数据需导出到外部数据库中以供其他系统使用,这时的数据库应该视为系统的参与者。

在分析用例名称是否合适时,一个简单、有效的方法是将参与者和其用例连在一起读,看是否构成一个完整场景或句子。如"用户查询航班"和"游客注册",都是一个完整的场景。而"游客图书"就不是一个完整场景或句子。

参与者之间可以存在泛化关系,类似的参与者可以组成一个层级结构。在"机票预订系统"的例子中,"用户"是"游客"和"注册用户"的泛化,"游客"有"注册"的用例,"注册用户"有"登录"的用例,而"用户"不仅包含"游客"和"注册用户"的全部用例,还具有自己特有的"查询航班"的用例,如图 6-1 所示(注:用例的名称可以放在用例的椭圆的内部,也可以放在椭圆的外部)。

用例之间的关系包括"包含"(include)、"扩展"(extend)和"泛化"(generalization)3 种。

根据 3 种用例关系,用例之间的连线也有 3 种,包含关系使用带箭头的虚线表示,虚线上标有"<< include >>",方向由基用例指向包含用例;扩展关系也使用带箭头的虚线表示,虚线上标有"<< extend >>",方向由扩展用例指向基用例;泛化关系使用带空心三角形箭头的实线表示,方向由子用例指向父用例。

(1)包含关系。

如果系统用例较多,不同的用例之间存在共同行为,可以将这些共同行为提取出来,单独组成一个用例。当其他用例使用这个用例时,它们就构成了包含关系。例如,在图 6-2 中,用例"借书"和"信息查询"之间就是包含关系。

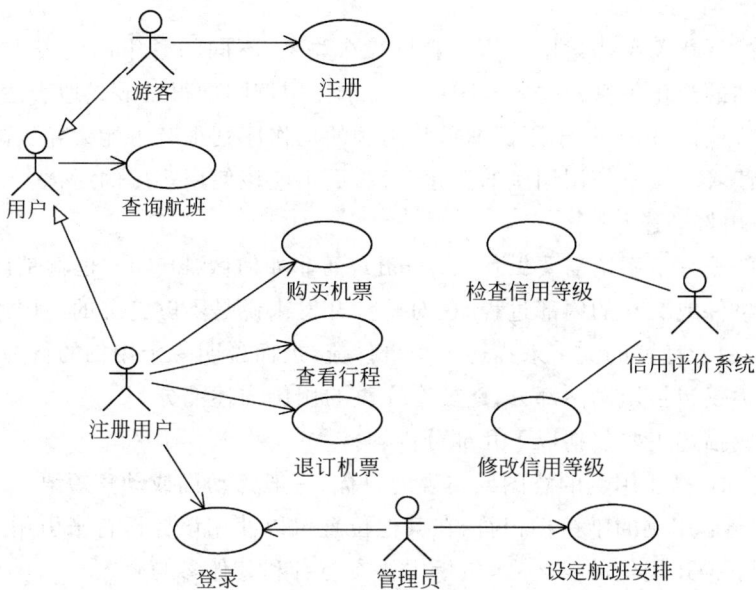

图 6-1 "机票预订系统"的部分用例

观看视频：项目与资源管理系统用例图的分析

观看视频：医院病房监护系统用例图的分析

观看视频：绘制机票预订系统的类图

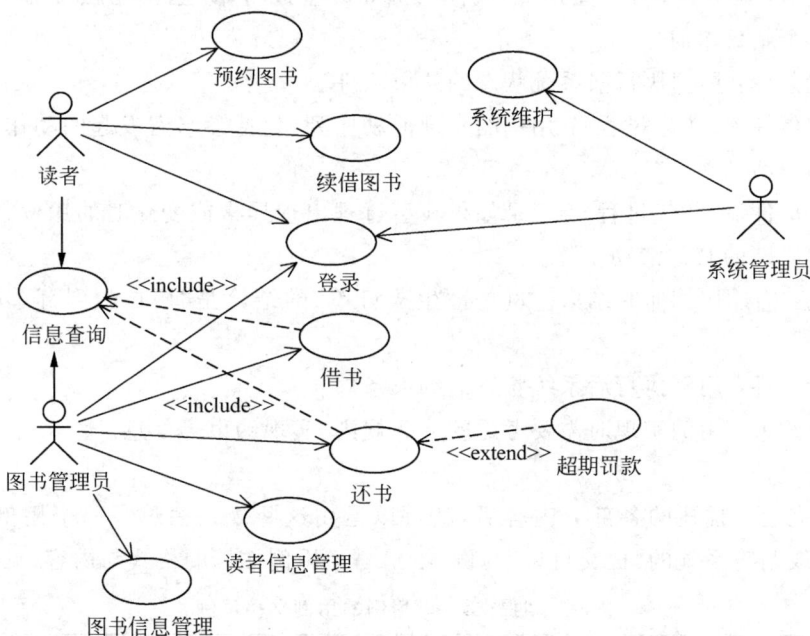

图 6-2 图书管理系统的用例图

（2）扩展关系。

在用例的执行过程中可能出现一些异常行为，也可能会在不同的分支行为中选择执行，这时可将异常行为与可选分支抽象成一个单独的扩展用例，这样扩展用例与基用例之间就构成了扩展关系。一个用例可以有多个扩展用例。例如，在图 6-2 中，用例"超期罚款"与"还书"之间就是扩展关系。

面向对象分析建模基础

（3）泛化关系。

用例之间的泛化关系描述用例的一般与特殊关系，不同的子用例代表了父用例的不同实现。用例之间的泛化关系往往令人困惑。由于在用例图中很难显式地表达子用例到底继承了父用例的哪些部分，并且子用例继承父用例的动作序列很有可能会导致高耦合的产生，因此本书建议读者尽量不使用用例的泛化关系，更不应该使用多层的泛化。

1. 什么是用例描述

用例关注的是一个系统需要做什么（what），而非如何做（how）。也就是说，用例本身并不能描述一个事件或交互的内部过程，这对软件开发来说是不够充分的。因此，可以通过使用足够清楚的、便于理解的文字来描述一个事件流，进而说明一个用例的行为。一个完整的用例模型应该不仅包括用例图部分，还要有完整的用例描述部分。

一般的用例描述主要包括以下几部分内容。

- 用例名称：描述用例的意图或实现的目标，一般为动词或动宾短语。
- 用例编号：用例的唯一标识符，在其他位置可以使用该标识符来引用用例。
- 参与者：描述用例的参与者，包括主要参与者和其他参与者。
- 用例描述：对用例的一段简单的概括描述。
- 触发器：触发用例执行的一个事件。例如，"生成订单"用例的触发器是"用户提交了一个新订单时"。
- 前置条件：用例执行前系统状态的约束条件。
- 基本事件流（典型过程）：用例的常规活动序列，包括参与者发起的动作与系统执行的响应活动。
- 扩展事件流（替代过程）：记录如果典型过程出现异常或变化时的用例行为，即典型过程以外的其他活动步骤。
- 结论：描述用例何时结束。例如，"生成订单"的结论是"用户收到订单确认的通知后"。
- 后置条件：用例执行后系统状态的约束条件。
- 补充约束：用例实现时需要考虑的业务规则、实现约束等信息。

2. 用例文档

在介绍完用例描述的各部分内容后，就可以运用这些规则去编写一个用例的文档了。下面以某在线购物系统的"提交订单"为例，给出一个用例文档的格式与内容（见表 6-1）。

表 6-1 "提交订单"用例的用例文档示例

用例名称	提交订单
用例编号	UC002
参与者	会员
用例描述	该用例描述一个系统会员提交一份订单的行为
触发器	当订单被提交时，用例触发
前置条件	提交订单的一方需要完成登录操作
后置条件	如果订单中的商品有库存，则发货；否则提示用户当前缺货

基本事件流	① 参与者将订单信息提交至系统; ② 系统验证用户信息及订单信息合法后做出响应; ③ 对于订单中的每种产品,系统根据订单中的数量检查产品库存数量; ④ 系统统计订单中产品的总价格; ⑤ 系统从会员的系统账户余额中扣除相应金额; ⑥ 系统生成并保存订单信息,并将订单发送至分销中心; ⑦ 系统生成订单确认页面并发送给会员
扩展事件流	A-2 如果订单信息非法,系统通知会员并提示重新提交订单; A-3 如果订单中产品数量超过产品库存量,则提示会员库存不足,暂无法购买,取消订单同时终止用例; A-5 如果会员账户余额不足,系统给出相应提示,取消订单并终止用例
结论	当会员收到系统发送的订单确认页面或其他异常信息时,用例结束
数据需求	D-1 订单信息包括订单号、参与者的会员账户名、商品种类数量、商品种类名称以及每种商品的数量
业务规则	B-1 只有当订单中商品信息确认无误后才能要求会员进行支付

3. 使用用例图建模

对用例图进行建模,事实上是对系统的外部行为进行提取和展示。所谓外部行为,就是系统关于某个特定领域内要解决的问题而给出的功能。因此,面向系统的语境、面向用户对系统的需求都是恰当的建模思想。这里主要介绍如何使用用例图对系统建模。

用例图用于对系统的用例视图进行建模。这个视图主要建模系统的外部行为,即该系统在其语境下对外部所提供的服务。

当对系统的用例视图建模时,通常会使用以下两种方式之一来使用用例图:对系统的语境建模与对系统的需求建模。

(1) 对系统的语境建模。

语境是系统存在的环境,而对于用例图而言,主要语境就是位于系统边界之外的参与者。因此,在保证用例一定位于系统边界内部的同时,应时刻谨记参与者一定出现在边界的外部。在此种情况下,用例图主要是为了说明参与者的身份,以及它们所扮演的角色的含义,这被称为对系统的语境建模。

在对系统的语境建模时,参与者的选定是特别重要的。如果参与者过于泛泛,就不容易确定出系统的边界。在一个员工食堂里面,如果把参与者定义为"顾客",那之后就面临着决定外来人士算不算是合法的"顾客"的问题。而后又需要考虑,如果把外来人士算作顾客,那么就需要考虑外来人士没有员工工号所带来的问题。对参与者概念范围的扩大会使得系统边界变得模糊,要处理的异常情况大量增加。决定系统周围的参与者说明了与系统进行交互的事务列表,隐含着确定了系统需要为之提供服务的"需求方",也就限定了哪些需求是应该考虑在当前系统中的。

例如,在对某校学生的选课系统进行语境建模时,首先应考虑参与者的选择。在选课系统中,最先想到的参与者一定是学生,因为学生是选课的主体,他们是最主要的参与者群体。其次,作为学生可以在其上选课的系统,必须在其内部存放一些课程信息,一般来说课程的容量、时长、教师、上课时间和地点都可能会变化，所以需要专门的人员去维护，可以将其抽象为"管理员"。

假设例子就限定在这个简单的系统，由学生和管理员两者构成了全部的参与者。然后考虑，系统内的行为应该由系统外的哪一类参与者触发。如果规定选课一定由学生自己来选，那么学生就是选择课程用例的唯一参与者。与此类似，查看课程信息应该由学生和管理员均可触发，另外，添加课程、删除课程和修改课程这几个用例的参与者也应该是管理员。

对系统的语境建模，一般需要遵循以下策略。

- 识别系统边界。区别出哪些行为是系统的一部分以及哪些行为是由外部实体所执行的，以此来识别系统边界。
- 识别参与者。识别参与者的方法可以参照 5.2.2 节。
- 如果需要，将具有相同特征的参与者使用泛化关系加以组织。
- 如果需要，对某些参与者应用一个构造型以便加深理解。
- 将参与者应用到用例图中，并描述参与者与用例间的通信路径。

（2）对系统的需求建模。

需求是系统被期望完成的任务，一个行为良好的系统需要能够可靠地完成其所有的需求。用例图说明了系统应该提供的行为，而不关心每一个用例内部对于那些需求是以怎样的方式实现的。这样的方式使得在需求分析之后可以根据用户需求或系统需求快速进行建模，搭建用例框架，为整个系统的设计奠定良好的铺垫。

陈述系统的需求时等同于建立了一份系统外部的事务和系统之间的规约，这份规约规定了系统需要提供给外部用户的操作。外部的用户不关心系统内部如何工作，只关注它应该启动什么，系统应该向它反馈什么。一个完善的系统应该保证可以正确处理外部用户的所有需求，反馈结果的正确也就意味着该结果应该是有意义、可预料的，就像没有一个正常使用系统的用户会希望在输入账号和错误的密码后仍可正确登录一样。但在对系统的需求进行建模时，无须考虑实现细节，只需要知道"用户需要系统存在登录操作"这个逻辑，就可以把"登录系统"作为一个用例记录下来。至于它的正确执行和良好反馈，就需要在软件开发的设计阶段来进行完善了。

需求可以有各种各样的表达方式，如文字、表格、事件流等。一般来说，用例可以适应绝大多数的情况，所以可以放心地直接用用例代表需求。如果有例外的情况，那就是用例一般不负责表达系统对部署环境部分等细节部分的要求。在对系统的需求进行建模时，可以遵循以下方案。

- 识别参与者。通过识别系统周围的参与者来确定系统边界并建立系统语境。
- 对于某个参与者，考虑其期望系统提供的行为或与系统的交互。
- 将行为提炼成用例。
- 完善其他用例。分解用例中的公共行为与扩展行为，放入新的用例中以供其他用例使用。
- 创建用例图。将用例、参与者与它们的关系建模成用例图。
- 如果需要，在用例图中添加一些注解或约束来陈述系统的非功能性需求。

（3）用例图使用要点。

建立一个结构良好的用例图，需要注意以下要点。

- 构建结构良好的用例。用例图中应该只包含对系统而言必不可少的用例与相关的参与者。
- 用例的名称不应该简化到使读者误解其主要语义的程度。
- 在元素的摆放时,应尽量减少连接线的交叉,以提供更好的可视化效果。
- 组织元素时应使在语义上接近的用例和参与者在图的位置上也同样接近,以便于读者理解用例图。
- 可以使用注解或给元素添加颜色等方式突出图中相对重要的内容。
- 用例图中不应该有太多的关系种类。一般来说,如果用例图中有很复杂的包含与扩展关系,可以将这一元素单独放在一张用例图中,也可以只保留关键的几个关系,将其他关系在用例描述中进行表述。

另外,需要注意用例图只是系统的用例视图中的一个图形表示。也就是说,一个单独的用例图不必包含用例视图的所有内容,当系统十分复杂时,可以使一个用例图表示系统的一个方面(子系统),使用多个用例图共同来表示系统的用例视图。

6.3.2 类图与对象图

类图使用类和对象描述系统的结构,展示了系统中类的静态结构,即类与类之间的相互关系。类之间有多种联系方式,如关联(相互连接)、依赖(一个类依赖或使用另一个类)、泛化(一个类是另一个类的特殊情况)。一个系统可以有多张类图,一个类也可以出现在多张类图中。

对象图是类图的实例,它展示了系统在某一时刻的快照。对象图使用与类图相同的符号,只是在对象名下面加上下画线。

在 UML 中,类图用具有两个分隔线的矩形表示。顶层表示类的名称,中间层表示属性,底层表示操作。对象通常只有名称和属性。通常情况下,类名称的开头为大写字母,对象名称的开头为小写字母,对象名引用时常常在其后跟着类名。图 6-3 所示的 Student、book 和 Librarian 是图书管理系统中的 3 个示例类。其中 Book 类中包含 3 个属性(id、name、author),以及两个操作(getInfo 和 edit)。其中,属性或操作前面的加号(+)表示属性或操作是公有的;如果是减号(-),则表示属性或操作是私有的。属性和操作的可见性如表 6-2 所示。图 6-4 是对应图 6-3 的一个对象图,图中包含 john、se 和 jim 这 3 个对象,其中 se 对象是 Book 类的对象。因为 Book 类中包含 3 个属性,所以 se 对象中也对应地包含 3 个属性值。对象的属性类型表示属性的取值范围。如果类定义时没有指明属性的类型,如因为类型不是系统中已定义的基本类型,则对该属性的决策可以推迟到对象创建之时。这样可以允许开发者在设计类时将注意力更多地放在系统功能的设计上,并在系统功能修订时将细节变化的程度降到最低。

观看视频:超市购买商品系统类与对象的识别

观看视频:类图的应用题(1)

观看视频:类图的应用题(2)

观看视频:绘制机票预订系统的类图

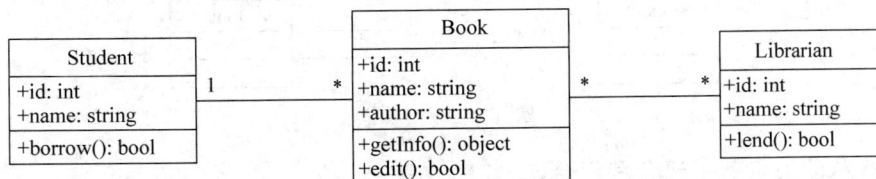

图 6-3 图书管理系统中的示例类图

面向对象分析建模基础

表 6-2　属性和操作的可见性

符　号	种　类	含　义
＋	Public(公有的)	其他类可以访问
－	Private(私有的)	只有本类可见,不能被其他类可见
♯	Protected(受保护的)	对本类及其派生类可见

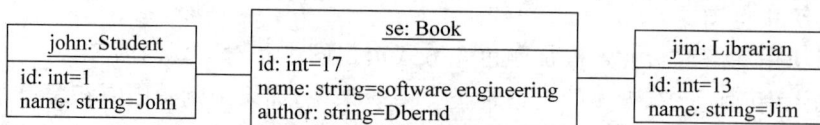

图 6-4　图书管理系统中的示例对象图

类与类之间的关系有关联关系、依赖关系、泛化关系和实现关系等。

1. 关联关系

关联(Association)是表达模型元素之间的一种语义关系,对具有共同的结构特性、行为特性、关系和语义的链的描述。UML 中使用一条直线表示关联关系,直线两端上的数字表示重数。在图 6-3 中,一名学生可以同时借阅多本书,但一本书同时只能被一名学生借阅,两者是一对多的关系;而一个图书管理员可以管理多本书,一本书也可以被多个管理员管理,两者是多对多的关系。

关联关系还分为二元关联、多元关联、受限关联、聚合和组合等。

二元关联指两个类之间的关联,图 6-3 中展示的就是二元关联。

多元关联指 3 个或 3 个以上类之间的关联。三元关联使用菱形符号连接关联类,图 6-5 展示的就是三元关联。

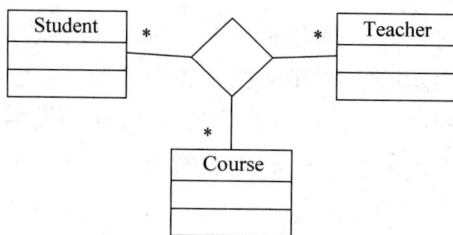

图 6-5　三元关联

(1) 限定符。

受限关联用于一对多或多对多的关联。如果关联时需要从多重数的端中指定一个对象来限定,则可以通过使用限定符来指定特定对象。例如,一名学生可以借阅多本书,但这些书可以根据书的书号来区分,这样就可以通过限定符"书号"来限定这些书中的某一本书,如图 6-6 所示。

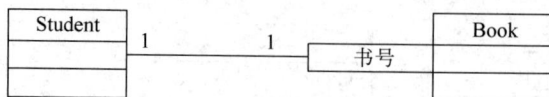

图 6-6　受限关联

(2) 特殊的关联——聚合和组合。

聚合和组合表示整体-部分的关联,有时也称为"复合"关系。聚合的部分对象可以是任意整体对象的一部分,如"目录"与该目录下的"文件"、班级与该班级的学生等。组合则是一种更强的关联关系,代表整体的组合对象拥有其子对象,具有很强的"物主"身份,具有管理其部分对象的特有责任,如"窗口"与窗口中的"菜单"。聚合关联使用空心菱形表示,菱形位于代表整体的对象一端;组合关联与聚合关联的表示方式相似,但使用实心菱形。聚合关联和组合关联分别如图 6-7 和图 6-8 所示。

图 6-7　聚合关联　　　　　　　　图 6-8　组合关联

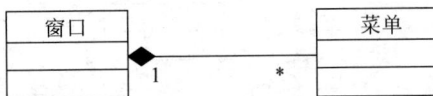

（3）关联类。

关联类是一种充当关联关系的类,其与类一样具有自己的属性和操作。关联类使用虚线连接自己和关联符号。关联类依赖于连接类,在没有连接类时,关联类不能单独存在。例如,图 6-9 所示的关联类实例,在一次借阅中,学生可以借阅一本书,借阅类就是该例子中的关联类。实际上,任何关联类都可以表示成一个类和简单关联关系,但常常采用关联类的表示方式,以便更加清楚地表示关联关系。

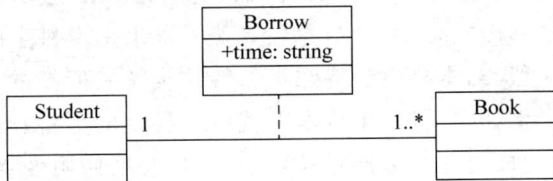

图 6-9　关联类实例

（4）重数。

重数是关联关系中的一个重要概念,表示关联链的条数。如图 6-3 所示,链两端的数字"1"和符号"＊"表示的就是重数。重数可以是任意的一个自然数集合,但在实际使用中,大于 1 的重数常常用"＊"代替。所以实际使用的重数多为"0"、"1"和符号"＊"。一对一关联的两端重数都是"1";一对多关联的一端重数是"1",另一端重数是"＊";多对多关联的两端重数都是 0～n,常表示为"＊"。

（5）导航性。

导航性是一个布尔值,用来说明运行时刻是否可能穿越一个关联。对于二元关联,对一个关联端(目标端)设置导航性就意味着可以从另一端(源端)指定类型的一个值得到目标端的一个或一组值(取决于关联端的多重性)。对于二元关联,只有一个关联端上具有导航性的关联关系称为单向关联,通过在关联路径的一侧添加箭头来表示;在两个关联端上都具有导航性的关联关系称为双向关联,关联路径上不加箭头。使用导航性可以降低类之间的耦合度,这也是好的面向对象分析与设计的目标之一。图 6-10 展示了一种导航性的使用场景,该图表明一个订单可以获取到该订单的一份产品列表,但一个产品却无法获取到哪些订单包括该产品。

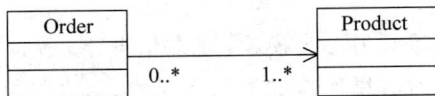

图 6-10　导航性的使用场景

面向对象分析建模基础

2. 依赖关系

依赖关系表示的是两个元素之间语义上的连接关系。对于两个元素 X 和 Y,如果元素 X 的变化会引起另一个元素 Y 的变化,则称元素 Y 依赖于 X。其中,X 被称为提供者,Y 被称为客户。依赖关系使用一个指向提供者的虚线箭头来表示,如图 6-11 所示。

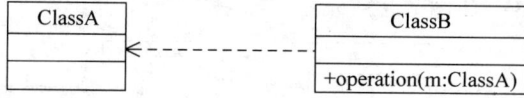

图 6-11　依赖关系示例

对于类图而言,主要有以下需要使用依赖的情况。

- 客户类向提供者类发送消息。
- 提供者类是客户类的属性类型。
- 提供者类是客户类操作的参数类型。

3. 泛化关系

泛化关系描述类的"一般-特殊"关系,是一般描述与特殊描述之间的一种分类学关系,特殊描述常常是建立在一般描述基础上的,例如,会员是 VIP 会员的一般描述,会员就是 VIP 会员的泛化,会员是一般类,VIP 会员是特殊类;学生是本科生的一般描述,学生就是本科生的泛化,学生是一般类,本科生是特殊类。特殊类是一般类的子类,而特殊类还可以是另一个特殊类的子类,例如,本科一年级学生就是本科生的更特殊描述,而后者是前者的泛化。泛化的这种特点构成泛化的分层结构(注:泛化关系使用带空心三角形箭头的实线表示,方向由特殊类指向一般类)。

在进行面向对象的分析与设计时,可以把一些类的公共部分(包括属性与操作)提取出来作为它们的父类。这样,子类继承了父类的属性和操作,子类还可以定义自己特有的属性和操作。子类不能定义父类中已经定义的属性,但可以通过重写的方式重定义父类的操作,这种方式称为方法重写。当操作被重写时,在子类的父类引用中调用操作方法,子类会根据重写定义调用该操作在子类中的实现,这种行为称为多态。重写的操作必须与父类操作具有相同的接口(操作名、参数、返回类型),如三角形、四边形、六边形都属于多边形,而四边形中又包含矩形,它们的关系如图 6-12 所示。多边形中的"显示"操作是一个抽象操作,而三角形和六边形中具体化和重写了这个操作,因为父类多边形自身的"显示"操作并不能确定图形如何显示,也不适用于子类的显示,所以子类必须根据自己的特定形状重新定义"显示"操作。在四边形中定义了父类多边形中没有的"计算面积"操作,在子类矩形中重写了该操作,因为子类包含特有的属性"长"和"宽"可以用于矩形的面积计算。

泛化关系有两种情况。在最简单的情况下,每个类最多只能拥有一个父类,这被称为单继承。而在更复杂的情况中,子类可以有多个父类并继承所有父类的结构、行为和约束,这被称为多继承(或多泛化),其表示法如图 6-13 所示。

4. 实现关系

实现关系将一个模型连接到另一个模型,通常情况下,后者是行为的规约(如接口),前者要求必须至少支持后者的所有操作。如果前者是类,后者是接口,则该类是接口的实现。

在 UML 中,实现关系表示为一条指向提供规格说明的元素的虚线空心三角形箭头,如

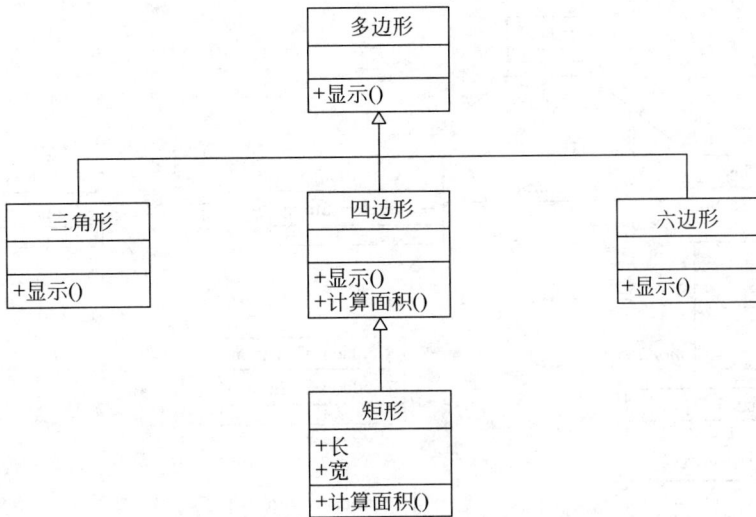

图 6-12　类的泛化和继承关系

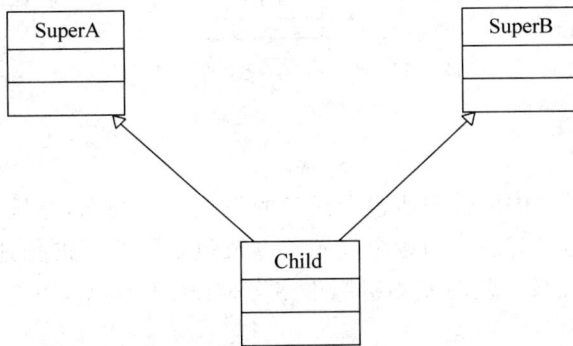

图 6-13　多继承

图 6-14 所示。图 6-14 中表示"圆"类实现了"图形"接口,即在"圆"类中实现了"图形"接口中一个操作的声明。当接口元素使用小圆圈的形式表示时,实现关系也可以被简化成一条简单的实线,如图 6-15 中所示的接口 SecureInformation 和其左侧的实线。

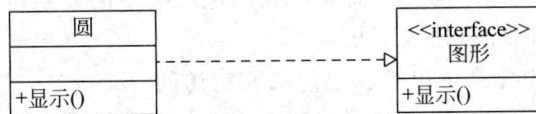

图 6-14　实现关系

实现与泛化很相似,二者之间的区别是泛化为针对同层级元素之间的连接,通常是在同一模型内;而实现为针对不同语义层上的元素的连接,通常是在不同模型内。例如,子类与父类的关系是泛化,类与接口的关系是实现。

这里有一些经验值得总结:要正确表达出类与类之间的关系,而不能只用依赖关系,能用组合就不用聚合,能用聚合就不用一般关联,能用一般关联就不要用依赖,该用接口时就用接口实现,需要继承就用继承。各种关系的强弱顺序如下:泛化=实现>组合>聚合>关联>依赖。

面向对象分析建模基础

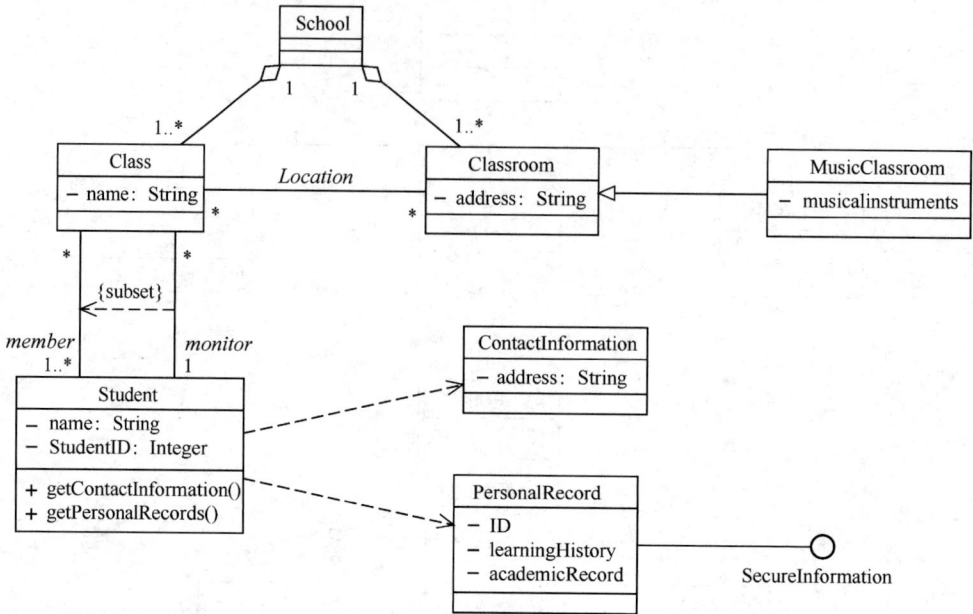

图 6-15　学生在学校上课的类图

6.3.3　包图

　　包图是用来描述模型中的包和所包含元素的组织方式的图,是维护和控制系统总体结构的重要内容。包图通过对图中的各个包元素以及包之间关系的描述,展示出系统的模块以及模块之间的依赖关系。包图能够组织许多 UML 中的元素,不过其最常见的用途是组织用例图和类图。

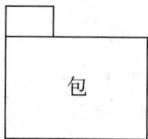

观看视频:
包图的
应用题

图 6-16　包的图
形表示

　　包是一种对元素进行分组的机制。如果系统非常复杂,则其常常包含大量的模型。为了利于理解以及将模型独立出来用于复用,需要对这些元素进行分组,从而将其作为一个个集合进行整体命名和处理。包的图形表示如图 6-16 所示。
　　包中的元素需要与其他包或类中的元素进行交互,交互过程的可访问性包括以下几点。

- Public(+):包中元素可以被其他包的元素访问。
- Private(-):包中元素只能被同属于一个包的元素访问。
- Protected(♯):包中的元素只能被此包或其继承包内的元素访问。

包的一些特征如下。

- 包是包含和管理模型内容的一般组织单元,任何模型元素都可以包含其中。
- 一个模型元素只能存在于一个包中,包被撤销时,其中的元素也被撤销。
- 包可以包含其他包,构成嵌套层次结构。
- 包只是一个概念化的元素,不会被实例化,在软件运行中不会有包。

　　例如,在"机票预订系统"的例子中,可以将"检查信用等级"与"修改信用等级"用例添加到"信用评价"包中,将"登录"与"注册"用例添加到"登录注册"包中,将"设定航班操作"用例添加到"后台操作"包中,将其余用例添加到"核心业务"包中,这样,就可以创建一个包图来显式地表明系统包含的包,如图 6-17 所示。

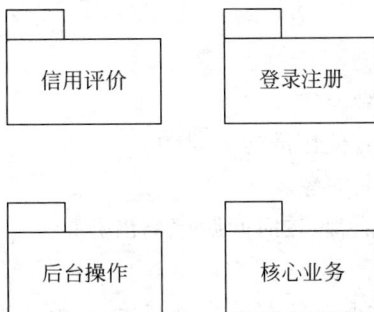

观看视频:
绘制机票
预订系统
的包图

图 6-17 "机票预订系统"组织用例的包图

6.4 动态建模机制

系统中的对象在执行期间的不同时间点通信的方式以及通信的结果,就是系统的动态行为,也就是说,对象通过通信相互协作的方式以及系统中的对象在系统生命周期中改变状态的方式,是系统的动态行为。UML 的动态建模机制包括顺序图、协作图、状态图和活动图。

6.4.1 顺序图

顺序图描述了一组对象的交互方式,它表示完成某项行为的对象与这些对象之间传递消息的时间顺序。顺序图由对象(参与者的实例也是对象)、生命线、控制焦点(激活期)、消息等组成。生命线是一条垂直的虚线,表示对象的存在时间;控制焦点是一个细长的矩形框,表示对象执行一个操作所经历的时间段;消息是作用于控制焦点的一条水平带箭头的实线,表示消息的传递。图 6-18 显示了一个顺序图,并将其中的内容进行了标注。

观看视频:
顺序图的
应用题

观看视频:
绘制机票
预订系统
登录用例
的顺序图

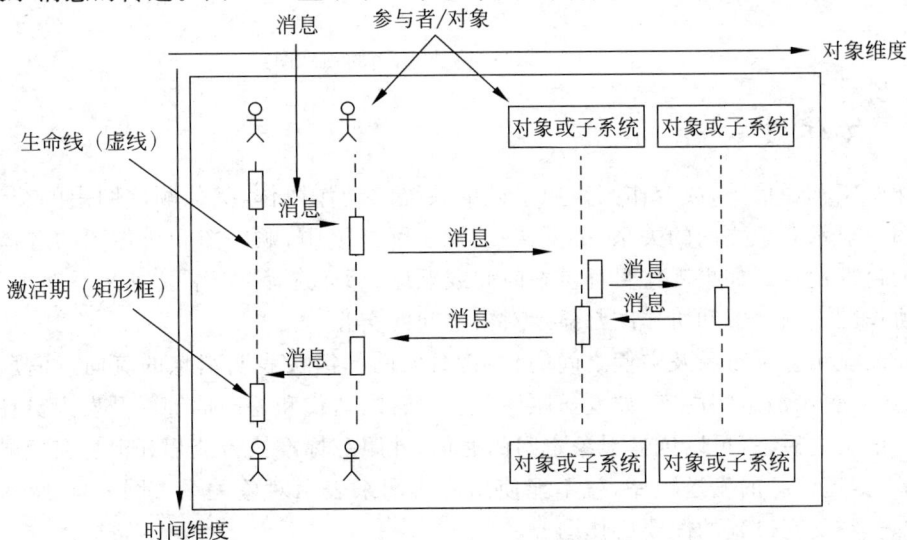

图 6-18 顺序图

99

第6章

面向对象分析建模基础

一般使用顺序图描述用例的事件流,标识参与这个用例的对象,并以服务的形式将用例的行为分配到对象上。通过对用例进行顺序图建模,可以细化用例的流程,以便发现更多的对象和服务。

顺序图可以结合以下步骤进行绘制。

(1)列出启动用例的参与者。

(2)列出启动用例时参与者使用的边界对象。

(3)列出管理该用例的控制对象。

(4)根据用例描述的所有流程,按时间顺序列出分析对象之间进行消息传递的序列。

绘制顺序图需要注意以下问题。

- 如果用例的事件流包含基本流和若干备选流,则应当对基本流和备选流分别绘制顺序图。
- 如果备选流比较简单,则可以将其合并到基本流中。
- 如果事件流比较复杂,则可以在时间方向上将其分为多个顺序图。
- 实体对象一般不会访问边界对象和控制对象。

图 6-19 所示为用户"登录"用例的顺序图,连线按时间的先后从 1~6 进行排列。

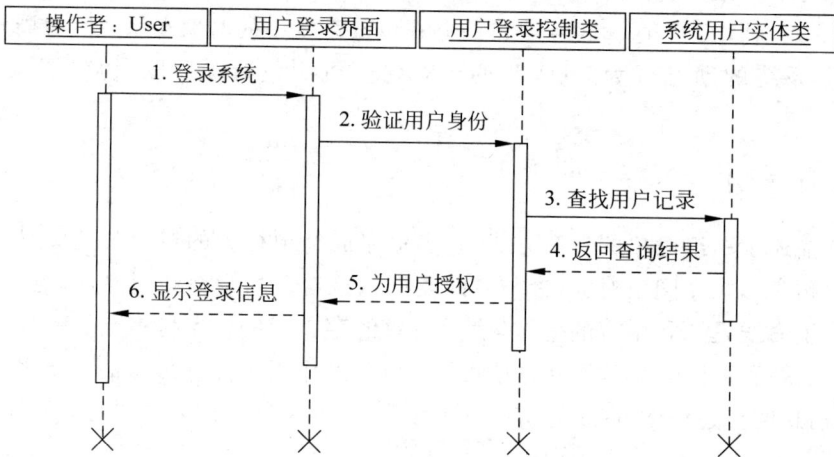

图 6-19　用户"登录"用例的顺序图

6.4.2　协作图

协作图又称通信图(或合作图),用于显示系统的动作协作,类似顺序图中的交互片段,但协作图也显示对象之间的关系(上下文)。在实际建模中,顺序图和协作图的选择需要根据工作的目标而定。如果工作目标重在时间或顺序,那么选择顺序图;如果重在上下文,那么选择协作图。顺序图和协作图都显示对象之间的交互。

协作图显示多个对象及它们之间的关系,对象间的箭头表明消息的流向。消息上也可以附带标签,表示消息的内容,如发送顺序、显示条件、迭代和返回值等。开发人员在熟知消息标签的语法之后,就可以读懂对象之间的通信,并跟踪标准执行流程和消息交换顺序。但是,如果不知道消息的发送顺序,就不能使用协作图来表示对象关系。图 6-20 展示了某个系统的"登录"交互过程的简要协作图。

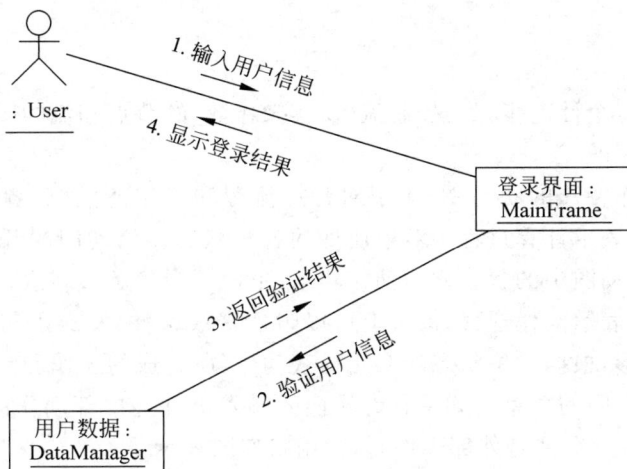

图 6-20　某个系统的"登录"交互过程的简要协作图

在图 6-20 中,首先一个匿名的 User 类对象向登录界面对象输入用户信息,接着登录界面对象向用户数据对象请求验证用户信息是否正确并得到请求的返回验证结果,最后登录界面对象根据返回的结果向 User 类对象反馈对应的登录结果。

6.4.3　状态图

状态图由状态机扩展而来,用来描述对象对外部对象响应的历史状态序列,即描述对象所有可能的状态,以及哪些事件将导致状态的改变。状态图包括对象在各个不同状态之间的跳转以及这些跳转的外部触发事件,即从状态到状态的控制流。状态图侧重于描述某个对象的动态行为,是对象的生命周期模型。并不是所有的类都需要画状态图,有明确意义的状态、在不同状态下行为有所不同的类才需要画状态图。状态图在 5.1.3 节中已经进行了介绍,这里不再赘述。

图 6-21 展示了某网上购物系统中"订单"类的一个简单状态图(注:菱形表示选择节点)。

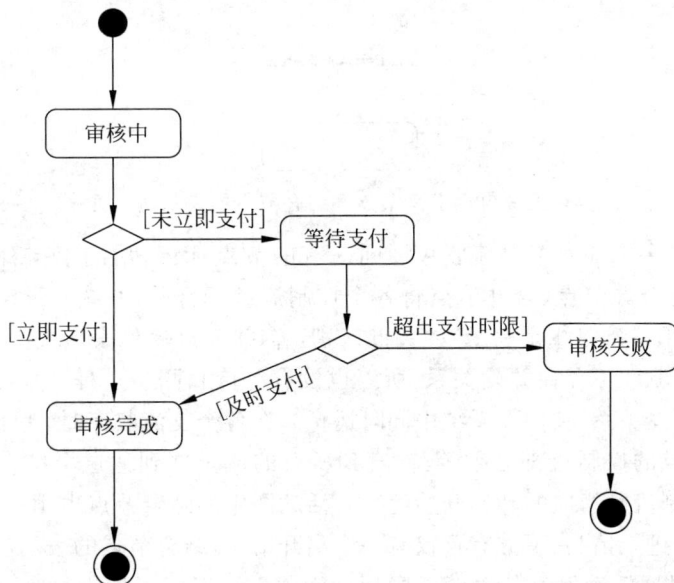

图 6-21　某网上购物系统中"订单"类的一个简单状态图

观看视频:
状态图的
应用题

观看视频:
绘制机票
预定系统
航班类的
状态图

面向对象分析建模基础

6.4.4 活动图

活动图是展示整个计算步骤的控制流(及其操作数)的节点和流的图。活动执行的步骤可以是并发的或顺序的。

活动图可以看作特殊的状态图,用于对计算流程和工作建模(后者是对对象的状态建模)。活动图的状态表示计算过程中对象所处的各种状态。活动图的开始标记和结束标记与状态图的相同,活动图中的状态称为动作状态,也使用圆角矩形表示。动作状态之间使用带箭头的实线连接,表示动作迁移,箭头上可以附加警戒条件、发送子句和动作表达式。活动图是状态图的变形,根据对象状态的变化捕获动作(所完成的工作和活动)和它们的结果,表示了各动作及其之间的关系。如果状态转换的触发事件是内部动作的完成,则可用活动图描述;当状态的触发事件是外部事件时,常用状态图表示。

在活动图中,判定符号用菱形表示,可以包含两个或更多附加有警戒条件的输出迁移,迁移根据警戒条件是否为真选择迁移节点。

在活动图中使用分叉节点和结合节点来表示并发。

分叉节点是从线性流程进入并发过程的过渡节点,它拥有一个进入控制流和多个离开控制流。不同于判断节点,分叉节点的所有离开流程是并发关系,即分叉节点使执行过程进入多个动作并发的状态。分叉节点在活动图中表示为一根粗横线,粗横线上方的进入箭头表示进入并发状态,离开粗横线的箭头指向的各个动作将并行发生,分叉节点的表示法如图 6-22 所示。

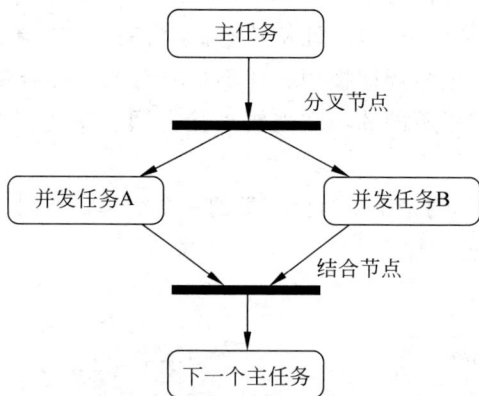

图 6-22　分叉节点和结合节点的表示法

结合节点是将多个并发控制流收束回同一流的节点标记,功能上与合并节点类似。但要注意结合节点与合并节点(合并节点将各个控制流进行合并,并统一导出到同一个离开控制流,合并节点也用一条粗线来表示)的关键区别:合并节点仅代表形式上的收束,在各个进入合并节点的控制流间不存在并发关系,所以也没有等待和同步过程;但结合节点的各个进入控制流间具有并发关系,它们在系统中同时运行。在各个支流收束时,为了保证数据的统一性,先到达结合节点的控制流都必须等待,直到所有的流全部到达这个结合节点后才继续进行,转移到离开控制流所指向的动作开始运行。活动图中的结合节点也用一根粗横线来表示,粗横线上方有多个进入箭头,下方有且仅有一个离开箭头,结合节点的表示法如图 6-22 所示。

活动图可以根据活动发生位置的不同划分为若干矩形区,每个矩形区称为一个泳道,泳道有泳道名。把活动划分到不同的泳道中,能更清楚地表明动作在哪里执行(在哪个对象中执行等)。

一个动作迁移可以分解成两个或更多导致并行动作的迁移,多个来自并行动作的迁移也可以合并为一个迁移。需要注意的是,并行迁移上的动作必须全部完成才能进行合并。

图 6-23 展示了某银行 ATM 中的取款活动图。

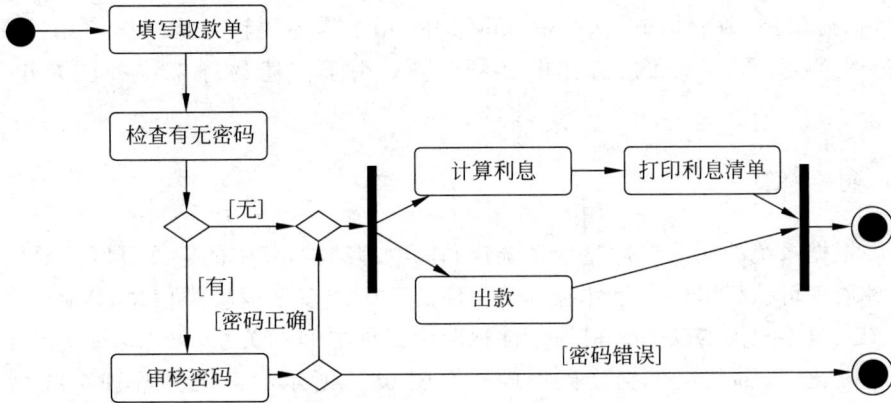

图 6-23　某银行 ATM 中的取款活动图

下面再举一个例子。某个考试有如下过程。

(1) 教师出卷。

(2) 学生答卷。

(3) 教师批卷。

(4) 教师打印成绩单。

(5) 学生领取成绩单。

在这个过程中,可以发现每个过程的主语都是该动作的执行者,那么在这个简单的过程中可以划分出"教师"和"学生"两个泳道,把动作与负责执行它的对象用这种形如二维表的方式进行关联,如图 6-24 所示。

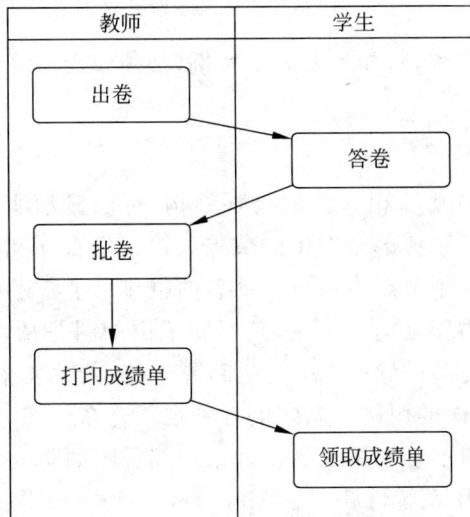

图 6-24　使用泳道描述考试活动

面向对象分析建模基础

6.5 描述物理架构的机制

系统架构分为逻辑架构和物理架构两大类。逻辑架构完整地描述系统的功能,把功能分配到系统的各个部分,详细说明它们是如何工作的。物理架构详细地描述系统的软件和硬件,描述软件和硬件的分解。在 UML 中,用于描述逻辑架构的图有用例图、类图、对象图、包图、状态图、活动图、协作图和顺序图;用于描述物理架构的图有组件图、部署图。

观看视频:组件图的应用题

6.5.1 组件图

组件图根据系统的代码组件显示系统代码的物理结构,其中的组件可以是源代码组件、二进制组件或者可执行组件。组件包含其实现的一个或多个逻辑类信息,因此也就创建了从逻辑视图到组件视图的映射。根据组件视图中组件之间的关系,可以轻易地看出当某一个组件发生变化时,哪些组件会受到影响。在图 6-25 所示的某图书管理系统组件图中,Student 组件依赖于 Common 组件,Librarian 组件也依赖于 Common 组件,这样,如果 Common 组件发生变化,就会同时影响 Student 组件和 Librarian 组件。依赖关系本身还具有传递性,如 Common 组件依赖于 Database 组件,所以 Student 和 Librarian 组件也依赖于 Database 组件(依赖关系使用一条带箭头的虚线来表示)。

观看视频:绘制机票预订系统的组件图

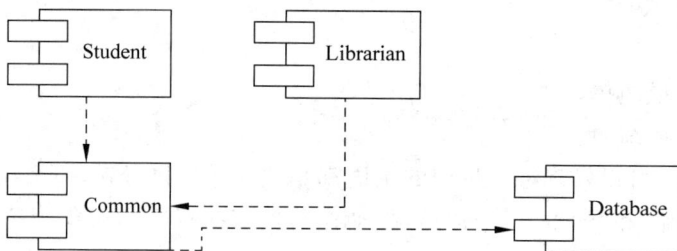

图 6-25　某图书管理系统组件图

组件图只将组件表示成类型,如果要表示实例,必须使用部署图。

观看视频:部署图的应用题

6.5.2 部署图

部署图用于显示系统中硬件和软件的物理结构,可以显示实际中的计算机和设备(节点),以及它们之间的互联关系。部署图中的节点内已经分配了可以执行的组件和对象,以显示这些软件单元具体在哪个节点上运行。部署图也显示了各组件之间的依赖关系。

观看视频:绘制机票预订系统的部署图

部署图是对系统实际物理结构的描述,其不同于用例图等从功能角度的描述。对一个明确定义的模型可以实现完整的导航:从物理部署节点到组件,再到实现类,然后是该类对象参与的交互,最后到达具体的用例。系统的各种视图合在一起,从不同的角度和细分层面完整地描述整个系统。某图书管理系统的物理结构部署图如图 6-26 所示,整体上划分为数据库(Database Server)、应用系统(Library App Server)和客户端(Client)3 个节点。数据库节点中包含 Database 的相关组件,应用系统节点中包含 Common、Student 和 Librarian 等组件,客户端节点中包含各种客户端组件。

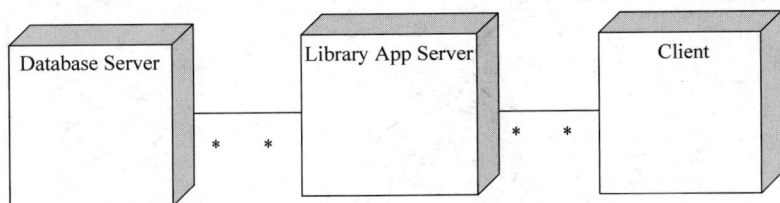

图 6-26   某图书管理系统的物理结构部署图

部署图中的组件代表可执行的物理代码模块(可执行组件的实例),逻辑上可与类图中的包或类相对应。所以部署图可显示运行时各个包或类在节点中的分布情况。通常,节点至少要具备存储能力,而且常常还需要具备处理能力。运行时,对象和组件可驻留在节点上。

6.6   面向对象分析建模基础实例

【例 6-1】   某个学生成绩管理系统的部分参与者和用例总结如下。

教务管理人员:

① 登录系统。

② 学期教学计划管理。

③ 教师、学生名单管理。

④ 成绩管理。

⑤ 课程分配,每次课程分配时都必须打印任课通知书。

学生:

① 登录系统。

② 选课。

教师:

① 登录系统。

② 成绩管理,并且可以选择是否生成成绩单。

请根据以上信息画出该系统的用例图。

【解析】   根据题目描述可以分析出系统的参与者与用例。教务管理人员有登录、教学计划管理、名单管理、成绩管理与课程分配用例,打印任课通知书作为课程分配用例的包含用例存在。学生有登录及选课用例。教师包括登录及成绩管理用例,生成成绩单作为成绩管理用例的扩展用例存在。该系统的用例图可参考图 6-27。

【例 6-2】   机票预订系统是某航空公司推出的一款网上购票系统。其中,未登录的用户只能查询航班信息,已登录的用户还可以网上购买机票、查看已购机票,也可以退订机票。系统管理员可以安排系统中的航班信息。此外,该购票系统还与外部的一个信用评价系统有交互。当某用户一个月之内退订两次及两次以上的机票时,需要降低该用户在信用评价系统中的信用等级。当信用等级过低时,则不允许该用户再次购买机票。请画出此情境的类图。

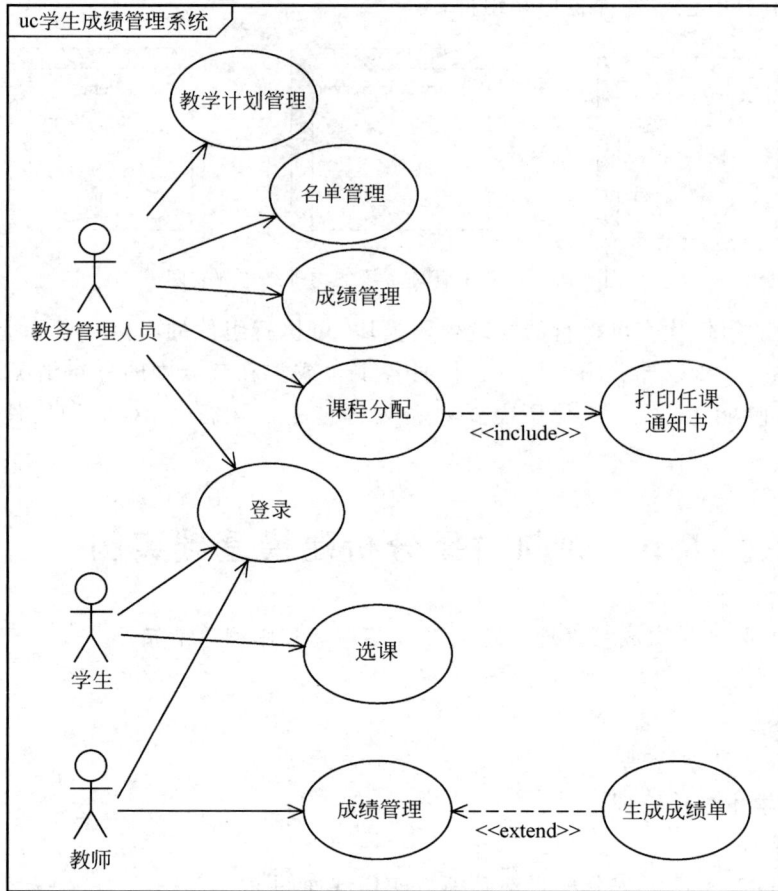

图 6-27　某学生成绩管理系统的用例图

【解析】

根据情境描述,可以归结出 User(用户)、Administrator(管理员)、Airport(机场)、Flight(航班)与 Ticket(机票)几个实体类,还应该包括一个 TicketManagement 类(系统控制类)来控制整个系统。

在确定了系统中包含的类之后,需要根据类的职责来确定类的属性与操作。

在确定了类的基本内容之后,需要添加类图中的关系来完善类图的内容。类图中的类需要通过关系的联系才能互相协作,发挥完整的作用。

TicketManagement 类与 User 类及 Administrator 类之间相关联,表示系统中包含的用户及管理员账户。TicketManagement 类与 Airport 类之间的关联表示系统中包括的机场。Airport 类与 Flight 类之间的关联表示机场中运行的航班。Flight 类与 Ticket 类之间的关联表示一趟航班中包含的机票。Ticket 类与 User 类之间的关联表示用户所购买的机票。此外,还要注意这些关联关系两端的多重性和导航性。图 6-28 显示了添加关联关系的类图。至此,类图已基本创建完毕。

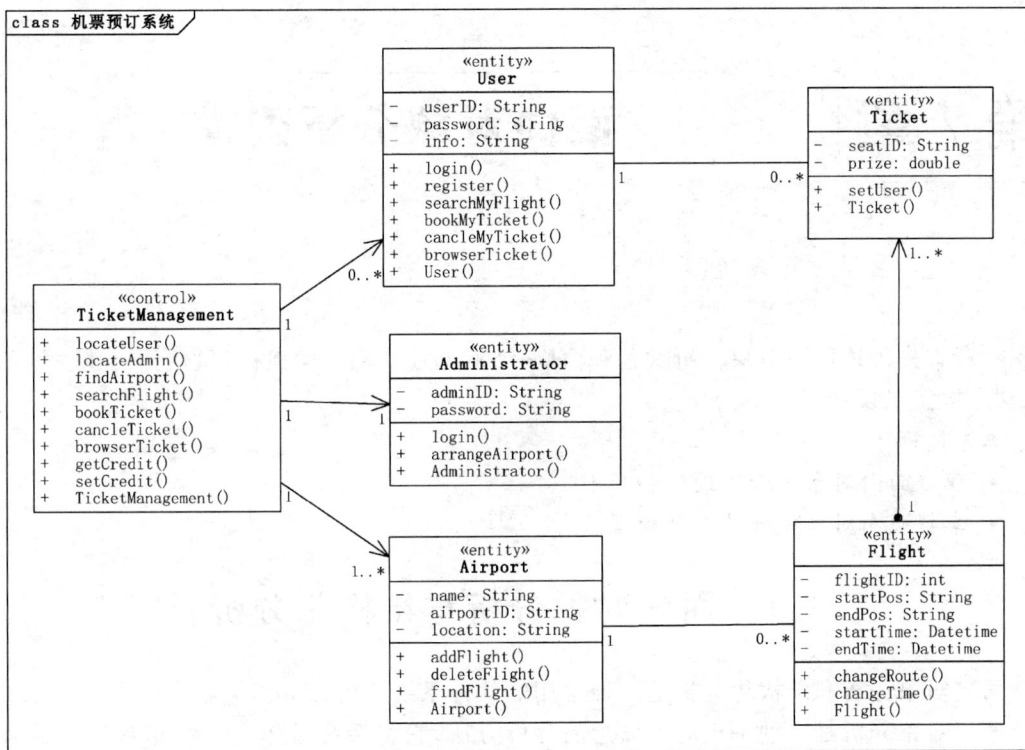

图 6-28　某机票预订系统的类图

本 章 小 结

面向对象主要涉及了对象、类、封装、继承和多态等概念。因为面向对象的软件工程方法更符合人类的思维习惯，稳定性好，而且可复用性好，所以在目前的软件开发领域中最为流行。

本章介绍了 UML 的部分内容。UML 是一种标准的图形化建模语言，主要用于软件的分析与设计。它使问题表述标准化，有效地促进了软件开发团队内部各种角色人员之间的交流，提高了软件开发的效率。

本章还详细介绍了静态建模机制（包括用例图、类图、对象图和包图）、动态建模机制（包括顺序图、协作图、状态图和活动图）、物理架构的机制（包括组件图和部署图）。

习　　题

请扫描下方二维码在线答题。

面向对象分析建模基础

第7章 | 面向对象分析建模

本章首先讲述面向对象分析过程和原则,然后阐述面向对象建模,包括如何建立对象模型、动态模型以及功能模型。

本章目标
- 理解面向对象分析的过程和原则。
- 掌握面向对象建模的 3 种模型。

7.1 面向对象分析与结构化分析

面向对象分析和结构化分析是两种常用的软件系统分析方法。

面向对象分析是一种基于对象概念的分析方法,它将系统看作由一组相互作用的对象组成。在面向对象分析中,分析人员通过识别系统中的对象、对象之间的关系以及对象的行为来理解系统的需求和功能。面向对象分析强调系统的结构和行为,并通过使用类、对象、继承、多态等概念来描述系统的静态和动态特性。面向对象分析的主要目标是确定系统的对象模型,为后续的设计和实现提供基础。

结构化分析是一种基于数据流和数据存储的分析方法,它将系统看作由一组相互作用的模块组成。在结构化分析中,分析人员通过识别系统中的数据流、数据存储和处理模块来理解系统的需求和功能。结构化分析强调系统的数据流和处理逻辑,并通过使用数据流图、数据字典、结构图等工具来描述系统的结构和行为。结构化分析的主要目标是确定系统的模块结构和数据流程,为后续的设计和实现提供基础。

面向对象分析和结构化分析都是软件系统分析的重要方法,它们各有优势和适用场景。面向对象分析适用于需求较为复杂、系统结构较为灵活的情况,能够更好地支持系统的扩展和维护;而结构化分析适用于需求相对简单、系统结构相对固定的情况,能够更好地支持系统的可靠性和可维护性。在实际应用中,可以根据具体的项目需求和团队技术水平选择合适的分析方法。

7.2 面向对象分析方法

本节讲述面向对象分析过程和面向对象分析原则。

7.2.1 面向对象分析过程

面向对象的分析主要以用例模型为基础。开发人员在收集到的原始需求的基础上,通过构建用例模型得到系统的需求,进而通过对用例模型的完善,使得需求得到改善。用例模型不仅包括用例图,还包括与用例图相关的文字性描述。因此,在绘制完用例图后,还要对每个用例的细节进行详细的文字性说明。用例指系统中的一个功能单元,可以描述为参与者与系统之间的一次交互。用例常被用来收集用户的需求。

画用例图时,首先要找到系统的操作者,即用例的参与者。参与者指在系统之外,透过系统边界与系统进行有意义交互的任何事物。"在系统之外"指参与者本身并不是系统的组成部分,而是与系统进行交互的外界事物。这种交互应该是"有意义"的交互,即参与者向系统发出请求后,系统要给出相应的回应。而且,参与者并不限于人,也可以是时间、温度和其他系统等,例如,目标系统需要每隔一段时间就进行一次系统更新,那么时间就是参与者。

可以把参与者执行的每一个系统功能都看作一个用例。可以说,用例描述了系统的功能,涉及系统为了实现一个功能目标而关联的参与者、对象和行为。在识别用例时,要注意用例是由系统执行的,并且用例的结果是参与者可以观测到的。用例是站在用户的角度对系统进行的描述,所以描述用例要尽量使用业务语言,而不是技术语言。关于用例模型的详细创建方法,附录 A"软件开发综合案例:问卷星球"中会进行介绍。有关用例图的详细内容可参见 6.3.1 节。

确定了系统的所有用例之后,就可以开始识别目标系统中的对象和类了。把具有相似属性和操作的对象定义为一个类。属性定义对象的静态特征,一个对象往往包含很多属性,例如,教师的属性可能有姓名、年龄、职业、性别、身份证号码、籍贯、民族和血型等。目标系统不可能关注对象的所有属性,而只考虑与业务相关的属性,例如,在"教学信息管理"系统中,可能就不会考虑教师的籍贯、民族和血型等属性。操作定义了对象的行为,并以某种方式修改对象的属性值。

通常,需要先找出所有的候选类,然后从候选类中剔除那些与问题域无关的、非本质的东西。有一种查找候选类的方法,这种方法可以分析书写的需求陈述,将其中的名词作为候选类,将描述类的特征的形容词等作为属性,将动词作为类的服务(操作)的候选者。之后,剔除其中不必要的、不正确的、重复的内容,以确定类、对象以及其相互的关系。

目标系统的类可以划分为边界类、控制类和实体类。

- 边界类代表了系统及其参与者的边界,描述参与者与系统之间的交互。它更加关注系统的职责,而不是实现职责的具体细节。通常,界面控制类、系统和设备接口类都属于边界类。边界类如图 7-1 所示。
- 控制类代表了系统的逻辑控制,描述一个用例所具有的事件流的控制行为,实现对用例行为的封装。通常,可以为每个用例定义一个控制类。控制类如图 7-2 所示。
- 实体类描述了系统中必须存储的信息及相关的行为,通常对应于现实世界中的事物。实体类如图 7-3 所示。

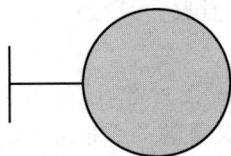

图 7-1　边界类

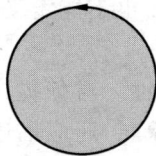

图 7-2　控制类

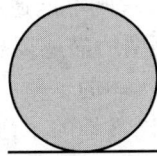

图 7-3　实体类

面向对象分析建模

确定了系统的类和对象之后,就可以分析对象或类之间的关系了。对象或类之间的关系有依赖、关联、聚合、组合、泛化和实现。

(1)依赖关系是"非结构化"和短暂的关系,表明某个对象会影响另外一个对象的行为或服务。

(2)关联关系是"结构化"的关系,描述对象之间的连接。

(3)聚合关系和组合关系是特殊的关联关系,它们强调整体和部分之间的从属性。组合是聚合的一种形式,组合关系对应的整体和部分具有很强的归属关系和一致的生命期,例如,计算机与显示器的关系就是聚合关系,大雁与其翅膀的关系就是组合关系。

(4)泛化关系与类之间的继承关系类似。

(5)实现关系是针对类与接口的关系。

有关类图与对象图的详细内容可参见 6.3.2 节。

明确了对象、类和类之间的层次关系之后,需要进一步识别出对象之间的动态交互行为,即系统响应外部事件或操作的工作过程。一般采用顺序图将用例和分析的对象联系在一起,描述用例的行为是如何在对象之间分布的,也可以采用协作图、状态图或活动图。有关顺序图、协作图、状态图和活动图的详细内容,可参见 6.4.1 节~6.4.4 节。

最后,需要将需求分析的结果用多种模型图表示出来,并对其进行评审。由于需求分析是一个循序渐进的过程,因此合理的分析模型需要多次迭代才能得到。面向对象需求分析的流程如图 7-4 所示。

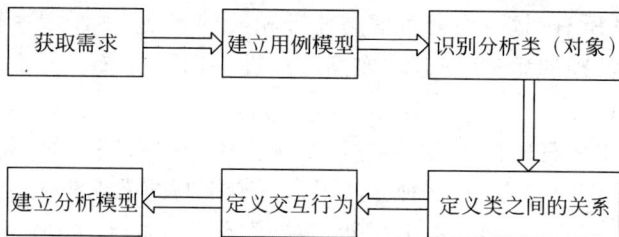

图 7-4   面向对象需求分析的流程

7.2.2　面向对象分析原则

面向对象分析的基础是对象模型。对象模型由问题域中的对象及其相互的关系组成。首先要根据系统的功能和目的对事物抽象其相似性,抽象时可根据对象的属性、服务来表达,也可根据对象之间的关系来表达。

面向对象分析的原则如下。

1. 定义有实际意义的对象

特别要注意的是,一定要把在应用领域中有意义的、与所要解决的问题有关系的所有事物作为对象,既不能遗漏所需的对象,也不能定义与问题无关的对象。

2. 模型的描述要规范、准确

强调实体的本质,忽略无关的属性。对象描述应尽量使用现在时态、陈述性语句,避免模糊的有二义性的术语。在定义对象时,还应描述对象与其他对象的关系以及背景信息等。

例如,在学校图书馆图书借阅管理系统中,"学生"类的属性可包含学号、姓名、性别、年龄、借书日期、图书编号、还书日期等,还可以定义"学生"类的属性——所属的"班级"。新生入学时,在读者数据库中以班级为单位插入新生的读者信息。当这个班级的学生毕业时,可以从读者数据库中删除该班的所有学生,但是在这个系统中没有必要把学生的学习成绩、家庭情况等作为属性。

3. 共享性

面向对象技术的共享有不同级别。例如,同一类共享属性和服务、子类继承父类的属性和服务、在同一应用中的共享类及其继承性、通过类库实现在不同应用中的共享等。

同一类的对象有相同的属性和服务。对不能抽象为某一类的对象实例,要明确地排斥。

例如,学生进校后,学校要将学生分为若干班级,"班级"是一种对象类,"班级"通常有编号。同一年进校,学习相同的专业,同时学习各门课程,一起参加各项活动的学生,有相同的班长、相同的班主任,班上学生按一定的顺序编排学号等。同一年进校、不同专业的学生不在同一班级。同一专业、不是同一年进校的学生不在同一班级。有时,一个专业,同一届学生人数较多,可分为几个班级,这时,不同班级的编号不相同。例如,2018 年入学的软件工程系(代号 11)软件技术专业(代号 12)的 1 班,用 1811121 作为班级号,2018 年入学的软件技术专业 2 班用 1811122 作为班级号。

4. 封装性

所有软件组件都有明确的范围及清晰的外部边界。每个软件组件的内部实现和界面接口分离。

7.2.3　面向对象分析与面向对象设计的关系

设计阶段的任务是及时将分析阶段得到的需求转变成符合各项要求的系统实现方案。与面向过程的方法不同的是,面向对象的方法不强调对需求分析和软件设计的严格区分。实际上,面向对象的需求分析和面向对象的设计活动构成了一个连续且反复迭代的过程,相互促进、共同完善。从分析到设计,是一个逐渐扩充、细化和完善分析阶段所得到的各种模型的过程。从严格意义上来讲,从面向对象分析到面向对象设计不存在转换问题,而是同一种表示方法在不同范围的运用。面向对象设计也不仅是对面向对象分析模型进行细化。

面向对象分析到面向对象设计是一个平滑的过渡,即没有间断、明确的分界线。面向对象分析建立系统问题域的对象模型,而面向对象设计建立求解域的对象模型,都是建模,但两者的性质必定不同。分析建模与系统的具体实现无关,设计建模则要考虑系统的具体实现环境的约束,如要考虑系统准备使用的编程语言、可用的组件库(主要是类库)以及软件开发人员的编程经验等约束问题。

7.3　面向对象建模

在面向对象的分析中,通常需要建立 3 种形式的模型,分别是描述系统数据结构的对象模型、描述系统控制结构的动态模型,以及描述系统功能的功能模型。这 3 种模型都与数据、控制、操作等相关,但每种模型描述的侧重点却不同。这 3 种模型从 3 个不同但又密切相关的角度模拟目标系统,它们各自从不同侧面反映了系统的实质性内容,综合起来则全面地反映了对目标系统的需求。一个典型的软件系统通常包括数据结构(对象模型)、执行操作(动态模型)、完成数据值的变化(功能模型)。

在面向对象的分析中,需要解决的问题不同,这 3 种模型的重要程度也不同。一般来说,解决任何一个问题,都需要从客观世界实体及实体之间的相互关系抽象出极有价值的对象模型。当问题涉及交互作用和时序时(如用户界面及过程控制等),则需要构造动态模型。当解决运算量很大的问题时(如高级语言编译、科学与工程计算等),则需要构造功能模型。动态模型和功能模型中都包含对象模型中的操作(即服务或方法)。在整个开发过程中,这 3 种模型一直都在发展和完善。在面向对象分析过程中,需要构造出完全独立于实现的应用域模型。在面向对象设计过程中,需要将求解域的结构逐渐加入模型。在实现阶段,需要将应用域和求解域的结构都转换成程序代码并进行严格测试验证。

下面分别介绍如何建立这 3 种模型。

观看视频:
建立网上
计算机销
售系统的
静态模型
(对象模型)

7.3.1 建立对象模型

面向对象分析首要的工作是建立问题域的对象模型。这个对象模型描述了现实世界中的"类与对象"以及它们之间的关系,表示了目标系统的静态数据结构。静态数据结构对具体细节依赖较少,比较容易确定。当用户的需求有所改变时,静态数据结构相对来说比较稳定。因此,在面向对象的分析中,都是先建立对象模型,然后建立动态模型和功能模型,对象模型为建立动态模型和功能模型提供了实质性的框架。

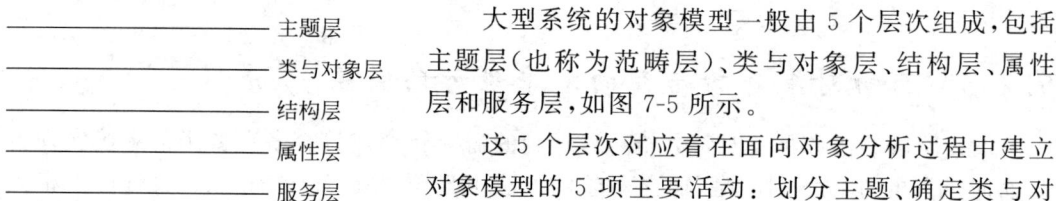

图 7-5 大型系统对象模型的 5 个层次

大型系统的对象模型一般由 5 个层次组成,包括主题层(也称为范畴层)、类与对象层、结构层、属性层和服务层,如图 7-5 所示。

这 5 个层次对应着在面向对象分析过程中建立对象模型的 5 项主要活动:划分主题、确定类与对象、确定结构、确定属性、确定服务。实际上,这 5 项活动没有必要按照一定的顺序来完成,也没有必要在完成一项活动以后再开始另外一项活动。尽管这 5 项活动的抽象层次不同,但是在进行面向对象分析时没有必要严格遵守自顶向下的原则。这些活动可指导分析人员从高的抽象层(如问题域的类及对象)过渡到越来越低的抽象层(结构、属性和服务)。

1. 划分主题

1) 主题

在开发大型、复杂系统的过程中,为了降低复杂程度,分析人员往往将系统进一步划分成几个不同的主题,也就是将系统包含的内容分解成若干范畴。

在面向对象的分析中,主题就是将一组具有较强联系的类组织在一起形成的类的集合。主题一般具有以下几个特点。

- 主题是由一组具有较强联系的类组成的集合,但主题自身并不是一个类。
- 一个主题内部的类之间往往具有某种意义上的内在联系。
- 主题的划分一般没有固定的规则,如果侧重点不同可能会得到不同的主题划分。

主题的划分主要有以下两种方式。

- 自底向上划分方式。首先建立类,然后将类中关系较密切的类组织为一个主题。如果主题数量还是很多,这时可以将联系较强的小主题组织为大主题。注意,通常系统中最上层的主题数为 5~9 个。小型系统或中型系统经常会用到自底向上划分方式。

- 自顶向下划分方式。首先分析系统,确定几个大的主题,每个主题相当于一个子系统。然后对这些子系统分别进行面向对象分析,将具有较强联系的类分别分配到相应的子系统中。最后可将各个子系统合并为一个大的系统。大型系统经常会用到自顶向下划分方式。

在开发很小的系统时,也许根本就没有必要引入主题层。对于含有较多类的系统,则常常先识别出类与对象和关联,然后划分主题。对于规模较大的系统,则首先由分析人员大概地识别类与对象和关联,然后初步划分主题,经进一步分析,对系统结构有更深入的了解之后,则可再进一步修改或精炼主题。

一般来说,应该按照问题领域而不是用功能分解的方法来确定主题。此外,应该按照使不同主题内的类相互依赖程度最低和交互最少的原则来确定主题。主题可以使用 UML 中的包来展现。

例如,对于"小型网上书店系统",可以将其划分为如下主题:登录注册、浏览图书、会员购书、订单管理和图书管理。

2) 主题图

主题划分后,最终可以形成一个完整的类图和一个主题图。

主题图一般有如下 3 种表示方式。

- 展开方式。将关系较密切的类画在一个框内,框的每个角标上主题号,框内是详细的类图,标出每个类的属性和服务以及类之间的详细关系。
- 压缩方式。将每个主题号及主题名分别写在一个框内。
- 半展开方式。将每个框内主题号、主题名及该主题中所含的类全部列出。

主题图的压缩方式是为了展示系统的总体情况,而主题图的展开方式是为了展示系统的详细情况。

下面举一个关于商品销售管理系统主题图的示例。

商品销售管理系统是商场管理系统的一个子系统,要求具有如下功能:为每种商品编号,以及记录商品的名称、单价、数量和库存的下限等。营业员(收款员)接班后要登录和售货,以及将顾客选购的商品输入购物清单、计价、收费、打印购物清单及统计信息,交班时要进行结账和交款。此系统能够帮助供货员发现哪些商品的数量已达到安全库存量、即将脱销,以及需要及时供货等。账册用来统计商品的销售量、进货量、库存量,以及结算资金并向上级报告。上级可以发送信息,例如,要求报账和查账,以及增删商品种类或变更商品价格等。

观看视频:
商品销售
管理系统
的面向对象
需求分析

通过分析,可确定一些类,包括营业员、销售事件、账册、商品、商品目录、供货员和上级系统接口等,并将它们的属性和服务标识在图中。这些对象类之间的所有关系也可以在图中标出,这样就可以得出一个完整的类图。"账册"类与"销售事件"类之间的关系是一种聚合关系。"商品目录"类与"商品"类之间的关系也是一种聚合关系。

分析此系统,可将其中关系比较密切的类画在一个框里。例如,营业员、销售事件与账册关系比较密切;商品与商品目录关系比较密切;供货员和上级系统接口与营业员之间的关系较远,但是供货员与上级系统接口有一个共同之处,就是都可以看成系统与外部的接口。这里将关系较密切的类画在一个框内,框的每个角标上主题号,就得到了此系统展开方式的主题图,如图 7-6(a)所示。如果将每个主题号及主题名分别写在一个框内,就得到了此系统压缩方式的主题图,如图 7-6(b)所示。如果将主题号、主题名及该主题中所含的类全部列出,就得到了此系统半展开方式的主题图,如图 7-6(c)所示。

主动对象是一组属性和一组服务的封装体,其中至少有一个服务不需要接收消息就能主动执行(称为主动服务),主动对象用加粗的边框来标识。商品销售管理系统中营业员就是一个主动对象,它的主动服务就是登录、销售和结账;上级系统接口也是主动对象,它可以对商场各部门发送消息,进行各种管理,如图 7-6(a)所示。

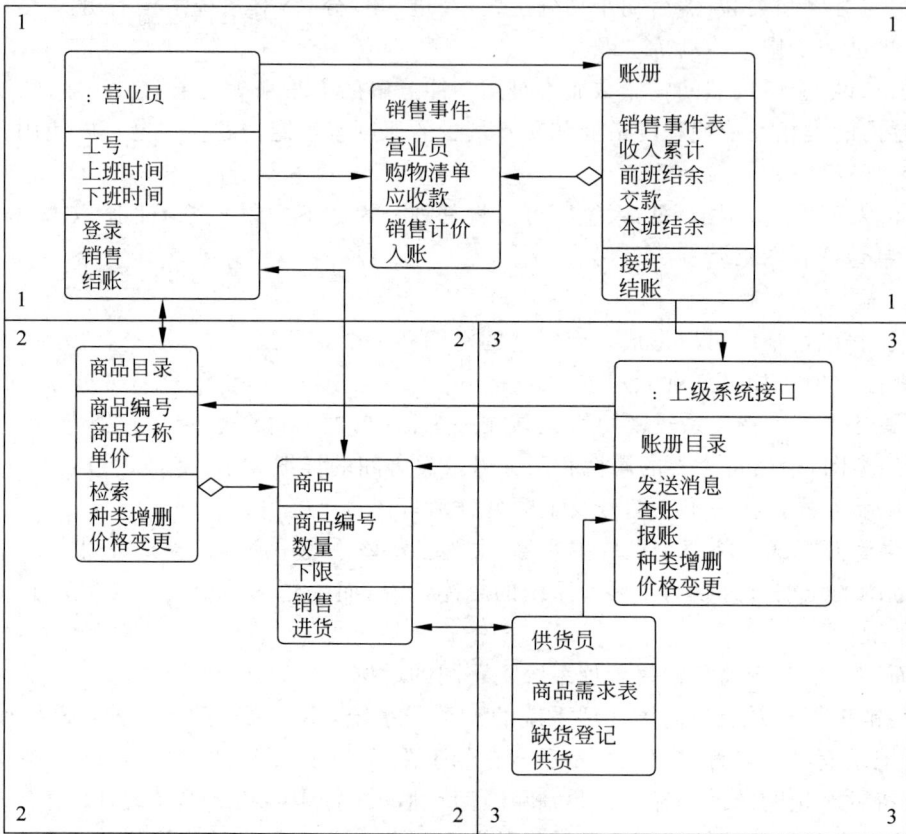

(a) 商品销售管理系统展开方式的主题图

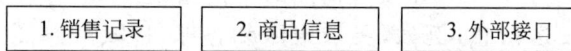

1. 销售记录	2. 商品信息	3. 外部接口

(b) 商品销售管理系统压缩方式的主题图

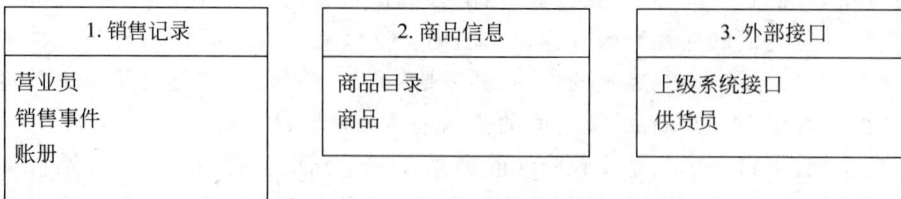

1. 销售记录	2. 商品信息	3. 外部接口
营业员 销售事件 账册	商品目录 商品	上级系统接口 供货员

(c) 商品销售管理系统半展开方式的主题图

图 7-6　商品销售系统

2. 确定类与对象

1）找出候选的类与对象

在确定类与对象时，常常是要找出候选的类与对象，之后从这些候选的类与对象中筛选掉不正确的或不必要的类与对象。常用的找出候选的类与对象的方法有以下两个。

（1）名词识别法。

分析人员可以根据需求的文字陈述中出现的名词或名词短语来提取候选的类与对象。例如，超市收付费结算终端系统的部分需求陈述是这样的："顾客带着所要购买的商品到超市的一个收付费结算终端（终端设在门口附近），收付费结算终端负责接收数据、显示数据和打印购物单；收银员与收付费结算终端交互，通过收付费结算终端输入每项商品的通用产品代码，如果出现多个同类商品，收银员还要输入该商品的数量；系统确定商品的价格，并将商品代码、数量信息加入正在运行的系统；最终该系统显示当前商品的描述信息和价格。"

仔细分析上面的需求陈述，虽然这里用下画线识别出名词或名词短语，但最终并没有将所有的名词或名词短语作为候选的类，而是有所取舍。例如，"系统"指待开发的软件，所以不能作为实体类；"通用产品代码""数量""价格"是商品的属性，所以它们也不是实体类；最终，上述需求陈述中的候选类为"顾客""商品""收付费结算终端""购物单""收银员"。

（2）系统实体识别法。

系统实体识别法是根据预先定义的概念类型列表，逐渐判断系统中是否有对应的实体对象。一般来说，客观实体可分为以下5类。

- 可感知的物理实体，如计算机、旅行包、桌子等。
- 人或组织的角色，如经理、管理员、供应处等。
- 应该记忆的事件，如取款、旅行、聚会等。
- 两个或多个事件的相互作用，如谈话、上课等。
- 需要说明的事件，如交通法、招生简章等。

通过尝试系统中是否存在这些类型的实体或将这些实体与名词识别法得到的类进行对比，就可以确定系统中的类。例如，对超市收付费结算终端系统逐项进行比较，来判断系统中是否有对应的实体类，识别结果如下。

- 可感知的物理实体：收付费结算终端、商品。
- 人或组织的角色：顾客、收银员。
- 应该记忆的事件：购物单。
- 两个或多个事件的相互作用：没有。
- 需要说明的事件：没有。

2）筛选出正确的类与对象

筛选过程主要依据下列标准来删除不正确或不必要的类和对象。

- 冗余：如果两个类表达同样的信息，则应选择那个更合理的。
- 无关：系统只需要包含与本系统密切相关的类或对象。
- 笼统：将系统中笼统的名词类或对象去掉。
- 属性：在系统中，如果某个类只有一个属性，则可以考虑将它作为另一个类的属性。
- 操作：需求陈述中如果有一些既可作动词也可作名词的词，应该根据本系统的要求，确定将它们作为类还是类中的操作。

面向对象分析建模

- 实现：分析阶段不应过早地考虑系统的实现问题，所以应该去掉只与实现有关的候选的类或对象。

使用上述方法对超市收付费结算终端系统进行分析，最终确定的类的对象为"顾客""商品""收付费结算终端""购物单""收银员"。

3. 确定结构

结构层用于定义类之间的层次结构关系，如"一般-特殊"结构（即继承结构等）。

4. 确定属性

属性的确定既与问题域有关，也与目标系统的任务有关。应该仅考虑与具体应用直接相关的属性，不要考虑那些超出所要解决问题范围的属性。在分析过程中应该首先找出最重要的属性，以后再逐渐把其余属性增添进去。在面向对象分析阶段，不要考虑那些纯粹用于实现的属性。

标识属性的启发性准则如下。

（1）每个类至少需包含一个属性。

（2）属性取值必须适合类的所有实例。例如，属性"红色的"并不属于所有的汽车，有的汽车的颜色不是红色的，这时可建立汽车的泛化结构，将不同的汽车划分到"红色的汽车"和"非红色的汽车"这两个子类中。

（3）出现在泛化关系中的类所继承的属性必须与泛化关系一致。

（4）系统的所有存储数据必须定义为属性。

（5）类的导出属性应当略去。例如，属性"北京"是由属性"出生地"导出的，所以它不能作为基本属性存在。

（6）在分析阶段，如果某属性描述了类的外部不可见状态，应将该属性从分析模型中删去。

需要注意以下问题。

（1）误把对象当作属性。

（2）误把关联类的属性当作对象的属性。

（3）误把内部状态当成属性。

（4）过于细化。

（5）存在不一致的属性。

（6）属性不能包含一个内部结构。

（7）属性在任何时候只能有一个在其允许范围内的确切的值。

实际上，属性应放在哪一个类中还是很明显的。通用的属性应放在泛化结构中较高层的类中，而特殊的属性应放在较低层的类中。

实体-关系图中的实体可能对应于某一个类。这样，实体的属性就会简单地成为类的属性。如果实体（如学校）不只对应于一个类，那么这个实体的属性必须分配到分析模型的不同的类之中。

下面举一个例子来说明如何确定属性和方法。

一个多媒体商店的销售系统要处理两类媒体文件：图像文件（ImageFile）和声音文件（AudioFile）。每个媒体文件都有名称和唯一的编码，而且文件包含作者信息和格式信息，声音文件还包含声音文件的时长（以秒为单位）。假设每个媒体文件可以由唯一的编码所识别,系统要提供以下功能。

(1) 可以添加新的特别媒体文件。

(2) 通过给定的文件编码查找需要的媒体文件。

(3) 删除指定的媒体文件。

(4) 统计系统中媒体文件的数量。

请考虑 ImageFile 类和 AudioFile 类应该具有哪些恰当的属性和方法(服务)。

根据上述问题,分析如下。

根据类(媒体文件)所具有的信息,ImageFile 应该具有 id(唯一的编码)、author(作者信息)、format(格式信息);此外,为了方便文件处理,还应该具有 source(文件位置)属性。这些属性都有相应的存取方法。考虑到添加/删除,ImageFile 类还应该有带参数的构造方法和一个按 id 删除的方法。考虑到查找功能,ImageFile 类需要一个 findById()方法。为了实现统计功能,ImageFile 类需要一个类方法 count()。

AudioFile 的属性除 ImageFile 具有的属性之外还需要一个 Double 类型的 duration 用来描述时长,duration 也有其相应的存取方法。AudioFile 的方法与 ImageFile 的方法基本相同,除了构造函数的参数列表,还需要在 ImageFile 基础上加上 duration、getDuration()和 setDuration()。

ImageFile 类、AudioFile 类具体的属性和方法分别如图 7-7 和图 7-8 所示。

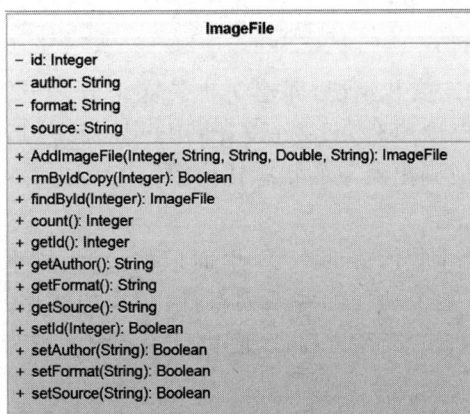

ImageFile
– id: Integer
– author: String
– format: String
– source: String
+ AddImageFile(Integer, String, String, Double, String): ImageFile
+ rmById Copy(Integer): Boolean
+ findById(Integer): ImageFile
+ count(): Integer
+ getId(): Integer
+ getAuthor(): String
+ getFormat(): String
+ getSource(): String
+ setId(Integer): Boolean
+ setAuthor(String): Boolean
+ setFormat(String): Boolean
+ setSource(String): Boolean

AudioFile
– id: Integer
– author: String
– format: String
– duration: Double
– source: String
+ AddAudioFile(Integer, String, String, Double, String): AudioFile
+ rmById(Integer): Boolean
+ findById(Integer): AudioFile
+ count(): Integer
+ setId(Integer): Boolean
+ setAuthor(String): Boolean
+ setFormat(String): Boolean
+ setDuration(Double): Boolean
+ setSource(String): Boolean
+ getId(): Integer
+ getAuthor(): String
+ getFormat(): String
+ getDuration(): Double
+ getSource(): String

图 7-7　ImageFile 类具体的属性和方法　　　　图 7-8　AudioFile 类具体的属性和方法

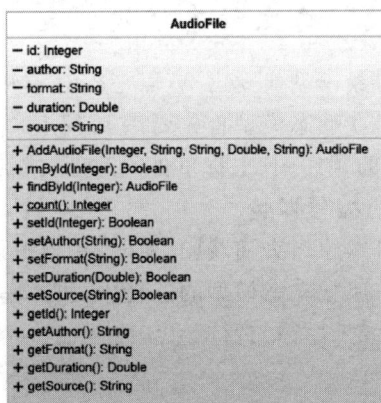

5. 确定服务

"对象"(类)是由描述其属性的数据以及可以对这些数据施加的操作(即方法或服务)封装在一起构成的独立单元。如果要建立完整的对象模型,既需要确定类中应该定义的属性,又需要确定类中应该定义的服务。由于动态模型和功能模型更明确地描述了每个类中应该提供哪些服务,因此需要等到建立了这两种模型之后,才能最终确定类中应有的服务。实际上,在确定类中应有的服务时,既要考虑该类实体的常规行为,又要考虑在本系统中需要的特殊服务。

识别类的操作时要特别注意以下几类。

(1) 注意只有一个操作或操作很少的类。也许这个类是合法的,可以考虑将它与其他类合并为一个类。

面向对象分析建模

（2）注意没有操作的类。没有操作的类也许没有存在的必要，其属性可归于其他类。

（3）注意操作太多的类。一个类的责任应当限制在一定的数量内，操作太多将导致维护复杂，因此应尽量将这样的类重新分解。

具体可参见前述例子中的 ImageFile 类和 AudioFile 类。

类的服务与对象模型中的属性和关联的查询有关，与动态模型中的事件有关，与功能模型的处理有关。通过分析，可将这些服务添加到对象模型中去。

类的服务主要有以下几种。

（1）对象模型中的服务。对象模型中的服务都具有读和写的属性值。

（2）从事件导出的服务。在状态图中，事件可以看作信息从一个对象到另一个对象的单向递送，发送消息的对象可能需要等待对方的答复，而对方可答复也可不答复事件。这种状态的转换、对象的答复等所对应的就是操作（服务）。所以事件对应于各个操作（服务），同时还可以启动新的操作（服务）。

（3）来自状态动作和活动的服务。状态图中的活动和动作可能是操作，应该定义成对象模型的服务。

（4）与数据流图中处理框对应的操作。数据流图中的每个处理框都与一个对象（也可能是若干对象）上的操作相对应。应该仔细对照状态图和数据流图，以便更正确地确定对象应该提供的服务，并将其添加到对象模型的服务中去。

7.3.2　建立动态模型

对象模型建立后，就需考察对象和关系的动态变化情况，即建立动态模型。

建立动态模型首先要编写脚本，从脚本中提取事件，设想（设计）用户界面，然后画出UML 的顺序图（也称事件跟踪图）或活动图，最后画出对象的状态转换图。

1. 编写脚本

脚本原指表演戏剧、话剧，拍摄电影、电视剧等所依据的本子，里面记载台词、故事情节等。在建立动态模型的过程中，脚本是系统执行某个功能的一系列事件，脚本描述用户（或其他外部设备）与目标系统之间的一个或多个典型的交互过程，以便对目标系统的行为有更具体的认识。

脚本通常始于一个系统外部的输入事件，终于一个系统外部的输出事件。它可以包括发生在此期间的系统所有的内部事件（包括正常情况脚本和异常情况脚本）。

编写脚本的目的是保证不遗漏系统功能中重要的交互步骤，有助于确保整个交互过程的正确性和清晰性。

例如，下面陈述的是客户在 ATM 上取款（功能）的脚本。

（1）客户将卡插入 ATM。

（2）ATM 显示欢迎消息并提示客户输入密码。

（3）客户输入密码。

（4）ATM 确认密码是否有效。如果无效则执行子事件流 a；如果与主机连接有问题，则执行异常事件流 e。

（5）ATM 提供选项：存钱、取钱、查询。

（6）客户选择"取钱"选项。

（7）ATM 提示输入所取金额。

（8）客户输入所取金额。

（9）ATM 确定该账户是否有足够的金额。如果余额不够,则执行子事件流 b;如果与主机连接有问题,则执行异常事件流 e。

（10）ATM 从客户账户中减去所取金额。

（11）ATM 向客户提供要取的钱。

（12）ATM 打印清单。

（13）ATM 退出客户的卡,脚本结束。

子事件流 a 具体如下。

a1. 提示客户输入无效密码,请求再次输入。

a2. 如果 3 次输入无效密码,系统自动关闭,退出客户银行卡。

子事件流 b 具体如下。

b1. 提示用户余额不足。

b2. 返回脚本步骤(5),等待客户重新选择。

执行异常事件流 e 的描述省略。

2. 设想(设计)用户界面

在面向对象分析阶段不能忽略用户界面的设计,这个阶段用户界面的细节并不太重要,重要的是在这种界面下的信息交换方式。因此,应该快速建立用户界面原型,供用户试用与评价。

图 7-9 所示为初步设计出的"某测试平台"的一个用户界面。

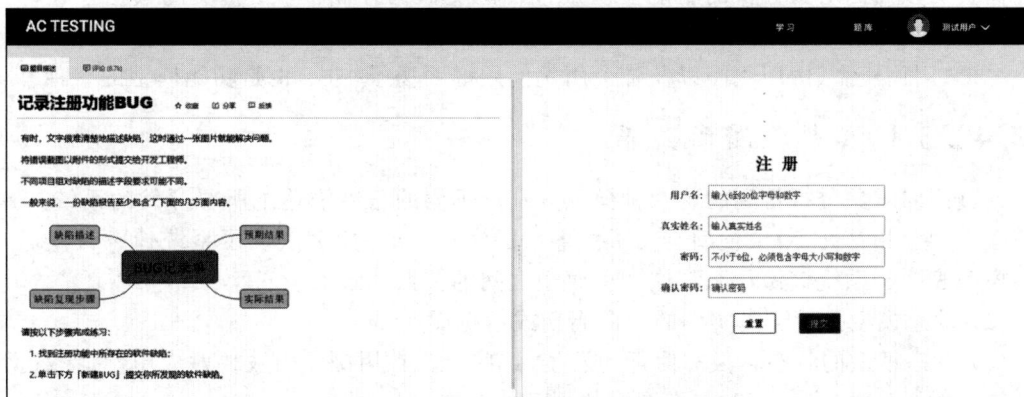

图 7-9　初步设计出的"某测试平台"的一个用户界面

3. 画 UML 顺序图或活动图

尽管脚本为建立动态模型奠定了必要的基础,但是,用自然语言书写的脚本往往不够简明,而且有时在阅读时会产生二义性。为了有助于建立动态模型,通常在画状态图之前先画出顺序图或活动图。

有关如何画顺序图或活动图的具体内容可参见 6.4.1 节或 6.4.4 节。

4. 画状态图

有关如何画状态图的具体内容可参见 5.1.3 节和 6.4.3 节。

7.3.3　建立功能模型

功能模型表明了系统中数据之间的依赖关系,以及有关的数据处理功能,它由一组数据流图组成。数据流图中的处理对应于状态图中的活动或动作,数据流对应于对象图中的对象或属性。

建立功能模型的步骤如下。

(1)确定输入和输出值。

(2)画数据流图。

(3)确定服务。

1. 确定输入和输出值

有关这一部分的内容请参见 4.3.1 节。

2. 画数据流图

功能模型可用多张数据流图来表示。有关这一部分的内容请参见 4.3.1 节。

在面向对象分析中,数据源一般是主动对象,它通过生成或使用数据来驱动数据流。数据终点接收数据的输出流。数据流图中的数据存储是被动对象,本身不产生任何操作,只响应存储和访问数据的要求。输入箭头表示增加、更改或删除所存储的数据,输出箭头表示从数据存储中查找信息。

需要强调的是,结构化分析的功能建模中使用的数据流图与面向对象分析的功能模型中使用的数据流图是有差别的,主要在于数据存储的含义可能不同。在结构化分析的功能建模中,数据存储几乎都是文件或数据库,而在面向对象分析的功能模型中,类也可以是数据存储。所以面向对象分析的功能模型中包含两类数据存储:一个是类的数据存储,另一个是不属于类的数据存储。

另外,用例模型(由用例图以及各个用例使用说明场景构成)也是功能模型的一种。

7.3.4　3 种模型之间的关系

通过面向对象分析得到的这 3 种模型分别从不同的角度描述了所要开发的系统。这 3 种模型之间互相补充,对象模型定义了做事情的实体,动态模型表明了系统什么时候做,而功能模型表明了系统该做什么。这 3 种模型之间的关系如下。

(1)动态模型描述了类实例的生命周期或运行周期。

(2)动态模型的状态转换驱使行为发生,这些行为在用例图中被映射成用例,在数据流图中被映射成处理,它们同时与类图中的服务相对应。

(3)功能模型中的用例对应于复杂对象提供的服务,简单的用例对应于更基本的对象提供的服务。有时一个服务对应多个用例,有时一个用例对应多个服务。

(4)功能模型数据流图中的数据流,通常是对象模型中对象的属性值,也可能是整个对象。数据流图中的数据存储,以及数据的源点或终点,通常是对象模型中的对象。

(5)功能模型中的用例可能会产生动态模型中的事件。

(6)对象模型描述了数据流图中的数据流、数据存储以及数据源点或终点的结构。

建立这几种模型,分析人员需要与用户和领域专家密切协商和配合,共同提炼和整理用户需求,最终的模型需得到用户和领域专家的确认。在分析过程中,可能需要先构建原型模型,这样与用户交流会更有效。

面向对象的分析就是用对象模型、动态模型和功能模型描述对象及其相互关系。

7.4　面向对象分析建模实例

观看视频：募捐系统的面向对象的分析与设计

【例 7-1】　采用面向对象分析方法分析下列需求。

某慈善机构需要开发一个募捐系统，已跟踪记录为事业或项目向目标群体进行募捐而组织的集体性活动。该系统的主要功能如下所述。

管理志愿者。根据募捐任务给志愿者发送加入邀请、邀请跟进、工作任务；管理志愿者提供的邀请响应、志愿者信息、工作时长、工作结果等。

确定募捐需求和收集所募捐赠（如资金及物品等）。根据需求提出募捐任务、活动请求和募捐请求，获取所募集的资金和物品。

组织募捐活动。根据活动请求，确定活动时间范围。根据活动时间，搜索可用场馆。然后根据活动时间和地点推广募捐活动，根据相应的活动信息举办活动，从募捐机构获取资金并向其发放赠品；获取和处理捐赠，根据捐赠请求，提供所募集的捐赠。

从捐赠人信息表中查询捐赠人信息，向捐赠人发送募捐请求。

【解析】

1. 建立用例模型

根据需求描述，可以找出募捐系统中存在两个参与者，即管理员和志愿者，以及 16 个用例：响应邀请，接收工作任务，发出加入邀请，邀请志愿者跟进，管理志愿者信息，发布工作任务，确定活动时间，搜索可用场馆，推广募捐活动，举办募捐活动，获取资金并发放赠品，获取并处理捐赠，向捐赠人发送募捐需求，确定募捐需求，根据请求收集并提供募捐，提出募捐任务、活动请求及募捐请求。通过分析得出的募捐系统用例图如图 7-10 所示。

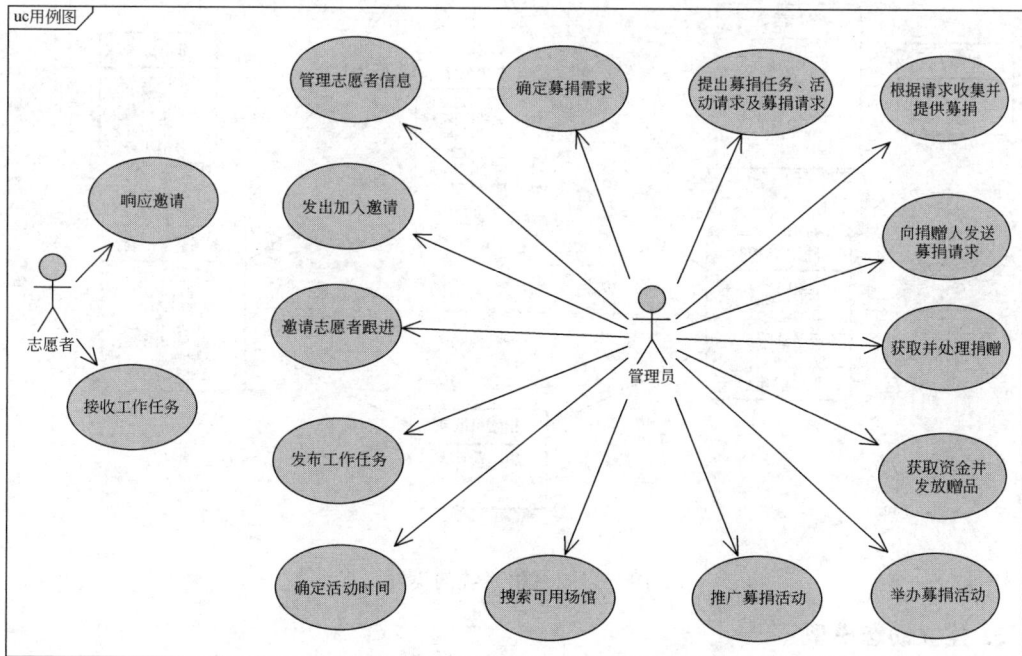

图 7-10　募捐系统的用例图

下面是对"响应邀请"用例的描述（使用场景说明）。

组织募捐活动

用例编号：1。

用例名称：响应邀请。

前置条件：管理员发送邀请。

后置条件：志愿者参与或不参与此次活动。

活动步骤：

　　1.志愿者查看邀请。

　　2.志愿者反馈给管理员是否参与。

扩展点：无。

异常处理：

　　1.如果邀请已过期，则无法响应，系统返回邀请失效。

按照这一方法可以对其他用例添加文字性描述。

2. 建立对象模型

系统可以划分为实体类、系统控制类和系统边界类。实体类用于具体的操作，系统控制类用于各种数据处理，系统边界类用来与数据库进行交互。募捐系统的类图如图 7-11 所示。详细的划分将在设计部分进行。

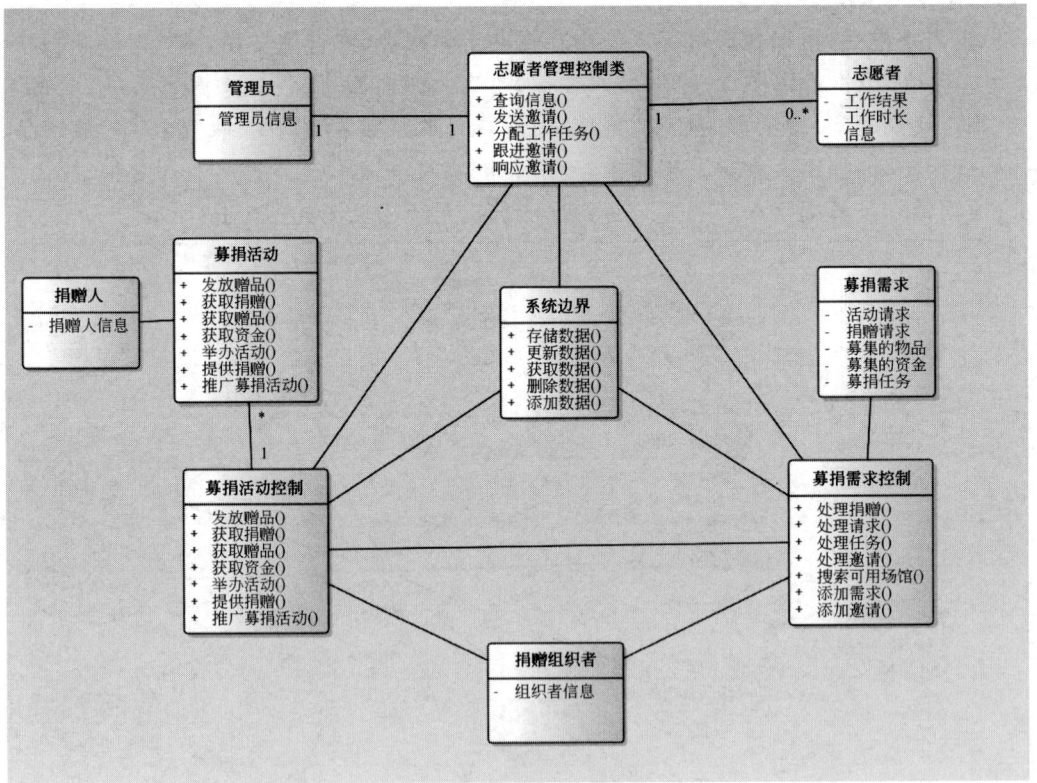

图 7-11　募捐系统的类图

3. 建立动态模型

分析可知，本系统的主要功能实现有三部分：志愿者管理、确定募捐需求和收集所募捐赠,组织募捐活动。下面分别画这三部分的顺序图。

（1）志愿者管理：设计管理员、管理用户界面、系统控制类和志愿者实体类。志愿者管理主要分为两部分,即安排志愿者工作和管理志愿者信息。安排志愿者工作包括给志愿者发送邀请、邀请跟进并发布工作任务;管理志愿者信息包括处理响应邀请的志愿者信息、记录工作时长和工作结果等。志愿者管理需求的顺序图如图 7-12 和图 7-13 所示。

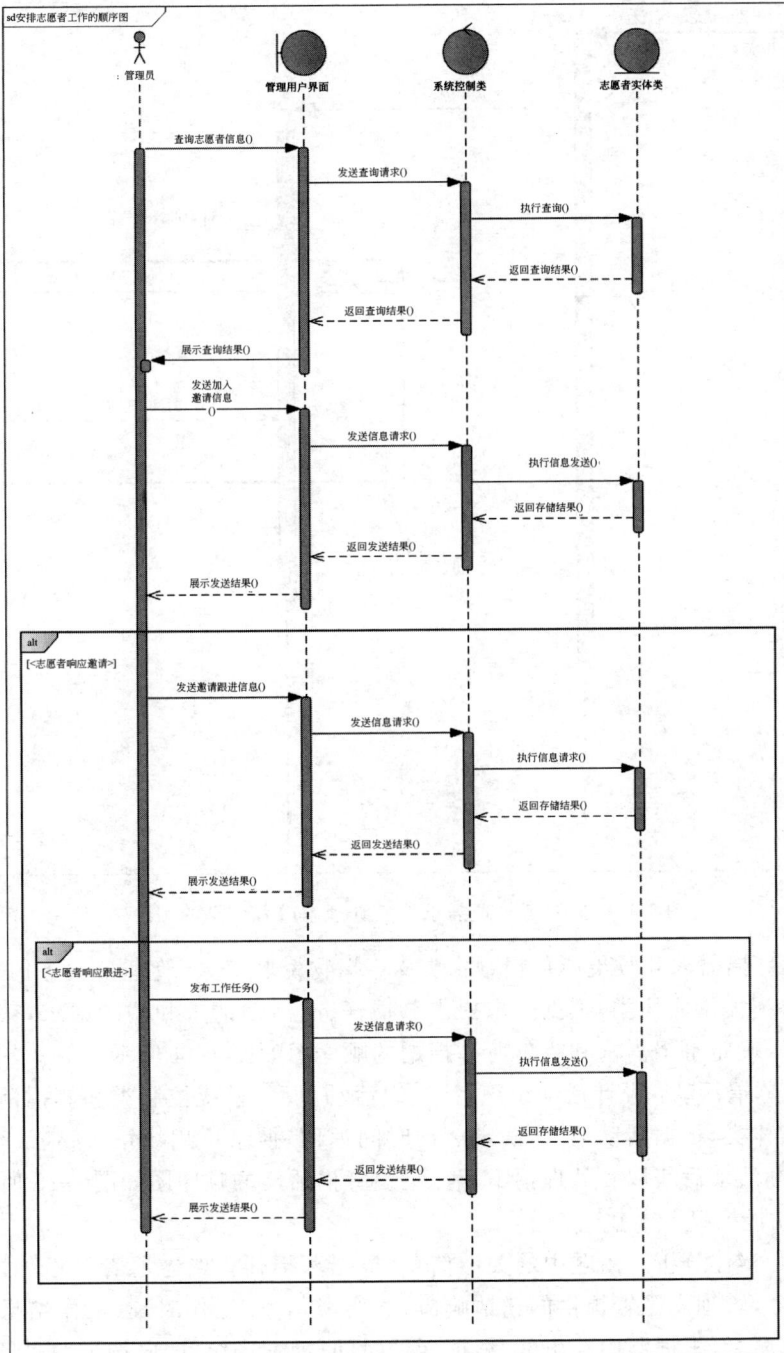

图 7-12　志愿者管理需求——安排志愿者工作的顺序图

第7章

面向对象分析建模

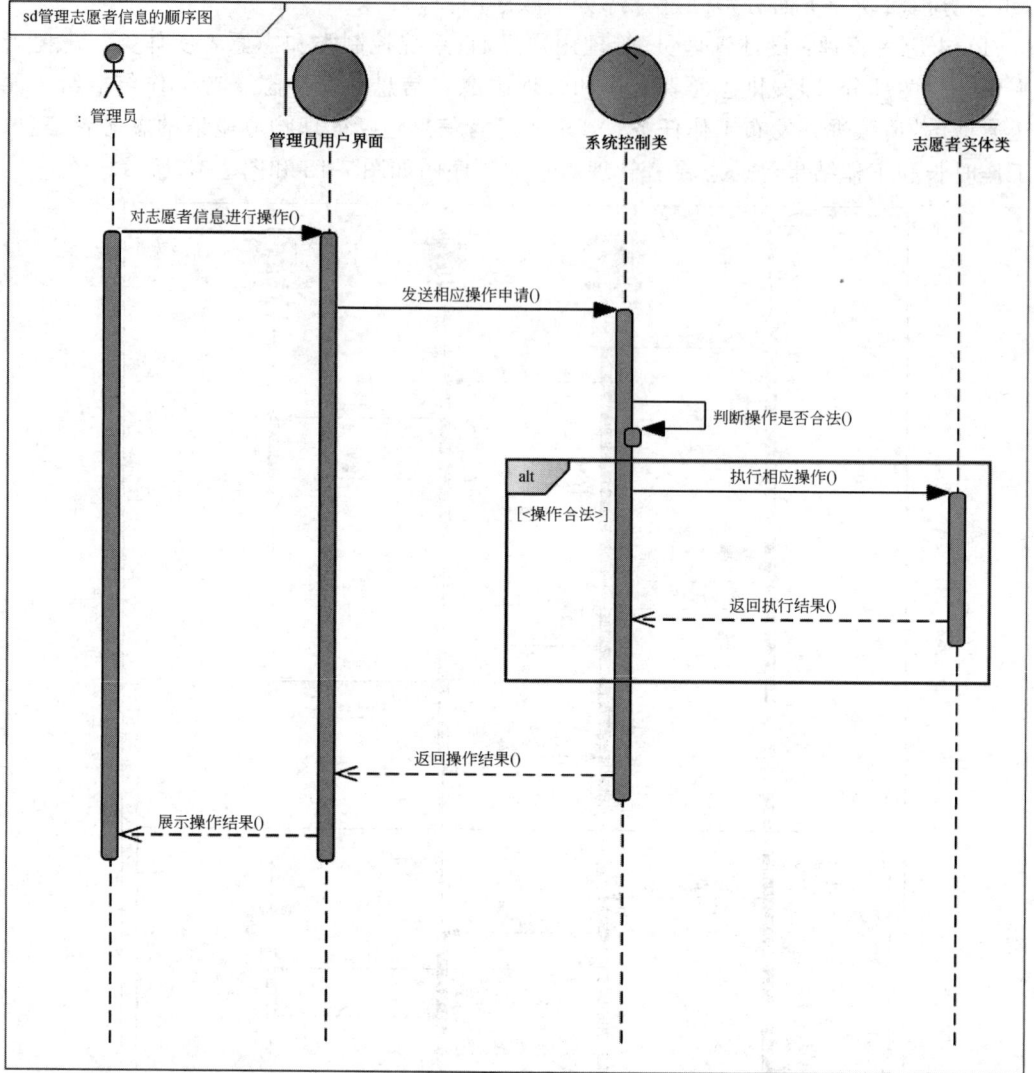

图 7-13　志愿者管理需求——管理志愿者信息的顺序图

（2）确定募捐需求和收集所募捐赠：涉及募捐物资联络人（管理员）、募捐需求界面、系统控制类和募捐需求实体类，根据需求提出募捐任务、活动请求和捐赠请求，获取所募集的资金和物品等，确定募捐需求和收集所募捐赠的顺序图如图 7-14 所示。

（3）组织募捐活动：设计活动组织者、组织活动界面、系统控制类和募捐活动实体类以及募捐需求实体类，根据活动请求，确定活动时间返回，搜索可用场馆，确定活动信息，推广募捐活动，举办活动后获取和处理捐赠等。组织募捐活动的顺序图如图 7-15 所示。

4. 建立功能模型

首先，进行实体分析。由题中的关键信息"根据募捐任务给志愿者发送加入邀请、邀请跟进、工作任务，管理志愿者提供的邀请响应、志愿者信息、工作时长、工作结果等"，可知应有一实体为志愿者，根据题中给出的"根据活动时间，搜索场馆，即向场馆发送场馆可用性请求，获得场馆可用性"等关键信息，则必定有另一个实体为场馆。基于题干中给出的"根据相

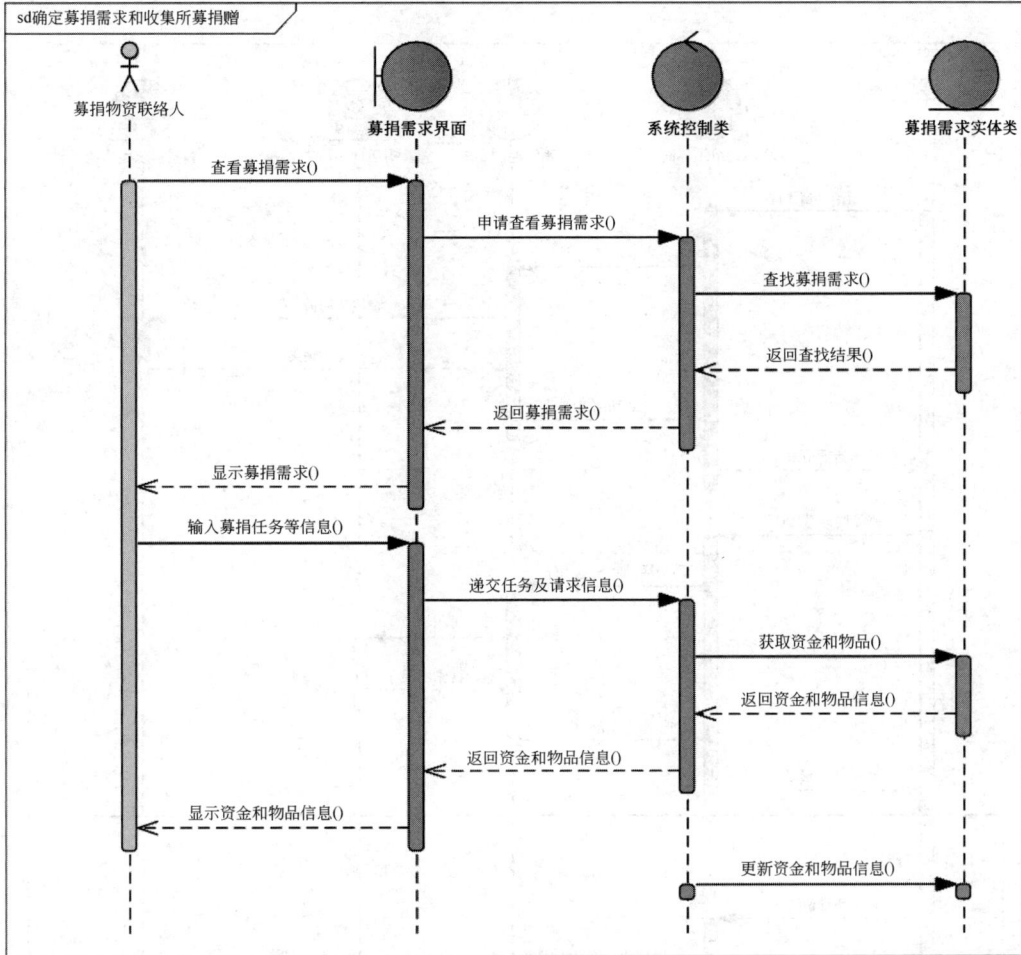

图 7-14　确定募捐需求和收集所募捐赠的顺序图

应的活动信息举办活动,从募捐机构获取资金并向其发放赠品"等关键信息,可知募捐机构也应以实体形式出现。依据题中给出的"从捐赠人信息表中查询捐赠人信息,向捐赠人发送募捐请求"等关键信息,可得出最后一个实体捐赠人。

其次,进行处理分析。根据募捐系统需求可知,系统包含三个主要功能,分别为管理志愿者、确定募捐需求和搜集所募捐赠、组织募捐活动,其中"确定募捐需求和搜集所募捐赠"功能会传递募捐任务给"管理志愿者"功能,"组织募捐活动"功能传递募捐活动所募集资金与所募集物品给"确定募捐需求和搜集所募捐赠"功能,"确定募捐需求和搜集所募捐赠"功能会传递活动请求与捐赠请求给"组织募捐活动"功能。

再次,进行数据流分析。与志愿者相关的数据流入应有"加入邀请/邀请跟进/工作任务",数据流出应有"志愿者信息/工作时长/邀请响应/工作结果";与场馆相关的数据流入应有"场馆可用性请求",数据流出应有"场馆可用性",与募捐组织相关的数据流入应有"赠品",数据流出应有"资金";与捐赠人相关的数据流入应有"募捐请求",数据流出应有"捐赠人信息"。募捐系统的 1 层数据流图如图 7-16 所示。

面向对象分析建模

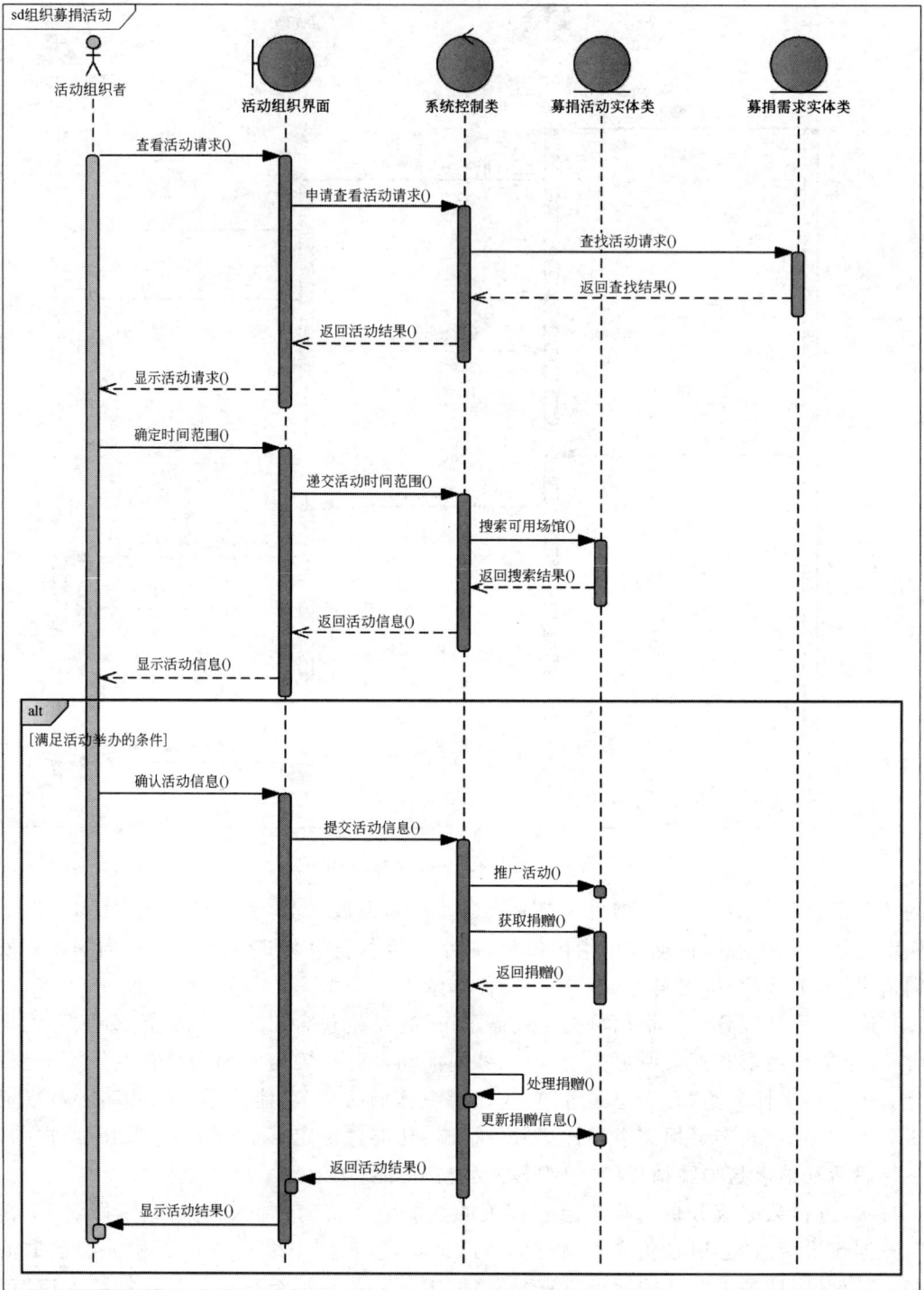

图 7-15　组织募捐活动的顺序图

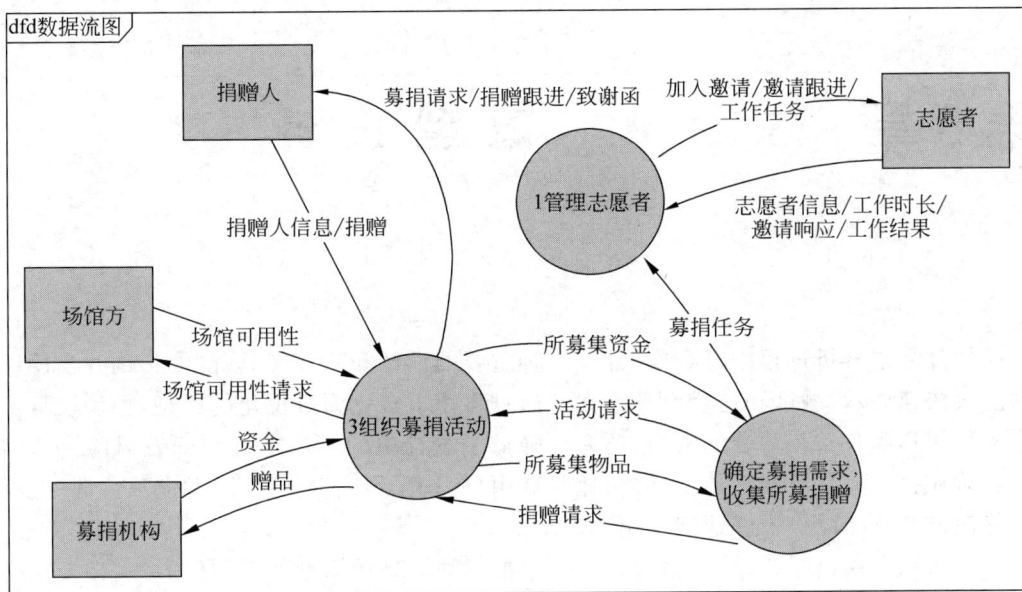

图 7-16　募捐系统的 1 层数据流图

7.5　案例：技术分享类博客网站的面向对象的分析和设计

观看视频

请扫描下方二维码查看本案例。

本 章 小 结

　　本章介绍了面向对象分析过程和面向对象分析原则。面向对象分析方法主要基于面向对象的思想，以用例模型为基础进行需求分析。本章还介绍了静态模型、动态模型、功能模型这 3 种面向对象的建模方式，以及 3 种模型之间的关系。

习　　　题

　　请扫描下方二维码在线答题。

面向对象分析建模

第8章　　　　原 型 设 计

在软件需求分析过程中,原型设计是一种重要的设计和验证工具,能够帮助开发团队在早期阶段快速展示、测试和迭代设计方案。通过将需求转化为可视化的模型,原型设计不仅促进了与用户和利益相关者的沟通,还有效降低了设计中的不确定性和开发风险。原型设计让团队在投入大量资源之前,能够快速验证用户需求、测试设计思路,并获取及时的反馈,从而确保最终产品能够更好地满足用户需求。

本章将深入探讨原型设计的各个方面,包括不同类型的原型及其制作方法,以及如何通过迭代和改进不断优化设计。本章还将介绍低保真、高保真、纸上原型、数字原型和交互原型的特点和应用场景,并通过具体实例展示这些原型设计方法的实际应用。同时,本章将强调迭代在原型设计中的重要性,探讨如何通过高效迭代来提高产品质量和用户满意度。

本章目标

- 了解原型设计在软件需求分析中的重要性及其应用场景。
- 掌握低保真、高保真、纸上原型、数字原型和交互原型的设计方法及其区别。
- 学会如何进行原型的迭代改进,提升设计质量和用户体验。
- 掌握原型设计策略,了解抛弃型原型和演化型原型的特点和应用。
- 通过具体实例,理解原型设计的实际应用和操作步骤,提高在实际项目中的应用能力。

8.1　原型设计概述

原型不仅能快速验证设计思路,还能通过用户反馈进行迭代优化,从而减少开发中的不确定性和风险。在进入原型的定义和具体设计之前,需要首先理解原型的本质和它在软件需求分析中的重要作用。

8.1.1　原型的定义

原型指在软件需求分析过程中,为了探索和验证设计思路、用户需求以及系统功能而创建的一个初步模型或样品。原型通常不是最终产品,而是一种用于演示、测试和改进的软件版本。通过原型,开发团队可以与用户和利益相关者进行有效沟通,收集反馈,发现并解决潜在问题,从而确保最终产品能够更好地满足用户需求。

1. 原型的用途

原型在软件需求分析中的用途非常广泛,主要包括以下几方面。

- 验证需求:通过原型,开发团队可以验证和澄清用户需求,确保所有功能和特性都能满足用户预期。

- 测试设计：原型提供了一个测试平台，用户可以在早期阶段体验设计，提供反馈，从而帮助开发团队改进设计。
- 促进沟通：原型作为一种直观的表达方式，可以帮助开发团队与用户、利益相关者以及其他团队成员进行有效沟通，确保所有人对设计和功能的理解一致。
- 降低风险：通过早期的原型设计和测试，可以发现并解决潜在问题，减少后期开发和修改的成本和风险。
- 指导开发：高保真原型可以作为详细的设计规范和开发参考，指导开发团队进行实际的编码和实现。

2. 原型设计的过程

原型设计通常包括以下几个步骤（见图 8-1）。

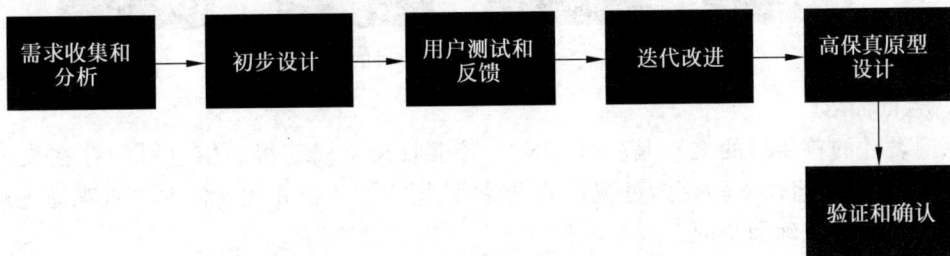

图 8-1 原型设计的步骤

- 需求收集和分析：确定用户需求和项目目标，为原型设计提供基础。
- 初步设计：根据需求制作初步的低保真原型，快速表达设计思路。
- 用户测试和反馈：将低保真原型展示给用户和利益相关者，收集反馈意见。
- 迭代改进：根据反馈意见，对原型进行改进和完善，逐步提高其保真度。
- 高保真原型设计：制作详细的高保真原型，验证最终设计和功能。
- 验证和确认：进行全面的用户测试和评估，确认原型设计满足所有需求和预期。

3. 原型设计的工具

原型设计需要借助各种工具来实现，从简单的手绘工具到专业的设计软件。常用的原型设计工具包括以下几种。

- 手绘工具：如纸笔、白板等，用于制作低保真原型。
- 设计软件：如 Sketch、Figma、Adobe XD 等，用于制作高保真数字原型。
- 原型交互工具：如 InVision、Axure、Proto. io 等，用于创建交互原型和进行用户测试。

通过合理利用这些工具，开发团队可以高效地进行原型设计，确保最终产品的用户体验和功能满足预期。

原型设计在软件需求分析中扮演着至关重要的角色，它不仅帮助开发团队验证和优化设计，还促进了与用户和利益相关者的沟通，降低了开发风险，提升了项目的成功率。掌握原型设计的定义、类型、用途及其工具和过程，是每一个软件开发人员和设计师必备的技能。

8.1.2 原型设计的目的

原型设计在软件需求分析过程中的目的多种多样，涵盖了从需求验证到用户体验优化的多个方面。理解原型设计的目的有助于开发团队在项目的早期阶段明确目标,避免潜在问题,确保最终产品满足用户需求和期望(见图 8-2)。

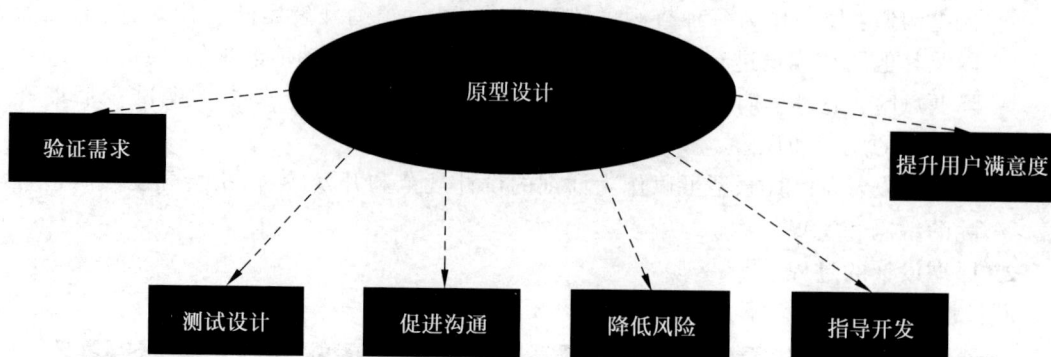

图 8-2 原型设计的目的

1. 验证需求

原型设计的首要目的之一是验证需求。需求收集阶段获得的信息可能存在模糊或误解,通过原型可以将需求转化为可视化的设计,使用户和利益相关者能够更直观地理解和确认这些需求是否准确和全面。

- 澄清需求:通过原型展示功能和交互,帮助用户明确表达他们的需求和期望。
- 防止误解:避免由于语言描述不清晰或理解不同而导致的需求偏差。
- 需求调整:在需求验证过程中发现问题并进行及时调整,确保所有功能和设计满足用户需求。

2. 测试设计

原型设计是一个重要的工具,用于测试设计理念和用户体验。通过早期的原型,开发团队可以在投入大量资源之前对设计进行评估和验证。

- 用户体验测试:原型允许用户实际操作和体验界面,测试设计的可用性和易用性。
- 界面布局验证:通过原型评估界面的布局和结构,确保设计合理、用户友好。
- 功能测试:原型帮助测试和验证核心功能,确保设计思路能够实现预期效果。

3. 促进沟通

原型是一个强大的沟通工具,可以在开发团队、用户和利益相关者之间建立共同的理解。通过原型,所有参与者可以直观地看到项目的进展和设计思路,促进有效的沟通和协作。

- 跨团队协作:原型使开发、设计和业务团队能够在统一的基础上讨论和决策,减少沟通障碍。
- 用户反馈:通过原型向用户展示设计,收集他们的反馈和建议,确保设计符合用户需求。
- 利益相关者参与:原型有助于利益相关者理解项目进展和设计细节,确保他们的期望和需求得到满足。

4. 降低风险

原型设计可在项目的早期阶段发现和解决问题,从而降低开发风险。通过迭代和改进,开发团队可以在正式开发之前验证设计和功能,避免后期的大规模修改和返工。

- 早期问题发现：原型帮助开发团队发现设计和功能上的问题，避免在开发后期才发现问题导致的高成本修正。
- 风险控制：通过逐步迭代和改进，控制和减少项目中的不确定性和风险。
- 成本节约：早期的原型设计和测试能够减少后期开发中的改动和返工，从而节约成本和时间。

5. 指导开发

高保真原型可以作为详细的设计规范和开发指南，为开发团队提供明确的实现参考。这不仅提高了开发效率，还确保了最终产品与设计一致。

- 详细设计文档：高保真原型包含了详细的界面和交互设计信息，作为开发团队的实现指南。
- 代码开发参考：开发人员可以根据原型的设计和功能描述，准确实现预期的效果。
- 一致性保证：原型作为统一的参考标准，可确保所有开发人员对设计和功能的理解一致。

6. 提升用户满意度

通过原型设计和测试，可以确保最终产品在发布前已经过充分验证和优化，从而提升用户满意度。原型设计使得用户在开发过程中有机会参与并提出建议，确保最终产品更符合用户需求和期望。

- 用户参与：在设计过程中邀请用户参与测试和反馈，增加用户的参与感和满意度。
- 设计优化：根据用户反馈不断优化设计，确保最终产品具备良好的用户体验。
- 产品认可：通过原型展示和测试，用户可以提前了解和认可产品功能和设计，增强产品的市场接受度。

原型设计在软件需求分析中起着至关重要的作用，其目的包括验证需求、测试设计、促进沟通、降低风险、指导开发和提升用户满意度。通过明确这些目的，开发团队可以更有针对性地进行原型设计和测试，从而提高项目的成功率和用户满意度。掌握原型设计的目的，有助于开发人员和设计师在项目中有效应用原型，提高整体项目质量和效率。

8.2 原型设计的方法

在软件开发过程中，原型设计的方法多种多样，不同的方法适用于不同的项目阶段和需求。选择合适的原型设计方法可以帮助团队更有效地验证设计思路、收集用户反馈和优化产品。本节将探讨几种常见的原型设计方法，包括低保真原型、高保真原型、纸上原型、数字原型和交互原型。通过了解这些方法的特点、应用场景和制作流程，团队可以根据项目需求选择最合适的原型设计策略。

8.2.1 低保真原型

低保真原型是一种以简洁、快速和低成本为特点的原型设计方法，通常采用草图、线框图或简单的数字工具来展示产品的基本功能和结构。低保真原型的核心在于快速验证设计思路和用户需求，而不必在早期阶段投入大量时间和资源进行详细设计。

1. 定义

低保真原型指通过简化的形式展示产品的核心功能和结构,通常不包含详细的视觉设计和复杂的交互逻辑。低保真原型的目的是在短时间内构建一个可以快速迭代和修改的模型,以便在早期阶段验证设计思路和用户需求。

2. 特点

- 快速制作:使用简单的工具和方法,能够在短时间内完成原型制作。
- 低成本:无须投入大量资源进行详细设计,制作成本低。
- 易于修改:由于原型简化,修改和迭代非常方便,适合频繁调整。
- 关注结构和功能:主要展示产品的功能和结构,而非视觉细节。

3. 制作方法

低保真原型的制作方法多种多样,可以根据项目需求选择合适的工具和技术。

(1) 纸上原型。

- 使用纸张和笔在纸上绘制界面草图,展示产品的基本结构和功能。
- 通过手绘的方式快速构建和修改原型,适合团队内部讨论和头脑风暴。

(2) 线框图工具。

- 使用专业的线框图工具(如 Balsamiq、Sketch、Figma)创建数字线框图。
- 这些工具提供简洁的界面组件和模板,能够快速搭建低保真原型。

(3) 白板原型。

- 在白板上绘制界面草图和流程图,展示产品的基本结构和功能。
- 适合团队协作和讨论,通过白板快速迭代和修改原型。

4. 应用场景

低保真原型适用于软件需求分析的早期阶段,用于快速验证设计思路和用户需求,以下是几种典型的应用场景。

(1) 概念验证。

- 在项目初期阶段,通过低保真原型验证设计概念和功能性需求。
- 帮助团队快速确定设计方向和产品定位。

(2) 用户研究。

- 通过低保真原型与用户进行早期的需求访谈和可用性测试。
- 收集用户反馈,了解用户需求和期望,指导后续设计工作。

(3) 团队讨论。

- 在团队内部进行设计讨论和头脑风暴,通过低保真原型展示和交流设计思路。
- 帮助团队成员统一理解设计方向,促进协作和沟通。

5. 优势

(1) 制作快速。使用简单的工具和方法就能够在短时间内完成原型制作。

(2) 成本低廉。制作低保真原型不需要投入大量资源,适合早期阶段的概念验证和需求探索。

(3) 灵活迭代。由于原型简化,修改和迭代非常方便,适合频繁调整和优化设计。

(4) 关注功能。主要展示产品的功能和结构,帮助团队在早期阶段明确产品的核心需求。

6. 劣势

（1）视觉效果欠缺。低保真原型通常不包含详细的视觉设计,无法展示产品的最终外观和用户体验。

（2）交互体验有限。低保真原型的交互逻辑通常较为简单,无法全面展示复杂的交互效果。

（3）细节不完整。低保真原型主要关注功能和结构,细节设计和用户体验需要在后续阶段进行补充和完善。

7. 实例

实例 1：移动应用的低保真原型。

在一个移动应用项目的早期阶段,设计团队需要快速验证用户的基本需求和功能想法。他们选择使用纸上原型的方法,通过手绘的方式在纸上绘制界面草图。以下是详细的制作和应用过程。

（1）需求收集和整理。

- 收集用户的基本需求,包括主要功能和使用场景。
- 将这些需求整理成简单的功能列表和界面元素。

（2）纸上原型制作。

- 使用 A4 纸和黑色马克笔在纸上绘制应用的界面草图,包括登录页面、主页、功能菜单和设置页面等。
- 每个界面草图展示基本的界面结构和功能元素,如按钮、输入框和导航栏。

（3）团队讨论和修改。

- 在会议室中展示纸上原型,通过讨论和头脑风暴,提出改进意见和建议。
- 通过擦除和重新绘制,快速修改和调整界面草图,最终形成初步的原型设计。

（4）用户测试和反馈。

- 设计团队邀请几位潜在用户,通过纸上原型进行早期的用户测试。
- 用户通过浏览和操作纸上原型,提供操作体验和功能性需求的反馈意见。
- 设计团队记录用户反馈,分析用户需求,进一步优化原型设计。

（5）低保真原型的迭代。

- 根据用户反馈,设计团队对纸上原型进行了多次迭代和改进。
- 通过快速修改和调整,逐步完善原型设计,确保满足用户需求和期望。

实例 2：企业内部系统的低保真原型。

在一个企业内部管理系统的项目中,设计团队需要快速展示系统的主要功能和界面结构。他们选择使用 Balsamiq 工具创建数字线框图,以下是详细的制作和应用过程。

（1）需求分析和功能规划。

- 与企业管理人员进行需求访谈,了解系统的主要功能和使用场景。
- 将需求整理成功能列表和流程图,明确系统的核心功能和界面结构。

（2）数字线框图制作。

- 使用 Balsamiq 工具创建系统的数字线框图,包括登录页面、仪表盘、数据录入和报表生成等界面。
- 通过工具提供的界面组件和模板,快速搭建界面草图,展示基本的功能和结构。

（3）内部评审和修改。

- 团队成员在项目会议中展示数字线框图进行内部评审和讨论。
- 根据评审意见和建议，快速修改和调整线框图，完善原型设计。

（4）用户测试和反馈。

- 设计团队邀请了企业内部的管理人员和员工，通过数字线框图进行早期的用户测试。
- 用户通过浏览和操作线框图，提供操作体验和功能性需求的反馈意见。
- 团队记录用户反馈，分析用户需求，进一步优化原型设计。

（5）低保真原型的迭代。

- 根据用户反馈，设计团队对数字线框图进行了多次迭代和改进。
- 通过快速修改和调整，逐步完善原型设计，确保满足用户需求和企业管理的实际需求。

低保真原型是一种以简洁、快速和低成本为特点的原型设计方法，通过简单的工具和方法展示产品的核心功能和结构。尽管低保真原型的视觉效果和交互体验较为简单，但其在早期阶段的概念验证、用户研究和团队讨论中发挥着重要作用。通过低保真原型，团队能够快速验证设计思路和用户需求，为后续的高保真原型和详细设计打下坚实的基础。

8.2.2　高保真原型

高保真原型（High Fidelity Prototype）是一种详细、精确和互动性强的原型设计方法，通常使用专业的设计工具和技术来展示产品的外观、功能和用户体验。高保真原型的目标是在产品开发的后期阶段，通过精确的原型展示产品的最终设计，并进行详细的用户测试和验证。

1. 定义

高保真原型指通过精细的视觉设计和复杂的交互逻辑，展示产品的外观、功能和用户体验。高保真原型通常接近于最终产品，包含详细的界面设计、动画效果和交互操作，旨在为用户和开发团队提供一个真实的使用体验。

2. 特点

- 视觉精细：高保真原型包含详细的视觉设计，展示产品的最终外观和用户界面。
- 交互复杂：高保真原型具备完整的交互逻辑和操作流程，模拟真实的用户体验。
- 可测试性强：高保真原型能够进行详细的用户测试和可用性评估，验证设计的可行性和用户满意度。
- 成本较高：高保真原型的制作需要投入较多的时间和资源，适用于开发后期阶段的设计验证。

3. 制作方法

高保真原型的制作方法通常包括以下步骤。

（1）需求分析和功能规划。

- 明确产品的核心功能和用户需求，制定详细的功能性需求文档和设计规范。
- 确定原型的范围和目标，规划原型设计的详细内容和交互逻辑。

（2）视觉设计和界面制作。

- 使用专业的设计工具（如 Sketch、Adobe XD、Figma）进行界面设计，创建高保真的视觉效果。
- 制作详细的界面组件和图标，设计产品的整体视觉风格和布局。

（3）交互设计和动画效果。

- 使用交互设计工具（如 InVision、Axure、Proto. io）进行交互设计，添加按钮、导航栏和表单等交互元素。
- 制作复杂的动画效果和过渡效果，模拟真实的用户操作和反馈。

（4）用户测试和反馈收集。

- 组织用户测试，通过高保真原型与用户进行详细的交互和操作测试。
- 收集用户反馈，分析测试结果，优化和调整原型设计。

（5）迭代优化和最终确认。

- 根据用户反馈和测试结果，对高保真原型进行多次迭代和优化。
- 确认最终的设计方案，为开发团队提供详细的设计规范和交互文档。

4. 优势

- 真实感强：高保真原型接近于最终产品，能够真实展示产品的外观和用户体验。
- 测试性强：高保真原型具备完整的交互逻辑和操作流程，适合进行详细的用户测试和可用性评估。
- 沟通清晰：高保真原型能够为客户和开发团队提供一个直观的设计展示，有助于沟通和协作。

5. 劣势

- 制作成本高：高保真原型的制作需要投入较多的时间和资源，成本较高。
- 迭代速度慢：由于高保真原型的细节较多，修改和迭代速度相对较慢。

6. 实例

实例 1：电子商务网站的高保真原型。

在一个电子商务网站项目中，设计团队需要展示网站的最终设计和用户体验，通过高保真原型进行详细的用户测试和验证。以下是详细的制作和应用过程。

1）需求分析和功能规划

- 团队首先与客户和用户进行需求访谈，明确网站的核心功能和用户需求。
- 制定详细的功能性需求文档，包括首页、产品页面、购物车和结算页面等关键功能。

2）视觉设计和界面制作

- 使用 Sketch 工具进行界面设计，创建高保真的视觉效果。
- 制作详细的界面组件和图标，设计网站的整体视觉风格和布局。

3）交互设计和动画效果

- 使用 InVision 工具进行交互设计，添加按钮、导航栏和表单等交互元素。
- 制作复杂的动画效果和过渡效果，模拟用户浏览、选择和结算的操作过程。

4）用户测试和反馈收集

- 组织用户测试，邀请目标用户通过高保真原型进行详细的交互和操作测试。
- 收集用户反馈，记录用户的操作体验和功能性需求，分析测试结果，优化和调整原型设计。

　　5）迭代优化和最终确认
- 根据用户反馈,对高保真原型进行多次迭代和优化,确保满足用户需求和期望。
- 确认最终的设计方案,为开发团队提供详细的设计规范和交互文档。

实例 2：移动健康应用的高保真原型。

在一个移动健康应用项目中,设计团队需要展示应用的最终设计和用户体验,通过高保真原型进行详细的用户测试和验证。以下是详细的制作和应用过程。

　　1）需求分析和功能规划
- 团队首先与医疗专家和用户进行需求访谈,明确应用的核心功能和用户需求。
- 制定详细的功能性需求文档,包括健康监测、数据记录和健康建议等关键功能。

　　2）视觉设计和界面制作
- 使用 Adobe XD 工具进行界面设计,创建高保真的视觉效果。
- 制作详细的界面组件和图标,设计应用的整体视觉风格和布局。

　　3）交互设计和动画效果
- 使用 Proto.io 工具进行交互设计,添加按钮、导航栏和图表等交互元素。
- 制作复杂的动画效果和过渡效果,模拟用户输入健康数据、查看健康报告和接收健康建议的操作过程。

　　4）用户测试和反馈收集
- 组织用户测试,邀请目标用户通过高保真原型进行详细的交互和操作测试。
- 收集用户反馈,记录用户的操作体验和功能性需求,分析测试结果,优化和调整原型设计。

　　5）迭代优化和最终确认
- 根据用户反馈,对高保真原型进行多次迭代和优化,确保满足用户需求和期望。
- 确认最终的设计方案,为开发团队提供详细的设计规范和交互文档。

高保真原型是一种详细、精确和互动性强的原型设计方法,通过精细的视觉设计和复杂的交互逻辑,展示产品的外观、功能和用户体验。尽管高保真原型的制作成本较高,但其在产品开发的后期阶段,通过精确的原型进行详细的用户测试和验证,能够有效地提升产品的设计质量和用户满意度。通过高保真原型,团队能够为客户和开发团队提供一个真实的设计展示,确保产品的最终设计符合用户需求和期望。

8.2.3　纸上原型

纸上原型(Paper Prototype)指使用纸张和绘图工具来快速构建产品界面和交互设计的原型方法。这种方法成本低廉,便于快速迭代,特别适用于项目的早期阶段,用于验证概念和用户流程。纸上原型的目标是通过简单的草图和纸片模拟用户界面和交互过程,从而迅速收集用户反馈和改进设计。

1. 定义

纸上原型是利用纸张和绘图工具(如铅笔、记号笔、便利贴等)手工绘制界面和交互元素的原型设计方法。它能够直观地展示产品的基本结构和功能流程,适合快速验证设计概念和收集用户反馈。

2. 特点

- 快速简单：纸上原型制作简单，能够快速生成和修改，适合项目早期阶段的概念验证。
- 低成本：纸上原型几乎不需要任何成本，利用纸张和绘图工具即可完成。
- 高参与度：用户和利益相关者可以直接参与到纸上原型的设计和测试中，增强互动和协作。
- 灵活迭代：由于制作和修改简单，纸上原型便于快速迭代，迅速响应用户反馈和需求变化。

3. 制作方法

纸上原型的制作方法通常包括以下步骤。

1）准备工具和材料

- 准备纸张（如 A4 纸、便利贴）、绘图工具（如铅笔、记号笔、彩色笔）、剪刀和胶水等。
- 设计区域和结构，如不同页面的布局和主要界面组件的位置。

2）绘制界面草图

- 使用铅笔和记号笔在纸张上绘制界面草图，包括界面布局、按钮、文本框、图片占位符等。
- 每个页面的界面草图可以单独绘制，有利于后续调整和修改。

3）制作交互元素

- 使用剪刀剪出交互元素（如按钮、菜单、表单等），并通过便利贴或胶水将其粘贴到对应位置。
- 模拟不同状态下的界面变化，如单击按钮后的页面跳转和表单提交后的反馈。

4）用户测试和反馈收集

- 组织用户测试，邀请目标用户通过纸上原型进行交互操作和使用体验。
- 记录用户的操作过程和反馈意见，分析测试结果，发现设计中的问题和改进点。

5）迭代优化和改进

- 根据用户反馈对纸上原型进行多次迭代和优化，调整界面布局和交互流程。
- 确认最终的设计方案，为后续的数字原型或高保真原型提供参考。

4. 实例

实例 1：移动应用的纸上原型。

在一个移动应用项目中，设计团队需要快速验证应用的核心功能和用户流程，通过纸上原型进行初步设计和用户测试。以下是详细的制作和应用过程。

1）准备工具和材料

- 团队准备了 A4 纸、铅笔、记号笔、便利贴、剪刀和胶水。
- 设计了应用的主要界面和功能模块，包括登录页面、主界面、设置页面和个人信息页面等。

2）绘制界面草图

- 团队成员在 A4 纸上绘制了各个页面的界面草图，标注了按钮、文本框、图片占位符等。
- 每个页面的界面草图单独绘制，便于调整和修改。

原型设计

3）制作交互元素

- 团队使用剪刀剪出了按钮、菜单、表单等交互元素,并通过便利贴或胶水将其粘贴到对应位置。
- 模拟了用户单击按钮后的页面跳转和表单提交后的反馈。

4）用户测试和反馈收集

- 组织用户测试,邀请目标用户通过纸上原型进行交互操作和使用体验。
- 记录了用户的操作过程和反馈意见,发现了设计中的问题和改进点。

5）迭代优化和改进

- 根据用户反馈,对纸上原型进行了多次迭代和优化,调整了界面布局和交互流程。
- 最终确认了设计方案,为后续的数字原型或高保真原型提供了参考。

实例 2:网站首页的纸上原型。

在一个网站项目中,设计团队需要快速设计和验证网站首页的布局和导航结构,通过纸上原型进行初步设计和用户测试。以下是详细的制作和应用过程。

1）准备工具和材料

- 团队准备了 A4 纸、铅笔、记号笔、便利贴、剪刀和胶水。
- 设计了网站首页的主要界面模块,包括导航栏、轮播图、内容区和页脚等。

2）绘制界面草图

- 团队成员在 A4 纸上绘制了首页的界面草图,标注了导航栏、轮播图、内容区和页脚等。
- 每个模块的界面草图单独绘制,便于调整和修改。

3）制作交互元素

- 团队使用剪刀剪出了导航栏、按钮、内容区等交互元素,并通过便利贴或胶水将其粘贴到对应位置。
- 模拟了用户单击导航栏按钮后的页面跳转和内容区的滚动效果。

4）用户测试和反馈收集

- 组织用户测试,邀请目标用户通过纸上原型进行交互操作和使用体验。
- 记录了用户的操作过程和反馈意见,发现了设计中的问题和改进点。

5）迭代优化和改进

- 根据用户反馈,对纸上原型进行了多次迭代和优化,调整了界面布局和导航结构。
- 最终确认了设计方案,为后续的数字原型或高保真原型提供了参考。

5. 优势

- 成本低廉:纸上原型几乎不需要任何成本,利用纸张和绘图工具即可完成。
- 快速制作:纸上原型制作简单,能够快速生成和修改,适合项目早期阶段的概念验证。
- 高参与度:用户和利益相关者可以直接参与到纸上原型的设计和测试中,增强互动和协作。
- 灵活迭代:由于制作和修改简单,纸上原型便于快速迭代,迅速响应用户反馈和需求变化。

6. 劣势

- 精度较低:纸上原型无法展示详细的视觉设计和复杂的交互效果,精度较低。

- 可测试性有限：纸上原型的交互逻辑较为简单，无法进行复杂的功能测试和可用性评估。
- 难以保存和分享：纸上原型不易保存和分享，可能在传递过程中损坏或丢失。

7. 实例：教育应用的纸上原型

1）项目背景

设计团队受邀为一家教育科技公司开发一款移动学习应用。该应用旨在帮助学生通过互动课程和测验提升学习效果。在项目的初期阶段，团队决定使用纸上原型快速构建和验证应用的核心功能和用户流程。

2）制作过程

（1）需求分析和功能规划。

- 团队首先与教育科技公司的产品经理和用户代表进行需求访谈，明确应用的核心功能和用户需求。
- 关键功能包括用户注册、课程浏览、课件观看和在线测验等。

（2）准备工具和材料。

- 团队准备了 A4 纸、铅笔、记号笔、便利贴、剪刀和胶水。
- 设计了应用的主要界面和功能模块，包括登录页面、课程页面、课件页面和测验页面等。

（3）绘制界面草图。

团队成员在 A4 纸上绘制了各个页面的界面草图，标注了按钮、文本框、图片占位符等。每个页面的界面草图单独绘制，便于调整和修改。

- 登录页面：绘制了用户名和密码输入框，以及登录按钮。
- 课程页面：绘制了课程列表、搜索栏和分类筛选按钮。
- 课件页面：绘制了视频播放器区域、进度条和章节导航按钮。
- 测验页面：绘制了问题区域、选项按钮和提交按钮。

（4）制作交互元素。

- 团队使用剪刀剪出了按钮、菜单、表单等交互元素，并通过便利贴或胶水将其粘贴到对应位置。
- 模拟用户在各个页面之间的导航和操作流程，如单击"登录"按钮进入课程页面，选择课程进入课件页面，完成视频观看后进行测验。

（5）用户测试和反馈收集。

- 组织用户测试，邀请目标用户通过纸上原型进行交互操作和使用体验。
- 用户通过单击纸上原型的按钮和操作界面，模拟真实的使用场景。
- 记录用户的操作过程和反馈意见，发现设计中的问题和改进点，如用户在测验页面的操作流畅性和问题显示方式。

（6）迭代优化和改进。

根据用户反馈，对纸上原型进行了多次迭代和优化，调整了界面布局和交互流程。例如，在用户反馈的基础上，调整了测验页面的问题显示方式，使其更加清晰易懂。最终确认了设计方案，为后续的数字原型和高保真原型提供了参考。

3）应用结果

通过纸上原型，设计团队迅速验证了教育应用的核心功能和用户流程，收集了宝贵的用户反馈。用户对应用的整体结构和功能设计表示认可，并提出了一些改进建议。团队在后续的数字原型和高保真原型阶段，参考纸上原型的设计方案和用户反馈，进一步优化了应用的界面和交互设计。

4）优势和收获

（1）快速验证：通过纸上原型，团队能够在短时间内验证设计概念和用户流程，减少了设计的迭代周期。

（2）低成本投入：纸上原型的制作成本低廉，团队只需利用现有的纸张和绘图工具即可完成设计。

（3）高效沟通：纸上原型为团队与用户之间的沟通提供了直观的展示工具，用户能够清晰理解设计方案并提出改进建议。

纸上原型是一种快速、低成本的原型设计方法，适用于项目早期阶段的概念验证和用户测试。通过简单的草图和纸片，设计团队能够迅速展示产品的基本结构和功能流程，收集用户反馈并进行快速迭代。尽管纸上原型的精度和可测试性较低，但其制作简单、灵活迭代和高参与度的特点，使其成为验证设计概念和用户流程的重要工具。在实际项目中，纸上原型常作为早期原型设计的基础，为后续的数字原型和高保真原型提供参考和指导。

8.2.4 数字原型

数字原型（Digital Prototype）是利用软件工具在数字平台上创建的交互式模型，用于展示和测试产品设计的功能、界面和用户体验。相比纸上原型，数字原型能够更真实地模拟最终产品的操作和交互效果，适用于设计的中后期阶段，以便更详细地验证设计方案和进行用户测试。

1. 数字原型的定义

数字原型是通过专业设计软件（如 Adobe XD、Sketch、Figma 等）制作的可交互的产品模型。这些原型能够展示界面设计、用户流程和交互效果，帮助设计团队和利益相关者更直观地理解和评估设计方案。数字原型不仅包含视觉设计元素，还可以模拟用户操作和反馈，提供接近真实使用场景的体验。

2. 数字原型的特点

- 高保真度：数字原型可以高度还原最终产品的视觉设计和交互效果，提供接近真实产品的用户体验。
- 可交互性：数字原型能够模拟用户操作和界面反馈，支持多种交互行为（如单击、滑动、拖曳等）。
- 易于迭代：数字原型制作工具通常具备强大的编辑和版本管理功能，便于设计团队快速迭代和优化。
- 易于分享：数字原型可以通过链接或文件形式分享给团队成员和用户，便于协作和反馈收集。
- 用户测试：数字原型能够在真实设备上进行用户测试，收集详细的用户行为数据和反馈，帮助优化设计。

3. 制作数字原型的过程

制作数字原型的过程通常包括以下步骤。

(1) 选择合适的工具。

- 常用的数字原型工具包括 Adobe XD、Sketch、Figma、InVision 等。选择适合项目需求和团队使用习惯的工具非常重要。

(2) 界面设计。

- 在工具中创建项目文件,设计各个页面的布局和视觉元素(如按钮、文本框、图片等)。
- 使用工具的设计功能精细化界面元素,确保视觉效果符合设计规范和用户期望。

(3) 添加交互效果。

- 在设计好的界面中添加交互行为,如按钮单击、页面跳转、表单提交等。
- 利用工具的交互设计功能,设置不同页面之间的导航和交互逻辑,模拟用户操作流程。

(4) 测试和优化。

- 在真实设备上预览和测试数字原型,检查界面显示和交互效果,发现和修复问题。
- 收集团队成员和用户的反馈,针对性地优化设计和交互细节。

(5) 分享和协作。

- 通过链接或文件形式将数字原型分享给团队成员和利益相关者,便于协作和反馈收集。
- 组织用户测试活动,邀请目标用户体验数字原型,收集使用行为数据和反馈意见。

4. 实例:电子商务应用的数字原型

在一个电子商务应用项目中,设计团队需要构建一个高保真的数字原型,以展示和测试应用的主要功能和用户流程。以下是详细的制作和应用过程。

(1) 选择工具。

- 团队选择了 Figma 作为数字原型的制作工具,因为 Figma 具备强大的协作功能,支持团队成员实时编辑和评论。

(2) 界面设计。

- 团队在 Figma 中创建了项目文件,设计了应用的主要界面,包括首页、商品详情页、购物车、结算页面等。
- 在每个页面中添加了按钮、文本框、图片和其他视觉元素,确保界面设计符合品牌和用户体验规范。

(3) 添加交互效果。

- 在 Figma 中添加了按钮单击和页面跳转等交互行为,模拟用户浏览商品、添加购物车和结算的操作流程。
- 设置了购物车中商品数量的增减、结算页面的表单填写和提交等详细交互效果。

(4) 测试和优化。

- 团队成员在不同设备上预览和测试数字原型,检查界面显示和交互效果,发现并修复了按钮单击不灵敏、页面跳转不流畅等问题。
- 收集了初步用户反馈,优化了商品详情页的布局和购物车的交互逻辑。

（5）分享和协作。

- 通过 Figma 的分享功能，将数字原型的链接发送给团队成员和利益相关者，便于协作和反馈收集。
- 组织了用户测试活动，邀请目标用户体验数字原型，收集使用行为数据和反馈意见。
- 根据用户测试结果，进一步优化了结算页面的表单设计和支付流程。

5. 优势

- 高保真度和可交互性：数字原型能够高度还原最终产品的视觉设计和交互效果，提供接近真实产品的用户体验。
- 易于迭代和优化：数字原型制作工具通常具备强大的编辑和版本管理功能，便于设计团队快速迭代和优化。
- 便于分享和协作：数字原型可以通过链接或文件形式分享给团队成员和用户，便于协作和反馈收集。
- 支持用户测试：数字原型能够在真实设备上进行用户测试，收集详细的用户行为数据和反馈，帮助优化设计。

6. 劣势

- 制作成本较高：相比纸上原型，数字原型的制作需要一定的时间和工具成本，制作过程相对复杂。
- 需要专业技能：制作高质量的数字原型需要设计师具备一定的专业技能和软件操作能力，可能对新手设计师来说有一定难度。

数字原型是原型设计过程中重要的一环，能够高度还原最终产品的视觉设计和交互效果，提供接近真实产品的用户体验。通过选择合适的工具、精细化界面设计、添加交互效果和进行用户测试，设计团队可以高效地验证和优化设计方案。数字原型不仅有助于团队内部的协作和沟通，还能在用户测试中收集宝贵的反馈，确保最终产品的设计质量和用户体验。

8.2.5　交互原型

交互原型（Interactive Prototype）是一种能够真实模拟产品功能和用户交互行为的高保真原型，通过动态展示界面和用户操作反馈，帮助设计团队和利益相关者深入理解和评估产品设计。交互原型不仅展示界面设计，还能够模拟用户操作的完整流程，适用于设计验证和用户测试阶段。

1. 交互原型的定义

交互原型是通过设计工具创建的、能够模拟产品实际使用体验的模型。与低保真和高保真原型相比，交互原型更加注重交互细节和用户体验，通过动画、过渡效果和响应行为等元素，实现对产品功能和用户流程的动态展示。

2. 交互原型的特点

- 高保真度：交互原型在视觉和功能上高度还原最终产品，为用户提供真实的操作体验。
- 动态交互：交互原型能够模拟用户操作的完整流程，包括单击、滑动、拖曳等交互行为。

- 用户反馈：通过交互原型,设计团队可以收集详细的用户反馈,优化设计细节。
- 多平台支持：交互原型可以在不同设备和平台上进行预览和测试,确保设计的兼容性。

3. 制作交互原型的方法

制作交互原型的过程通常包括以下步骤。

(1) 选择合适的工具。

- 常用的交互原型工具包括 Axure RP、InVision、Figma、Adobe XD 等。这些工具具备强大的交互设计和动画制作功能,便于设计师创建复杂的交互效果。

(2) 界面设计。

- 在工具中创建项目文件,设计各个页面的布局和视觉元素。与高保真原型相似,交互原型的界面设计需要高度还原最终产品的视觉效果。

(3) 添加交互行为。

- 在界面设计完成后,添加交互行为和动画效果。通过工具的交互设计功能,设置不同页面之间的导航和交互逻辑,如按钮单击、页面跳转、表单提交等。
- 添加过渡动画和动态效果,模拟用户操作时的界面反馈,如页面切换动画、加载动画等。

(4) 测试和优化。

- 在真实设备上预览和测试交互原型,检查界面显示和交互效果,发现和修复问题。
- 收集团队成员和用户的反馈,有针对性地优化设计和交互细节。

(5) 分享和协作。

- 通过链接或文件形式将交互原型分享给团队成员和利益相关者,便于协作和反馈收集。
- 组织用户测试活动,邀请目标用户体验交互原型,收集使用行为数据和反馈意见。

4. 实例：银行移动应用的交互原型

在一个银行移动应用项目中,设计团队需要构建一个交互原型,以展示和测试应用的主要功能和用户流程。以下是详细的制作和应用过程。

(1) 选择工具。

- 团队选择了 Axure RP 作为交互原型的制作工具,因为 Axure RP 具备强大的交互设计和动画制作功能,支持复杂的用户操作模拟。

(2) 界面设计。

- 团队在 Axure RP 中创建了项目文件,设计了应用的主要界面,包括登录页、账户首页、转账页面和交易记录页等。
- 在每个页面中添加了按钮、输入框、图标和其他视觉元素,确保界面设计符合品牌和用户体验规范。

(3) 添加交互行为。

- 在 Axure RP 中添加了按钮单击、页面跳转、表单提交和动态反馈等交互行为,模拟用户登录、账户查询、转账操作和交易记录查看的完整流程。
- 设置了转账页面的表单填写和提交动画,模拟用户输入和提交后的界面反馈效果。

（4）测试和优化。

- 团队成员在不同设备上预览和测试交互原型,检查界面显示和交互效果,发现并修复了按钮单击不灵敏、页面跳转不流畅等问题。
- 收集了初步用户反馈,优化了转账页面的布局和交互逻辑,改进了交易记录页的加载动画效果。

（5）分享和协作。

- 通过 Axure RP 的分享功能,将交互原型的链接发送给团队成员和利益相关者,便于协作和反馈收集。
- 组织了用户测试活动,邀请目标用户体验交互原型,收集使用行为数据和反馈意见。
- 根据用户测试结果,进一步优化了登录页的表单设计和账户首页的导航逻辑。

5. 优势

- 高保真度和动态交互:交互原型能够高度还原最终产品的视觉设计和交互效果,提供真实的用户体验。
- 全面验证设计:交互原型能够模拟用户操作的完整流程,帮助设计团队全面验证和优化设计方案。
- 用户测试和反馈收集:交互原型可以在真实设备上进行用户测试,收集详细的用户行为数据和反馈,帮助优化设计。

6. 劣势

- 制作成本较高:交互原型的制作需要较多时间和工具成本,制作过程相对复杂。
- 需要专业技能:制作高质量的交互原型需要设计师具备一定的专业技能和软件操作能力,可能对新手设计师来说有一定难度。

交互原型是原型设计中最为复杂和高保真的形式,通过动态展示界面和用户操作反馈,帮助设计团队和利益相关者深入理解和评估产品设计。通过选择合适的工具、精细化界面设计、添加交互行为和进行用户测试,设计团队可以高效地验证和优化设计方案。交互原型不仅有助于团队内部的协作和沟通,还能在用户测试中收集宝贵的反馈,确保最终产品的设计质量和用户体验。

8.3 原型迭代与改进

原型设计不仅是一次性的工作,更是一个持续迭代和改进的过程。通过反复地设计、测试和反馈,团队能够逐步优化产品,确保最终版本能够满足用户需求并提供优质的用户体验。本节将深入探讨迭代在原型设计中的重要性,并介绍如何通过高效的迭代过程不断改进设计。了解迭代的最佳实践和成功案例,可以帮助团队在实际项目中更有效地实施迭代策略,提高产品质量和开发效率。

8.3.1 迭代的重要性

在原型设计过程中,迭代指反复进行设计、测试、反馈和改进的循环过程。通过不断迭代,设计团队能够逐步优化产品,确保最终产品能够满足用户需求,提供优质的用户体验。迭代的重要性体现在多方面。

1. 逐步完善设计

（1）步骤与细节：原型设计的初期版本通常较为粗糙，通过迭代过程，可以逐步完善设计细节。每次迭代都会基于用户反馈进行优化和调整，使得产品逐步走向成熟。在迭代过程中，设计团队可以不断试验新的想法和功能，并根据反馈决定是否保留或调整这些改进。

（2）实例：某款健身应用在初期版本中仅包含基本的运动记录功能。通过几次迭代，团队逐步加入了个性化训练计划、社交分享和健康数据分析等功能，使得应用变得更加全面和实用。每次迭代都基于用户反馈进行优化，确保新功能能够真正满足用户需求。

2. 降低开发风险

（1）步骤与细节：迭代开发有助于在项目早期识别并解决问题，降低后期开发和维护的风险。通过原型设计的逐步迭代，可以在开发过程中发现并解决潜在的技术和设计问题，避免在产品发布后才发现重大缺陷，导致高昂的修复成本。

（2）实例：某在线教育平台在原型设计的初期版本中，发现课程视频播放存在卡顿问题。通过迭代过程，团队逐步优化视频播放性能，并在最终版本发布前解决了所有技术难题，避免了产品发布后用户大量投诉的风险。

3. 增强用户参与感

（1）步骤与细节：迭代过程中的每一次测试和反馈收集，都为用户提供了参与产品设计的机会。通过让用户参与到产品的迭代过程中，设计团队不仅能够获取宝贵的用户意见，还能增强用户的参与感和忠诚度。用户会感觉自己对产品的最终形态有贡献，更加愿意使用和推荐产品。

（2）实例：某款旅游规划应用在原型设计过程中邀请了核心用户群体参与每次迭代的测试和反馈收集。用户在使用中提出了多项改进建议，如添加目的地推荐和行程分享功能。团队根据这些建议进行迭代优化，最终的应用不仅功能丰富，还得到了用户的高度认可。

4. 快速适应市场变化

（1）步骤与细节：市场需求和用户偏好是动态变化的，迭代开发能够使产品快速适应这些变化。在市场环境变化或竞争对手推出新功能时，迭代开发可以让团队快速调整产品策略，保持产品的竞争力。通过灵活的迭代过程，产品可以不断适应市场和用户的变化，保持持续的创新和竞争优势。

（2）实例：某社交媒体平台在初期版本中缺乏视频直播功能，而竞争对手的直播功能获得了大量用户关注。通过快速迭代开发，团队在短时间内推出了视频直播功能，并根据用户反馈不断优化，成功吸引了大量新用户，保持了市场竞争力。

5. 提高团队协作效率

（1）步骤与细节：迭代开发鼓励团队内部的持续沟通和协作。每次迭代的反馈和改进需要团队成员之间密切合作，包括设计师、开发人员、测试人员和产品经理等。通过迭代过程，团队可以不断调整工作方式，优化协作流程，提高整体效率。

（2）实例：某电子商务平台的开发团队在原型迭代过程中通过每日站会和定期回顾会议，确保团队成员之间的信息同步和问题快速解决。迭代过程中的持续沟通和协作，提高了团队的工作效率和产品开发速度，最终按时交付了高质量的产品。

迭代的重要性在于它能够通过不断地反馈和改进，逐步完善产品设计，降低开发风险，增强用户参与感，快速适应市场变化，并提高团队协作效率。通过迭代开发，设计团队能够确保产品在发布前达到最佳状态,满足用户需求,提供优质的用户体验。无论是初创项目还是成熟产品,迭代都是一个必不可少的关键过程,是实现高质量产品设计的有效途径。

8.3.2 如何进行高效迭代

高效的迭代过程是确保原型设计成功的关键。迭代不仅仅是反复修改和测试,它是一个系统化的过程,需要科学的方法和有效的策略来保障其高效性。下面将探讨如何通过一系列步骤和最佳实践来实现高效迭代。

1. 明确迭代目标

(1)步骤与细节:在每次迭代开始前,明确具体的迭代目标至关重要。这些目标应当根据用户反馈和项目需求来制定,并且要具体、可衡量和具有时限性。明确的目标可以使团队在迭代过程中保持方向一致,集中精力解决关键问题。

(2)实例:某电商平台在一次迭代中,明确的目标是改进搜索功能,使得用户在搜索特定商品时能够更快、更准确地找到结果。团队制定了具体的改进措施,包括优化搜索算法、调整搜索结果排序等,并设定了两周的时间期限。

2. 快速原型制作

(1)步骤与细节:在每个迭代周期中,快速制作原型是高效迭代的基础。根据目标和用户反馈,设计团队应迅速制作出新的原型版本。快速原型制作可以利用低保真或高保真原型工具,确保在短时间内生成可测试的版本。

(2)实例:某在线教育平台在收到用户反馈后,决定在原型中加入实时互动功能。设计团队使用 Figma 快速制作了低保真的互动界面原型,确保在短时间内完成并进行测试。

3. 进行用户测试

(1)步骤与细节:用户测试是验证原型有效性的重要环节。组织目标用户对新原型进行测试,观察用户的使用行为,并收集他们的反馈意见。用户测试可以通过多种方式进行,如可用性测试、焦点小组讨论、A/B 测试等。

(2)实例:某银行应用在迭代过程中邀请了一组客户参与新功能测试,通过远程可用性测试平台观察用户操作,并记录他们的反馈意见。测试结果显示部分功能需要优化,设计团队随即进行了调整。

4. 分析用户反馈

(1)步骤与细节:收集到用户反馈后,团队需要系统地分析这些数据,找出共性问题和关键痛点。通过定量和定性分析,可以更清晰地了解用户需求和原型的不足之处,为下一步的改进提供依据。

(2)实例:在一次用户测试后,某社交媒体平台收集了大量用户反馈,发现用户普遍反映新界面颜色搭配不够舒适。团队通过分析,决定调整界面配色方案,并优先解决这一问题。

5. 制定改进方案

(1)步骤与细节:根据用户反馈和分析结果,制定具体的改进方案。这些方案应当针对关键问题提出具体的改进措施,并评估其可行性和优先级。改进方案需要在团队内部达成共识,并明确责任分工和时间计划。

(2)实例:某健康管理应用在迭代过程中发现用户对健康数据的展示方式不满意。团队决定重新设计数据展示模块，提出了几个改进方案，并在内部讨论后选择了最优方案进行实施。

6. 执行改进和验证

（1）步骤与细节：按照改进方案进行设计和开发，并制作出新的原型版本。改进后的原型需要再次进行用户测试，验证其效果。如果新版本仍然存在问题，需要继续进行下一轮迭代。

（2）实例：某企业管理系统在迭代过程中根据用户反馈改进了任务管理功能。团队开发完成后，立即进行新一轮的用户测试，结果显示大部分问题已经解决，用户体验显著提升。

7. 持续改进与优化

（1）步骤与细节：高效迭代是一个持续的过程，需要不断进行优化和改进。团队应当保持开放的态度，持续收集用户反馈，定期回顾和总结迭代过程中的经验和教训，逐步完善设计和开发流程。

（2）实例：某音乐流媒体服务在迭代过程中建立了常规用户反馈机制，定期收集用户意见，并将其纳入迭代计划中。通过不断地迭代和优化，平台功能和用户体验得到了持续提升。

高效迭代是一个系统化的过程，需要明确的目标、快速的原型制作、有效的用户测试、系统的反馈分析、具体的改进方案、严格的执行验证和持续的优化。通过遵循这些步骤和最佳实践，设计团队可以确保原型设计过程的高效性，逐步完善产品，最终实现满足用户需求的优质产品。无论是初创项目还是成熟产品，迭代都是实现成功设计和开发的关键环节。

8.3.3 实例分析：成功的迭代过程

为了更好地理解高效迭代过程的实际应用，下面通过一个具体实例来分析如何通过多次迭代来实现产品的成功。

实例背景

某金融科技公司决定开发一款新型的个人理财应用，旨在帮助用户更好地管理财务，提供预算规划、支出跟踪、投资建议等多种功能。在产品开发的初期，团队通过市场调研和用户访谈收集了大量需求，初步设计了一个低保真原型。然而，随着项目的推进，团队发现需要通过多次迭代来逐步完善产品，以更好地满足用户需求。

第一轮迭代：初步原型测试

目标：

验证基本功能和界面设计。

过程：

- 制作低保真原型。团队使用纸上原型和 Balsamiq 等工具设计了一个低保真的理财应用界面，包含预算规划和支出跟踪两大核心功能。
- 用户测试。通过内部测试和小规模用户测试，邀请 10 位目标用户参与，观察他们使用原型的情况，收集初步反馈。
- 反馈收集与分析。测试结果显示，用户对界面布局较为满意，但认为预算规划功能复杂，不易上手。部分用户希望添加自动分类支出的功能。

改进措施：

团队决定简化预算规划流程，增加自动分类功能，并优化界面布局。

第二轮迭代：功能优化与细化

目标：

改进预算规划功能，增强用户体验。

过程：

- 制作高保真原型。使用 Sketch 和 InVision 制作高保真原型，细化了预算规划功能，加入了自动分类支出功能，并优化了界面设计。
- 用户测试。进行更大规模的用户测试，邀请 30 位目标用户参与，通过可用性测试平台进行远程观察，记录用户的操作行为和反馈。
- 反馈收集与分析。用户普遍对改进后的预算规划功能表示满意，但发现自动分类功能的准确性不够高。部分用户反映，希望能有更详细的支出分析报告。

改进措施：

团队决定优化自动分类算法，增加详细支出分析报告功能，并进一步简化用户操作流程。

第三轮迭代：功能完善与性能优化

目标：

提升自动分类功能的准确性，增加支出分析报告，优化性能。

过程：

- 改进高保真原型。在原有高保真原型基础上，优化了自动分类算法，增加了详细的支出分析报告，并对应用性能进行了优化。
- 用户测试。再次进行大规模用户测试，邀请 50 位目标用户参与，同时进行 A/B 测试，比较不同版本的用户反馈。
- 反馈收集与分析。测试结果显示，自动分类功能的准确性显著提高，支出分析报告得到了用户的高度评价。A/B 测试结果表明，新版本的用户留存率和满意度均有明显提升。

改进措施：

团队决定在此基础上进行小幅调整，进一步优化用户体验，同时准备进入市场推广阶段。

第四轮迭代：市场推广与持续优化

目标：

在市场推广过程中，持续收集用户反馈，进行小步快跑的优化。

过程：

- 发布市场版本。根据前几轮迭代的成果，发布了市场版本的理财应用。
- 用户反馈机制。建立常规用户反馈机制，通过应用内反馈、社交媒体、客服热线等多渠道收集用户意见和建议。
- 持续优化。根据用户反馈，团队持续进行小步快跑的优化，定期发布更新版本，逐步完善产品功能和性能。

反馈收集与分析：

用户反馈显示，应用在市场上得到了广泛认可，用户数和活跃度稳步提升。部分用户提出希望增加个性化投资建议和理财课程功能。

改进措施：

团队决定在后续迭代中加入个性化投资建议和理财课程功能，以进一步增强应用的竞争力。

通过以上四轮迭代，金融科技公司成功将一款初步设计的理财应用打造成了市场认可的优秀产品。在整个迭代过程中，团队始终保持以用户需求为导向，通过快速原型制作、有效的用户测试、系统的反馈分析和持续的改进，不断优化产品功能和用户体验。这一成功实例充分展示了高效迭代的重要性和实际操作方法，为其他产品开发团队提供了宝贵的经验和借鉴。

8.4　原型设计策略：抛弃型原型和演化型原型

抛弃型原型和演化型原型是软件开发中两种不同的原型设计方法。它们在开发过程、目的和使用方式上有显著区别。

1. 抛弃型原型

抛弃型原型是一种快速开发原型的方式，旨在验证某些功能或设计思想，而不打算将原型直接用于最终产品中。这个原型的主要目标是探索需求、设计交互或测试某些功能，通常不具备完整的系统结构或高质量的代码。

（1）特点。

- 快速构建：为了快速展示概念或与用户进行交流，开发时间较短。
- 低成本：一般不会在质量和性能上投入太多，重在快速反馈。
- 不可重用：该原型完成任务后会被抛弃，不会被纳入正式的开发版本。
- 用途：帮助理解需求、获取用户反馈，或帮助开发团队对某些设计决策进行验证。

（2）优点。

- 快速验证想法，有助于及时发现需求和设计上的问题。
- 避免浪费时间在不成熟的概念上。

（3）缺点。

- 由于代码无法重用，原型阶段的开发工作可能被完全丢弃，造成一定浪费。
- 可能会给客户或利益相关者造成误解，认为原型就是最终产品。

2. 演化型原型

演化型原型是一种逐步改进和扩展的开发方法，开发出的原型在需求明确后会被不断完善，直到成为最终的产品。这个过程中的原型并不是为丢弃而设计的，而是随着项目的进展，逐渐演变成最终产品的一部分。

（1）特点。

- 逐步完善：开发出的原型会逐渐积累功能和特性，最终过渡为正式的产品。
- 反复迭代：每一轮的开发都是在前一轮的基础上进行改进，充分利用已有的代码和架构。
- 高质量：由于原型代码最终会成为产品的一部分，因此开发时对代码质量、性能等要求较高。
- 用途：适合开发过程中需求不完全明确、需要灵活应对变化的项目。

（2）优点。

- 节约时间和成本，因为原型可以逐步演化为最终产品，避免了完全重写。
- 有助于处理不确定需求，通过迭代原型的方式逐步完善产品。

（3）缺点。

- 由于是渐进式开发，可能导致开发周期较长。
- 需要开发团队有较强的代码质量和架构把控能力，避免每次迭代增加系统的复杂度。
- 抛弃型原型适用于快速验证想法，适合在项目早期确定需求或设计时使用，但不会转化为最终产品。

演化型原型则是一种逐步开发的方式，适合需求逐步明确的项目，通过不断迭代，原型最终演化为正式的产品。

下面举一个"技术分享类博客网站"页面的例子，这是一个演化型原型的例子。技术分享类博客网站注册/登录页面的原型设计图如图 8-3 所示。

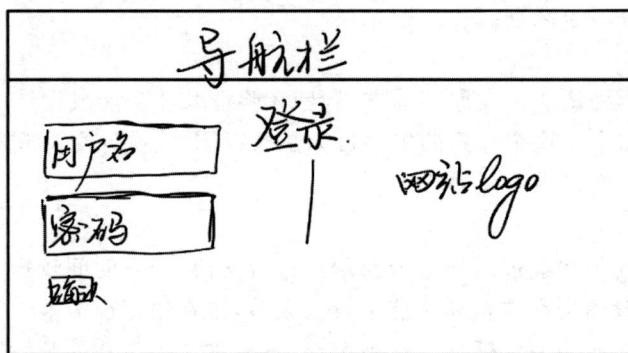

图 8-3　技术分享类博客网站注册/登录页面的原型设计图

经过多次迭代，最终形成了技术分享类博客网站注册/登录页面的 UI 屏幕界面，如图 8-4 所示。

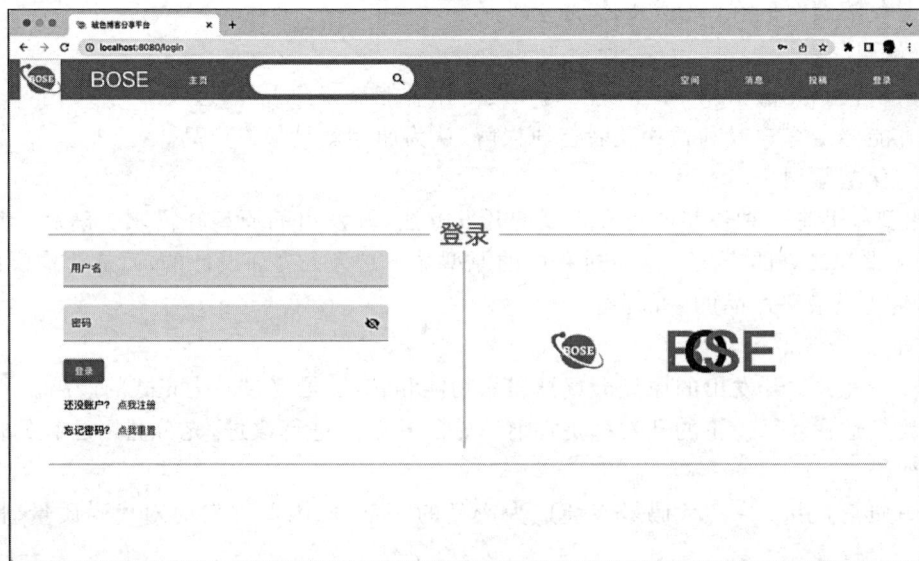

图 8-4　技术分享类博客网站注册/登录页面的 UI 屏幕界面

8.5　案例：小型网上书店系统的原型设计

请扫描下方二维码查看本案例。

本 章 小 结

本章深入探讨了原型设计在软件需求分析中的重要性及其应用。原型设计作为一种有效的工具，能够帮助开发团队在早期阶段快速验证设计思路、收集用户反馈，并降低开发风险。通过原型，团队可以将抽象的需求转化为具体的、可视化的模型，从而促进与用户和利益相关者的沟通。

本章详细介绍了各种原型设计方法，包括低保真原型、高保真原型、纸上原型、数字原型和交互原型。每种方法都有其独特的特点和适用场景，从快速验证概念的低保真原型，到接近最终产品的高保真原型，再到能够真实模拟用户操作的交互原型，这些方法为设计团队提供了多样化的选择。

此外，本章强调了迭代在原型设计中的关键作用。通过不断地设计、测试和反馈循环，团队可以逐步优化产品，确保其最终能够满足用户需求并提供优质的用户体验。本章提供了具体的实例，展示了高效迭代的实际应用，帮助读者理解如何在项目中有效实施迭代策略。

最后，本章探讨了抛弃型原型和演化型原型两种策略的应用场景和优缺点，帮助团队在不同的项目需求下选择合适的原型设计策略。

通过本章的学习，读者应能够全面理解原型设计的理论和实践方法，掌握如何在软件需求分析过程中有效应用原型设计，从而提高产品的用户体验和功能实现质量。希望这些知识能够为读者在实际项目中提供有益的指导和参考。

习　　题

请扫描下方二维码在线答题。

第 9 章　软件需求文档

软件需求文档是软件需求分析过程中至关重要的输出物之一，它为开发团队、测试团队以及项目利益相关者提供了明确的需求指导。作为项目需求的正式记录，软件需求文档不仅描述了系统所需的功能性需求和非功能性需求，还为系统设计、开发、测试和维护提供了依据。通过详细记录软件的所有需求，需求文档确保了团队在项目各个阶段能够保持一致性，并避免了由于需求模糊或沟通不当引发的错误和争议。

本章目标

- 理解软件需求文档在软件开发过程中的关键作用及其目的。
- 掌握软件需求文档的基本结构和主要组成部分。
- 掌握软件需求文档的质量控制方法，包括文档评审和验证。
- 了解如何通过需求文档进行项目的需求跟踪与管理，确保需求的一致性和可追溯性。

9.1　软件需求文档简介

软件需求文档是需求工程中的关键输出之一，用于详细描述软件系统的功能性和非功能性需求。它不仅为开发团队提供了实现系统的明确指南，也为项目的管理、测试和后续维护提供了基础。软件需求文档通常结合了以下几种重要的软件需求制品。

1. 软件原型

软件原型是通过可运行的软件展示需求的一种方法。它直观地演示了软件的业务工作流程、操作界面、用户的输入和输出等功能性需求信息。原型的目的在于帮助用户和开发团队在开发的早期阶段更好地理解和沟通需求，减少由于需求不明确导致的开发风险。原型的使用还可以使各利益相关者对系统功能进行实际体验，并及时反馈修改意见，确保最终产品符合预期。

2. 软件需求模型

软件需求模型是一种以可视化图形形式，从多个视角描述软件功能性需求的工具。常用的软件需求模型包括以下几种。

- 用例模型：明确描述系统与外部用户或其他系统之间的交互，通过用例图展示系统应具备的功能。
- 用例的交互模型：展示不同用例之间的交互关系，帮助理解系统内部的操作逻辑。
- 分析类模型：定义系统的主要类及其属性和方法，帮助理解系统的静态结构。
- 状态模型：展示系统状态的变化以及触发状态变化的条件，通常用于描述系统的动态行为。

这些模型为开发团队提供了一个清晰的、易于理解的需求视图,有助于在设计和实现阶段减少歧义和错误。

3. 软件需求文档

软件需求文档结合了上述的软件需求模型和自然语言的描述,以图文并茂的方式详细刻画了软件需求。文档通常包括以下内容。

- 功能性需求:描述系统必须执行的功能,明确系统的具体行为。
- 非功能性需求:包括性能、安全性、可靠性等方面的需求,定义系统必须满足的质量标准。
- 需求优先级列表:对所有需求进行优先级排序,帮助项目团队合理分配资源和制订开发计划。

这些需求制品共同构成了软件需求文档的核心内容,确保了软件开发过程中的需求明确、可跟踪和可管理性。

9.1.1 软件需求文档的目的与作用

软件需求文档是软件开发过程中极其重要的文档之一。它详细描述了软件系统的需求,提供了开发、测试、维护和管理的基本依据。编写软件需求文档的主要目的是确保所有利益相关者对系统需求有一个清晰、一致的理解,并为软件开发过程提供指导。以下是软件需求文档的主要目的与作用的详细说明。

1. 明确需求,避免误解

软件需求文档的首要目的是记录并明确用户和客户的需求。通过详细描述系统需要实现的功能、性能和其他非功能性需求,软件需求文档可以有效避免由于口头沟通不清或误解而导致的需求不一致和开发错误。

2. 提供开发指南

软件需求文档为开发团队提供了一个清晰的开发指南。它详细列出了系统的功能性需求和非功能性需求,包括性能、安全性、可靠性等要求,使开发人员能够根据文档中的描述进行系统设计和编码,确保开发过程的有序和规范。

3. 支持测试和验收

软件需求文档是测试团队编写测试用例和测试计划的重要依据。通过软件需求文档中的详细描述,测试团队可以确定系统需要满足的所有需求,并设计相应的测试用例来验证系统的正确性和完整性。在系统验收阶段,软件需求文档也是验收测试的标准,确保系统满足客户和用户的所有需求。

4. 促进沟通和协作

软件需求文档是开发团队、测试团队、项目经理以及其他利益相关者之间的重要沟通工具。它为各方提供了一个共同理解和参考的基础,确保各方对系统需求的理解一致,从而促进协作和减少沟通障碍。

5. 支持项目管理

软件需求文档也是项目管理的重要工具。项目经理可以根据软件需求文档中的需求列表,制订项目计划、分配资源、安排任务,并监控项目进展。软件需求文档中明确的需求描述有助于项目经理进行进度控制和风险管理,确保项目按时、按质完成。

6. 提供维护和改进的基础

软件系统在其生命周期中通常会经历多次维护和升级。软件需求文档为维护和改进提供了一个详细的需求基础,帮助维护团队理解系统的原始的设计和需求,从而进行有效的改进和优化。

7. 确保需求的可追溯性

软件需求文档为需求的可追溯性提供了保障。通过在软件需求文档中详细记录需求,团队可以在开发、测试、维护和验收过程中追溯需求的来源、变更历史和实现情况,确保系统的开发过程透明和可控。

8. 支持合同和法律依据

在很多项目中,软件需求文档也是合同的一部分,作为双方约定的需求清单,具有法律效力。它可以作为评估项目完成情况和质量的重要依据,保护双方的合法权益。

软件需求文档是软件开发过程中至关重要的文档,具有明确需求、提供开发指南、支持测试和验收、促进沟通和协作、支持项目管理、提供维护和改进基础、确保需求可追溯性以及支持合同和法律依据等多种目的和作用。通过编写和使用软件需求文档,软件开发团队能够更加高效、有序地进行系统开发,确保最终交付的系统满足用户和客户的需求。

9.1.2 文档的受众与使用者

软件需求文档在软件开发过程中扮演着重要角色,广泛应用于各个阶段的工作中。不同的角色和利益相关者会以不同的方式使用软件需求文档,从而确保项目顺利进行。以下是软件需求文档的主要受众及其使用方式的详细说明。

1. 客户和用户

客户和用户是软件需求文档的直接受众,他们通过软件需求文档来确认和验证需求是否正确地被记录和理解。软件需求文档中的需求描述应尽量用通俗易懂的语言,以便非技术背景的客户和用户能够理解。具体作用如下。

- 需求确认:客户和用户检查软件需求文档,以确保其需求和期望被正确记录。
- 验收标准:软件需求文档提供了明确的系统功能和性能标准,客户和用户据此进行验收测试,确认系统是否符合其需求。

2. 项目经理

项目经理使用软件需求文档进行项目管理,确保项目按计划进行。具体作用如下。

- 项目规划:根据软件需求文档中的需求,项目经理制订项目计划,确定项目范围、里程碑和时间表。
- 资源分配:项目经理根据需求的复杂性和工作量进行资源分配,包括人员、设备和预算。
- 进度控制:项目经理通过软件需求文档跟踪项目进展,确保各个需求项按时完成,及时发现和解决问题。

3. 开发团队

开发团队是软件需求文档的主要使用者之一,他们依靠软件需求文档进行系统设计和编码。具体作用如下。

- 需求理解:开发人员通过软件需求文档深入理解客户和用户的需求,确保开发出的系统符合预期。

- 架构设计：开发团队根据软件需求文档中的功能性需求和非功能性需求设计系统的整体架构。
- 详细设计：开发团队根据软件需求文档中的需求详细描述进行模块设计和接口设计，确保系统的可扩展性和可维护性。
- 编码实现：开发人员根据需求详细描述进行编码，实现系统功能。

4. 测试团队

测试团队使用软件需求文档编写测试用例和测试计划，确保系统满足所有需求。具体作用如下。

- 测试设计：测试人员根据软件需求文档中描述的需求编写测试用例，设计测试方案。
- 测试执行：测试人员根据测试用例执行测试，验证系统功能、性能和其他非功能性需求。
- 缺陷管理：测试人员在测试过程中发现的问题和缺陷，与软件需求文档中的需求对照，进行记录和跟踪。

5. 维护团队

维护团队使用软件需求文档了解系统需求和设计，进行系统维护和升级。具体作用如下。

- 问题诊断：维护人员根据软件需求文档中描述的系统功能和详细设计报告，快速诊断和解决系统问题。
- 系统升级：维护人员在进行系统升级时，通过软件需求文档了解原始需求，确保新版本系统的兼容性和需求满足。

6. 产品经理

产品经理使用软件需求文档进行产品管理和市场分析。具体作用如下。

- 确定需求优先级：产品经理根据软件需求文档中的需求，确定需求优先级，制定产品路线图。
- 市场对比：产品经理根据软件需求文档中的需求描述进行市场分析和竞品对比，制定产品战略。

7. 质量保证团队

质量保证团队使用软件需求文档进行质量评估和过程改进。具体作用如下。

- 质量评估：质量保证人员根据软件需求文档中的需求，评估系统质量，确保系统符合质量标准。
- 过程改进：质量保证人员根据软件需求文档的完整性和准确性提出过程改进建议，优化需求获取和文档编写流程。

软件需求文档的受众和使用者包括客户和用户、项目经理、开发团队、测试团队、维护团队、产品经理以及质量保证团队等多个角色。每个角色根据自己的职责和工作重点，以不同的方式使用软件需求文档，确保软件开发过程的顺利进行，并最终交付符合需求的高质量软件系统。通过明确软件需求文档的受众和使用方式，可以提高文档的编写质量和使用效果，促进项目成功。

9.2 软件需求文档的结构和内容

在深入讨论软件需求文档的具体结构之前,理解其整体框架和组成部分是至关重要的。接下来将详细介绍软件需求文档的各个组成部分,以确保其在整个开发过程中保持一致性和可读性。

9.2.1 软件需求文档结构的组成

软件需求文档是一份详细描述软件系统需求的文档,提供了开发团队、测试团队和其他利益相关者清晰的指导。一个结构良好的软件需求文档应当涵盖所有必要的信息,以确保软件开发过程的顺利进行。图 9-1 是软件需求文档的结构的组成部分,各部分都应详尽专业,并且通俗易懂。

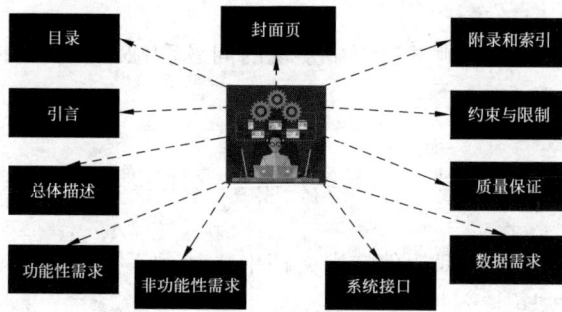

图 9-1 软件需求文档结构的组成

(1)封面页:封面页应包含文档的基本信息,包括文档标题、版本号、作者姓名、创建日期和相关项目的名称。封面页有助于读者快速识别和版本控制。

(2)目录:目录列出文档的所有章节及其页码,便于读者快速查找所需信息。目录应当清晰、有条理,并准确反映文档的内容结构。

(3)引言:引言部分介绍文档的背景信息,提供对项目和需求的总体概述。

(4)总体描述:总体描述部分提供对整个系统的概述,帮助读者理解系统的整体架构和功能。

(5)功能性需求:功能性需求是软件需求文档的核心部分,详细描述系统需要实现的功能。

(6)非功能性需求:非功能性需求描述系统的性能、可用性、安全性等方面的要求,这些需求同样重要,影响系统的用户体验和稳定性。

(7)系统接口:系统接口部分描述系统与其他系统或组件之间的接口,包括硬件接口、软件接口、用户接口等。

(8)数据需求:数据需求部分描述系统的数据处理要求,包括数据的存储、检索和管理。

(9)质量保证:质量保证部分描述保证系统质量的策略和方法。

(10)约束与限制:约束与限制部分列出系统开发和运行中的限制因素。

(11)附录和索引:附录和索引提供文档的补充信息和快速查找工具。

一个结构良好的软件需求文档是项目成功的关键,通过详细描述系统的需求、功能、接口、数据和质量保证等内容,确保所有利益相关者对系统有清晰、统一的理解。软件需求文档的结构和内容不仅有助于开发团队有效地进行系统设计和开发,也为测试团队、维护团队和其他利益相关者提供了重要的参考和指导。

9.2.2 软件需求文档各部分内容详解

在软件需求文档的结构中,各部分的内容都是为了详细描述系统的需求,确保所有参与开发、测试、维护的人员能够清晰理解系统的功能性需求和非功能性需求。以下是对软件需求文档中各部分内容的详细说明。

1. 封面页

封面页通常包含以下信息。

- 文档标题:明确标识文档的内容,如"项目名称 软件需求文档"。
- 版本号:标明文档的版本,便于跟踪和管理文档的修改。
- 作者姓名:列出文档的主要编写者及其联系方式,便于读者在有疑问时进行咨询。
- 创建日期:标明文档的创建时间,帮助了解文档的最新状态。
- 项目名称:明确项目的名称,使文档与项目一一对应。

2. 目录

目录部分应包括文档的所有章节和子章节,清晰地列出它们的标题及对应的页码。目录使读者能够快速定位需要查阅的内容,提高文档的可读性和使用效率。

3. 引言

引言部分主要包括以下内容。

- 项目背景:简要描述项目的背景信息,包括项目的起因、业务需求以及相关的历史背景。
- 目标和目的:说明编写软件需求文档的目的,明确文档将为谁服务以及如何使用。
- 范围:定义系统的功能范围,指出系统的主要功能和不包含的功能。
- 术语表:列出文档中使用的专业术语及其解释,确保读者对术语的理解一致。

4. 总体描述

总体描述部分提供对系统的全面概述,包括以下方面。

- 产品视角:描述系统在整个业务流程中的位置和作用,解释系统与其他系统或模块的关系。
- 用户类和特征:列出系统的不同用户类型及其主要特征和需求。例如,管理员、普通用户和访客等。
- 假设和依赖:列出系统开发和运行所依赖的前提条件和假设,如特定的硬件环境、外部系统或服务等。

5. 功能性需求

功能性需求部分详细描述系统需要实现的各项功能,每个功能性需求应包括以下内容。

- 功能描述:详细描述功能的操作流程、输入数据、处理逻辑和输出结果。
- 用例图:使用用例图展示功能性需求的交互过程,明确各个参与者及其操作步骤。
- 功能优先级:标注每个功能的优先级,帮助开发团队合理安排开发顺序,优先实现关键功能。

示例如下。

功能：用户注册。

描述：系统允许新用户注册账号。

输入：用户提供用户名、密码、邮箱地址等信息。

处理：系统验证输入信息的有效性，检查用户名是否已存在。

输出：注册成功后，用户收到确认邮件。

优先级：高。

6. 非功能性需求

非功能性需求描述系统的性能、可用性、安全性等方面的要求，这些需求虽然不直接描述系统的具体功能，但对系统的整体质量有重要影响。具体内容如下。

- 性能需求：包括系统的响应时间、吞吐量、负载能力等性能指标。例如，"系统应在用户提交请求后 2 秒内返回结果"。

- 可用性需求：描述系统的可用性要求，如系统的稳定性、可维护性和可扩展性。例如，"系统应具备 99.9% 的可用性"。

- 安全需求：列出系统的安全要求，包括数据保护、用户认证和访问控制等。例如，"用户密码应采用 SHA-256 算法进行加密存储"。

- 其他非功能性需求：如兼容性、可靠性、法规遵从等。例如，"系统应兼容主流浏览器，包括 Chrome、Firefox 和 Edge"。

7. 系统接口

系统接口部分详细描述系统与其他系统或组件之间的接口，包括以下内容。

- 硬件接口：列出系统与硬件设备之间的接口要求和通信协议。例如，"系统应通过 USB 接口连接打印机"。

- 软件接口：描述系统与其他软件系统或组件之间的接口，如 API、数据交换格式等。例如，"系统应提供 RESTful API，与外部 CRM 系统集成"。

- 用户接口：提供用户界面的设计原则和标准，可能包括界面原型和设计规范。例如，"用户登录界面应包括用户名、密码输入框和登录按钮"。

8. 数据需求

数据需求部分描述系统的数据处理要求，包括数据的存储、检索和管理。具体内容如下。

- 数据模型：提供系统的数据模型，包括数据实体和关系图。例如，"用户表与订单表通过用户 ID 进行关联"。

- 数据存储：描述系统的数据存储要求，如数据库类型、存储容量等。例如，"系统应使用 MySQL 数据库，初始存储容量为 100GB"。

- 数据处理：列出系统的数据处理需求，如数据的输入、输出和转换要求。例如，"系统应支持 CSV 格式的数据导入和导出功能"。

9. 质量保证

质量保证部分描述保证系统质量的策略和方法。具体内容如下。

- 测试策略：描述系统测试的总体策略和计划。例如，"系统将采用单元测试、集成测试和用户验收测试相结合的测试策略"。

- 测试用例：列出主要功能的测试用例和测试步骤。例如，"用户注册功能的测试用例应包括有效输入、无效输入和边界值测试"。
- 验收标准：明确系统的验收标准和验收流程。例如，"系统功能应满足 90% 以上的用户需求，且无重大缺陷"。

10. 约束与限制

约束与限制部分列出系统开发和运行中的限制因素。具体内容如下。

- 技术约束：描述系统开发中的技术限制，如技术栈、平台等。例如，"系统开发应使用 Java 语言和 Spring 框架"。
- 业务约束：列出系统需要遵守的业务规则和法规要求。例如，"系统应符合 GDPR 数据保护法规"。
- 时间和预算约束：描述项目的时间计划和预算限制。例如，"项目开发周期为 6 个月，总预算为 50 万元人民币"。

详尽的软件需求文档不仅有助于开发团队准确理解和实现系统需求，还为测试团队、维护团队和其他利益相关者提供了重要的参考和指导。通过详细描述各部分的内容，确保软件需求文档的全面性和可读性，从而提高项目开发的效率和质量。

9.2.3 附录和索引的编写

在软件需求文档中，附录和索引部分提供了补充信息和快速查找工具，有助于更好地理解和使用文档。这一部分虽然通常位于文档的末尾，但其重要性不容忽视。以下将详细介绍附录和索引的编写方法及其内容。

1. 附录的编写

附录和索引的编写是软件需求文档不可或缺的一部分。附录通过提供术语表、参考文献、相关文档和数据结构说明等补充信息，增强了文档的完整性和实用性。索引则通过关键词索引的方式，方便读者快速查找所需信息，提高了文档的可读性和使用效率。编写时，需确保附录和索引内容的准确性和全面性，从而为读者提供全面、易用的参考资料。

1）术语表

术语表列出文档中使用的专业术语及其定义，帮助读者统一理解术语含义，避免歧义。术语表通常按字母顺序排列。

示例如下。

术语表：

API(Application Programming Interface)：应用程序编程接口，是软件之间的接口。

CRUD(Create，Read，Update，Delete)：数据库操作的基本功能。

UML(Unified Modeling Language)：统一建模语言，用于软件系统的可视化建模。

2）参考文献

参考文献列出文档编写过程中参考的书籍、论文、标准等资料，提供详细的出处信息。参考文献按引用顺序或字母顺序排列。

示例如下。

参考文献：

[1] 吕云翔. 软件工程基础(题库＋微课视频版)[M]. 北京：清华大学出版社，2022.

[2] 吕云翔,赵天宇.UML 面向对象分析、建模与设计[M].2 版.北京：清华大学出版社,2021.

3）相关文档

相关文档列出与项目相关的其他文档,帮助读者获取更多信息。这些文档可以是项目计划书、设计文档、测试计划等。

示例如下。

相关文档：

项目计划书：描述项目的总体规划和时间表。

设计文档：提供系统的详细设计和架构信息。

测试计划：描述系统的测试策略和测试用例。

4）数据结构说明

数据结构说明详细描述系统中的结构信息,包括数据表的名称、各字段的含义、数据类型及其约束条件。这有助于理解系统背后的数据模型和数据库设计。

2. 索引的编写

索引部分提供文档内容的关键词索引,便于读者快速查找相关信息。索引通常按字母顺序排列,每个关键词对应的页码可以帮助读者快速定位文档中的具体内容。

1）确定关键词

确定关键词时,应选择文档中出现频率较高、对读者有帮助的词汇。关键词可以是功能名称、技术术语、重要概念等。

示例如下。

关键词索引：

API　　　10，23，45

CRUD　　15，37

用户注册　18，29，50

UML　　　22，31，44

2）编写索引

将选定的关键词按字母顺序排列,并标注它们在文档中的页码。为了确保索引的准确性,可以使用文本处理工具自动生成索引。

示例如下。

索引：

A

API　　　10，23，45

C

CRUD　　15，37

U

用户注册　18，29，50

UML　　　22，31，44

附录和索引的编写是软件需求文档不可或缺的一部分。附录通过提供术语表、参考文献、相关文档和数据字典等补充信息，增强了文档的完整性和实用性。索引则通过关键词索引的方式，方便读者快速查找所需信息，提高了文档的可读性和使用效率。编写时需确保附录和索引内容的准确性和全面性，从而为读者提供全面、易用的参考资料。

9.3   软件需求文档的质量控制

在软件开发过程中，确保软件需求文档的质量至关重要。高质量的需求文档不仅能有效指导开发和测试，还能降低在后续阶段出现问题的风险。在这一背景下，需求文档的评审、验证与确认成为关键环节。通过系统的评审和验证过程，团队能够识别和纠正文档中的错误与遗漏，从而提高文档的准确性和一致性。这一过程不仅增强了团队的沟通与协作，也为项目的成功奠定了坚实的基础。接下来将深入探讨软件需求文档的评审过程及其重要性。

9.3.1   软件需求文档的评审

软件需求文档的评审是需求工程中的关键环节，通过系统的评审过程，可以确保需求文档的准确性、一致性和完整性。评审不仅能帮助团队发现潜在的问题，还能促进团队成员之间的沟通和理解，提高需求文档的质量和项目的成功率。

1. 评审的目的

需求文档的评审目的如下。

- 发现错误和遗漏：识别软件需求文档中的错误、不明确和遗漏的需求，确保所有功能性需求和非功能性需求都得到了清晰的定义。
- 验证需求的一致性和完整性：检查需求是否一致且不自相矛盾，确保文档涵盖了项目范围内的所有需求。
- 提高文档的可理解性：确保需求描述清晰易懂，避免歧义，使所有利益相关者对需求有共同的理解。
- 确保需求的可实现性：评估需求的技术可行性，确保需求可以在给定的时间和资源内实现。
- 促进团队沟通：通过评审过程，促进团队成员之间的沟通和协作，共同理解和澄清需求。

2. 评审的类型

评审主要分为以下几种类型。

- 正式评审：包括走查（Walkthrough）和技术评审（Technical Review），通常由项目经理或需求工程师主持，邀请项目团队成员、客户代表和其他利益相关者参加。
- 非正式评审：通常由项目团队内部自行组织，采用较为灵活的方式进行，旨在快速发现和解决问题。
- 同级评审：也称为同行评审（Peer Review），由同事或其他团队成员进行评审，提供建设性的反馈和建议。

3．评审的步骤

软件需求文档评审通常包括以下步骤。

1）准备阶段

- 确定评审目标：明确此次评审的具体目标，例如，发现文档中的错误、评估需求的可实现性等。
- 选择评审小组：挑选合适的评审人员，包括项目经理、需求工程师、开发人员、测试人员和客户代表等。
- 分发文档：将软件需求文档分发给评审小组成员，并为其提供足够的时间进行独立审阅。

2）评审会议

- 召开评审会议：由评审主持人召集会议，介绍评审的目标和议程。
- 逐条审阅需求：逐条审阅软件需求文档的内容，评审小组成员提出问题和意见。
- 记录问题和建议：记录评审过程中发现的问题和改进建议，并明确责任人和解决期限。

3）后续处理

- 问题跟踪和解决：根据评审记录的问题和建议进行修改和改进。责任人须跟踪问题的解决情况，确保所有问题都得到处理。
- 二次评审：必要时进行二次评审或后续评审，确保所有修改和改进都符合要求。

4．评审的最佳实践

- 多样化的评审团队：邀请来自不同领域的专家和利益相关者参加评审，确保评审意见的多样性和全面性。
- 充分地准备：确保评审小组成员在会议前充分审阅软件需求文档，并记录自己的问题和建议。
- 明确的议程和目标：在评审会议开始前，明确评审的目标和议程，确保会议高效进行。
- 建立问题跟踪机制：使用问题跟踪工具或表格记录和跟踪评审中发现的问题，确保问题得到及时解决。
- 重视沟通和协作：在评审过程中鼓励开放的沟通和建设性的反馈，促进团队成员之间的协作和理解。

5．实例分析

在一个实际的项目中，某软件公司开发了一款面向企业客户的项目管理工具。在需求分析阶段编写了详细的软件需求文档，并计划通过评审过程确保文档质量。

- 准备阶段：项目经理选定了评审小组成员，包括需求工程师、开发团队代表、测试团队代表和客户代表。文档分发后，每个成员进行了独立审阅。
- 评审会议：评审会议开始后，项目经理介绍了评审目标和议程。在逐条审阅需求时，开发人员指出某些需求技术难以实现，测试人员发现了一些需求的测试用例不明确，客户代表提出了额外的业务需求。
- 记录和解决：评审中记录了所有问题和建议，明确了责任人。会后，需求工程师对文档进行了修改，开发团队评估了技术可行性，客户代表确认了业务需求的合理性。

- 二次评审：修改完成后进行了二次评审，确保所有问题都得到了解决，最终确认软件需求文档符合项目要求。

通过严格的评审过程，该项目软件需求文档的质量得到了显著提升，项目团队在后续开发过程中减少了因需求问题引发的变更和争议，确保了项目的顺利进行。

软件需求文档的评审是确保文档质量的关键步骤，通过系统的评审过程，可以有效发现和解决文档中的问题，提升软件需求文档的准确性、一致性和完整性，为项目的成功奠定坚实基础。

9.3.2 软件需求文档的验证与确认

软件需求文档的验证与确认是确保需求准确、完整和可实现的关键步骤。这一过程旨在确认软件需求文档不仅符合客户和利益相关者的期望，还具备技术可行性，并能在实际开发中被正确实现。

1. 验证与确认的目的

- 确保需求的准确性和完整性：确保所有记录的需求准确反映了客户和利益相关者的期望，没有遗漏任何重要的功能性或非功能性需求。
- 验证需求的可实现性：评估需求是否在给定的技术、时间和资源限制内可实现，确保需求具备可操作性。
- 提升需求的一致性：确认软件需求文档中的所有需求彼此一致、不自相矛盾，并且与项目的整体目标和范围保持一致。
- 增强客户和利益相关者的信心：通过验证和确认过程，使客户和利益相关者对软件需求文档的质量和完整性感到满意，从而增强其对项目的信心。

2. 验证与确认的方法

- 需求审查会议：通过组织需求审查会议，邀请项目团队成员、客户和其他利益相关者一起逐条审查需求，讨论每条需求的合理性、可行性和实现难度。
- 原型演示：利用低保真或高保真原型，向客户和利益相关者展示需求的实际效果，通过可视化的方式确认需求是否符合期望。
- 模型验证：使用建模工具创建需求模型，如用例图、活动图和类图等，通过模型的形式验证需求之间的逻辑关系和一致性。
- 用户测试：在开发初期进行用户测试和可用性测试，收集真实用户的反馈，验证需求是否满足用户的实际需求和使用习惯。
- 需求跟踪矩阵：建立需求跟踪矩阵，将每个需求与相应的设计、实现和测试进行关联，确保每个需求都能在后续的开发和测试阶段得到实现和验证。

3. 验证与确认的步骤

1) 准备阶段

- 确定验证与确认的目标：明确验证与确认的具体目标，如确认需求的可实现性、验证需求的一致性等。
- 组建验证与确认团队：选择合适的团队成员，包括项目经理、需求工程师、开发人员、测试人员和客户代表等。
- 准备验证资料：准备软件需求文档、原型、模型和其他相关资料，供验证与确认使用。

2）执行阶段

- 需求审查：召开需求审查会议，逐条审查软件需求文档中的内容，记录发现的问题和意见。
- 原型演示：向客户和利益相关者演示原型，收集反馈意见，确认需求是否符合预期。
- 模型验证：利用建模工具验证需求模型，确保需求之间的逻辑关系和一致性。
- 用户测试：组织用户测试，收集用户反馈，验证需求是否满足用户需求。

3）问题解决与反馈

- 记录和分析问题：记录在验证与确认过程中发现的问题和改进意见，分析问题的原因和影响。
- 解决问题：根据分析结果，修改软件需求文档、原型或模型，解决发现的问题。
- 二次验证：必要时进行二次验证与确认，确保所有问题都得到解决，软件需求文档符合要求。

4. 实例分析

在某在线购物平台开发项目中，项目团队需要通过软件需求文档的验证与确认，确保平台功能性需求的准确性和可实现性。

（1）需求审查会议：项目团队组织了一次需求审查会议，邀请客户代表、需求工程师、开发人员和测试人员共同参与。会议逐条审查软件需求文档的内容，客户代表确认了每个功能性需求是否符合其业务需求，开发人员评估了需求的技术可行性，测试人员提出了对需求的测试用例建议。

（2）原型演示：项目团队制作了高保真原型，向客户演示了平台的主要功能，包括商品搜索、购物车、订单管理和支付流程等。客户通过原型体验了各个功能的操作流程，并提供了反馈意见。根据客户的反馈，项目团队对部分需求进行了调整和修改。

（3）模型验证：项目团队使用 UML 工具创建了平台的用例图和类图，通过模型验证需求之间的逻辑关系和一致性。开发人员根据模型提出了一些需求优化建议，软件需求工程师对软件需求文档进行了相应的更新。

（4）用户测试：在开发初期，项目团队组织了一次小规模的用户测试，邀请真实用户体验平台的原型功能。通过用户测试，团队收集了用户的实际反馈，验证了需求的可用性和用户满意度。根据用户反馈，团队进一步优化了部分需求的设计。

（5）二次验证：在完成上述修改和优化后，项目团队进行了二次验证，确认所有问题都得到了有效解决。最终，客户对软件需求文档的质量和完整性感到满意，软件需求文档通过了最终确认。

通过系统的验证与确认过程，该在线购物平台项目的软件需求文档得到了有效验证和优化，确保了需求的准确性、完整性和可实现性。项目团队在后续的开发过程中减少了因需求问题引发的变更和争议，确保了项目的顺利进行。

软件需求文档的验证与确认是确保需求质量的关键步骤，通过系统的验证与确认，可以有效发现和解决软件需求文档中的问题，提高软件需求文档的准确性、一致性和可实现性，为项目的成功奠定坚实基础。

9.4 软件需求文档的管理和维护

在 9.2 节中已经介绍了软件需求文档的实例,这为需求文档的实际应用提供了参考。然而,在实际的软件开发过程中,需求文档不仅是一次性编写的静态文档,它还需要在项目的不同阶段进行维护和更新。接下来本节将深入探讨软件需求文档的管理与维护策略,重点关注如何通过版本控制、变更管理和需求的可追溯性来确保文档的一致性和可靠性。

9.4.1 软件需求文档的版本控制

在软件开发的生命周期中,软件需求文档不仅需要详细、准确地描述软件的需求,还需要不断进行管理和维护。需求的变化是不可避免的,因此软件需求文档的管理和维护变得尤为重要。本节将介绍如何有效地管理和维护软件需求文档,以确保其版本控制、变更管理以及可维护性和可追溯性。

软件需求文档的版本控制是需求管理中的一个关键环节。通过有效的版本控制,团队可以跟踪需求的变化,确保所有成员都在使用最新的文档,并能追溯到需求的历史版本。以下是关于软件需求文档版本控制的详细内容。

1. 版本控制的重要性

版本控制的主要目的是管理软件需求文档的不同版本,避免混淆和错误。具体来说,版本控制的重要性体现在以下几方面。

- 历史跟踪:通过版本控制,团队可以跟踪需求的演变过程,了解每个版本的变化历史。
- 冲突管理:版本控制可以帮助团队管理并解决多个成员在同时编辑文档时可能出现的冲突。
- 一致性保证:确保所有成员使用的都是最新的文档版本,避免因版本不一致而导致的沟通错误和开发问题。
- 变更管理:版本控制是变更管理的基础,通过记录每次变更,可以更好地进行变更的评估和管理。

2. 版本号的定义

为了有效地进行版本控制,需要对软件需求文档进行版本号定义。常见的版本号格式为"主版本号.次版本号.修订号",如 1.2.3,其中:

- 主版本号:当文档发生重大变化或进行重要更新时,主版本号递增。
- 次版本号:当文档新增功能或进行较大改动时,次版本号递增。
- 修订号:当文档进行小修正或错误修复时,修订号递增。

例如:

- 1.0.0:初始版本。
- 1.1.0:新增重要功能。
- 1.1.1:修复小错误。

3. 版本控制流程

软件需求文档的版本控制流程通常包括以下步骤。

- 版本创建：在每次需求评审或重大变更后，创建一个新的版本并进行版本号更新。
- 版本发布：将新版本发布给相关的团队成员，确保所有人都能及时获取最新的软件需求文档。
- 版本存储：将每个版本的软件需求文档存储在版本控制系统中，如 Git、SVN 等，以便随时进行查阅和追溯。
- 变更记录：在文档中详细记录每个版本的变更内容，包括新增功能、修改内容、修复问题等。

4. 版本控制工具

为了高效地进行版本控制，可以使用以下版本控制工具。

- Git：一种分布式版本控制系统，广泛用于软件开发中，支持并行开发和冲突解决。
- SVN(Subversion)：一种集中式版本控制系统，适用于团队协作，便于管理不同版本的文档。
- Microsoft SharePoint：用于存储、组织和共享信息的工具，适合文档管理和版本控制。
- Google Docs：在线协作工具，支持文档版本历史查看和管理。

5. 版本控制实例

下面是一个简单的版本控制实例，以电子商务平台软件需求文档为例。

初始版本(1.0.0)：

- 包含基本功能性需求，如用户注册、商品浏览、购物车和订单管理等。

- 记录日期：2024 年 1 月 1 日。

版本 1.1.0：

- 新增功能：增加商品评价和评分系统。

- 变更内容：修改了商品详细页面，新增评价和评分模块。

- 记录日期：2024 年 2 月 1 日。

版本 1.1.1：

- 修复内容：修正了购物车页面的显示错误。

- 记录日期：2024 年 2 月 15 日。

版本 2.0.0：

- 重大更新：引入新模块，如推荐系统和促销活动管理。

- 变更内容：修改了系统架构，新增了推荐系统的接口和促销活动的管理后台。

- 记录日期：2024 年 4 月 1 日。

通过这种版本控制方式，团队可以清晰地了解软件需求文档的变更历史，确保所有成员都在使用最新版本，并能快速定位和解决需求变化带来的问题。有效的版本控制不仅提高了文档的可维护性，也为后续的需求变更和系统开发提供了可靠的依据。

9.4.2 软件需求文档的变更管理

变更管理是软件需求文档管理过程中至关重要的一部分。在项目的开发过程中，软件的需求经常会发生变化。这些变化可能是由于市场需求的变化、用户反馈、技术进步或其他原因引起的。为了确保项目的顺利进行，软件需求文档的变更管理必须系统化、规范化，并且能够跟踪和记录每一项变更的细节和原因。

1. 变更管理的重要性

变更管理的重要性体现在以下几方面。

- 控制项目范围：通过变更管理，可以避免项目范围的无限扩展，确保项目在既定范围内进行。
- 确保一致性：通过系统化的变更管理，可以确保所有项目成员都能获得最新的需求信息，避免因信息不一致而导致的错误。
- 提高项目质量：变更管理有助于对需求变更进行充分评估和验证，确保变更的合理性和可行性，从而提高项目的整体质量。
- 提升沟通效率：通过明确的变更流程和记录，提升团队内部及与客户之间的沟通效率。

2. 变更管理流程

一个有效的变更管理流程通常包括以下几个步骤。

1）变更请求的提出

- 提出者：变更请求可以由客户、项目经理、开发团队成员或其他利益相关者提出。
- 变更请求表：在提出变更请求时，需填写详细的变更请求表，内容包括变更的原因、具体需求、预期影响等。

2）变更请求的评估

- 评估小组：通常由项目经理、需求工程师、技术负责人等组成评估小组，对变更请求进行初步评估。
- 影响分析：评估变更对项目范围、进度、成本、质量等方面的影响。必要时进行技术可行性分析和风险评估。

3）变更请求的批准

- 评审会议：召开变更评审会议，邀请相关利益相关者共同讨论并决定是否批准变更请求。
- 决策记录：将变更请求的评审结果和决策记录在案，包括批准、拒绝或需要进一步信息等。

4）变更的实施

- 变更计划：如果变更请求被批准，制订详细的变更实施计划，包括变更的具体步骤、负责人、时间安排等。
- 实施变更：按照变更计划进行软件需求文档和相关系统的变更。确保所有相关文档和系统版本一致。

5）变更的验证与确认

- 验证测试：对变更后的需求和系统进行验证测试，确保变更内容满足预期要求。
- 客户确认：在完成验证后，邀请客户进行确认，确保变更内容符合客户需求。

6）变更的记录与归档

- 记录变更：详细记录变更的全过程，包括变更请求、评估、批准、实施、验证等各个环节。
- 归档管理：将变更记录归档，方便后续查询和审计。

3. 变更管理工具

为了高效管理需求变更,可以借助一些专业的变更管理工具。这些工具能够帮助团队规范变更流程、提高沟通效率、确保变更的可追溯性。常用的变更管理工具包括以下几种。

JIRA:一款广泛使用的项目管理和问题跟踪工具,支持需求变更管理、任务分配、进度跟踪等功能。

Trello:一个灵活的项目管理工具,支持卡片和看板的方式管理需求变更,便于团队协作。

Asana:一款任务管理工具,支持变更管理、任务分配、团队协作等功能,适用于需求变更的跟踪和管理。

Confluence:一种企业级的文档管理和协作工具,适合软件需求文档的变更记录和归档管理。

4. 变更管理实例

以下是一个变更管理实例,展示了一个电子商务平台项目中的需求变更管理过程。

背景:在项目开发过程中,客户提出增加商品推荐系统的需求。

1)变更请求的提出

提出者:客户。

变更请求表:

- 变更原因。提高用户体验,增加销售额。
- 具体需求。在商品详情页增加推荐商品模块。
- 预期影响。可能影响系统性能和页面加载时间。

2)变更请求的评估

评估小组:项目经理、需求工程师、技术负责人。

影响分析:

- 项目范围。增加推荐系统的开发工作。
- 项目进度。预计延长 2 周开发时间。
- 项目成本。增加开发费用 5 万元。
- 技术可行性。需要引入推荐算法,评估系统性能影响。

3)变更请求的批准

评审会议:评估变更的必要性和可行性,讨论后决定批准变更请求。

决策记录:记录变更请求批准的会议纪要。

4)变更的实施

变更计划:制订推荐系统的开发计划,包括需求分析、设计、开发、测试等步骤。

实施变更:按照计划进行开发,并同步更新软件需求文档和系统版本。

5)变更的验证与确认

验证测试:对推荐系统进行功能和性能测试,确保满足需求。

客户确认:客户确认推荐系统符合预期要求。

6)变更的记录与归档

记录变更:详细记录变更过程和各环节的情况。

归档管理:将变更记录归档,方便后续查询和审计。

通过系统化的变更管理,项目团队可以有效应对需求变更,确保变更过程透明、高效,最终交付满足客户需求的高质量软件产品。

9.4.3 软件需求文档的可维护性与可追溯性

在软件开发过程中,软件需求文档的可维护性和可追溯性至关重要。确保软件需求文档具有良好的可维护性和可追溯性,有助于项目团队在整个开发生命周期内高效地管理和更新需求,从而提高项目的成功率和质量。

1. 可维护性的定义与重要性

可维护性指的是软件需求文档在项目生命周期中易于修改和更新的能力。需求变更是软件开发中不可避免的现象,良好的可维护性能够确保软件需求文档在面对变更时,能够快速、准确地进行更新,而不会影响到项目的整体进度和质量。

重要性如下。

- 减少错误:通过良好的可维护性,可以及时、准确地更新软件需求文档,避免因文档不一致导致的开发错误。
- 提高效率:维护方便的文档能够减少团队在需求更新上的时间和精力,使其能够专注于核心开发工作。
- 增强沟通:清晰、易于维护的文档有助于团队内部及与客户之间的沟通,确保所有相关人员都能准确理解需求。

2. 提高软件需求文档可维护性的方法

1)结构化文档

使用统一的模板和格式,确保文档结构清晰、条理分明。每个需求条目应当有唯一的编号和明确的标题,方便查找和更新。

2)模块化需求

将需求分解为独立的模块,每个模块描述一个特定的功能或特性。这样,在需求变更时,只需修改相关模块,而不必影响整个文档。

3)版本控制

采用版本控制系统(如 Git)来管理软件需求文档的变更。每次变更都应记录版本号、修改内容、修改人和修改日期,确保文档的历史记录清晰可查。

4)注释和说明

在文档中添加详细的注释和说明,解释需求的背景、目的和具体细节。这样,在维护和更新文档时,能够快速理解和准确修改。

5)自动化工具

使用自动化工具来生成和更新软件需求文档,减少手动维护的工作量,提高文档的一致性和准确性。

3. 可追溯性的定义与重要性

可追溯性指在软件需求文档中,能够清晰地跟踪需求的来源、变化过程及其与其他文档和系统组件的关联。良好的可追溯性可以确保需求在整个开发生命周期中的透明度和一致性,有助于需求的验证和确认。

重要性如下。

- 确保一致性：通过可追溯性，可以确保需求在不同文档和系统组件中的一致性，避免因信息不一致导致的开发错误。
- 提升质量：可追溯性有助于对需求进行全面的验证和确认，确保需求的正确性和完整性，从而提高软件的整体质量。
- 便于审计：在项目后期或审计时，能够清晰地追溯需求的变更过程和决策依据，方便项目的审计和管理。

4. 实现软件需求文档可追溯性的方法

1）需求编号

给每个需求分配唯一的编号，确保需求在整个文档和项目生命周期中都能被唯一标识和引用。

2）需求跟踪矩阵

使用需求跟踪矩阵（Requirements Traceability Matrix，RTM）将需求与其对应的设计、开发、测试和验收文档进行关联，确保需求的全面追溯。

3）双向追溯

实现需求的双向追溯，既能够从需求追溯到设计和测试用例，也能够从设计和测试用例追溯回需求，确保需求在整个开发过程中的完整性和一致性。

4）变更记录

记录每个需求的变更历史，包括变更原因、变更内容、变更时间和变更人，确保需求的变更过程透明可查。

5）工具支持

使用需求管理工具（如 JIRA、DOORS 等）来自动化需求的追溯过程，提供强大的查询和报告功能，方便需求的管理和追溯。

5. 实例分析

实例：电子商务平台的需求管理。

在一个电子商务平台项目中，软件需求文档的可维护性和可追溯性至关重要。以下是该项目中软件需求文档管理的具体实践。

1）结构化文档

使用统一的模板和格式，软件需求文档分为功能性需求、非功能性需求、用户界面需求等模块，每个需求条目都有唯一编号和详细说明。

2）模块化需求

将需求分解为商品管理、订单管理、用户管理、支付系统等独立模块。每个模块独立描述对应功能的需求，方便维护和更新。

3）版本控制

采用 Git 进行版本控制，每次需求变更都记录在案，包括变更内容、变更人和变更日期。团队成员可以查看需求的变更历史，了解需求的演变过程。

4）需求编号和 RTM

给每个需求分配唯一编号，并使用 RTM 将需求与设计文档、测试用例进行关联。需求编号和 RTM 确保了需求的双向追溯，从需求到设计和测试用例的关联一目了然。

5）变更记录

记录每个需求的变更历史，包括变更原因、内容和时间。在软件需求文档中添加注释和说明，解释需求的背景和具体细节，便于后续维护。

6）工具支持

使用 JIRA 进行需求管理，提供需求的创建、跟踪、变更记录等功能。JIRA 还支持需求的双向追溯，方便团队成员随时查询和更新需求信息。

通过这些实践，该电子商务平台项目成功地实现了软件需求文档的可维护性和可追溯性，确保了项目在开发过程中的需求管理高效、透明、可控。

良好的软件需求文档管理不仅有助于项目的顺利进行，还能提高团队的工作效率和软件产品的质量。确保软件需求文档的可维护性和可追溯性是每个软件项目成功的关键因素之一。

9.5　软件需求文档（需求规格说明书）编写指南

一般来说，软件需求规格说明书的格式可以根据项目的具体情况有所变化，没有统一的标准。请扫描下方的二维码，是一个可参照的软件需求规格说明书的模板。

9.6　案例：在线音乐播放平台的需求规格说明书

请扫描下方二维码查看本案例。

本 章 小 结

本章深入探讨了软件需求文档的重要性及其管理和维护的关键方面，提供了系统化的指导和详细的案例分析。首先，介绍了软件需求文档的定义、目的与作用，明确了软件需求文档在软件开发中的核心地位。软件需求文档不仅是开发团队的指导性文件，也是与客户和其他利益相关者沟通的桥梁，其准确性和完整性直接影响到项目的成败。

本章进一步详细解析了软件需求文档的受众与使用者，包括开发人员、测试人员、项目经理和客户等。这些不同的角色对软件需求文档的期望和使用方式各不相同，在编写文档时需要充分考虑这些多样化的需求，确保所有相关方都能清楚理解并有效利用文档。

在软件需求文档的结构和内容方面，本章介绍了文档的基本组成部分，包括封面页、目录、引言、总体描述、约束与限制，以及附录的索引等。每个部分都承载着特定的信息和功能，科学合理的结构设计能够提升文档的可读性和可维护性。此外，本章还详细解释了各部分的具体内容及编写要点,确保文档详尽准确,满足项目需求。

软件需求文档的质量控制是确保文档有效性的关键环节。本章探讨了软件需求文档的评审、验证与确认的方法。通过严格的评审流程和多方验证,能够及时发现并纠正文档中的错误和遗漏,提高文档的准确性和完整性。

通过实例解析,本章展示了不同类型项目的软件需求文档实例,提供了实用的参考模板和实际应用场景。实例分析不仅帮助开发团队理解文档的结构和内容,也展示了如何在实际项目中应用这些理论和方法。

接着,本章讨论了软件需求文档的可维护性与可追溯性。这两个特性确保了需求在整个项目生命周期中的透明度和一致性。通过良好的可维护性,软件需求文档可以方便地进行更新和修改,保持与实际开发情况的一致。通过强大的可追溯性,可以清晰地跟踪需求的来源和变更过程,确保需求的全面性和准确性。

总体而言,本章系统地阐述了软件需求文档的各个方面,从定义、结构、质量控制到管理和维护,为读者提供了全面的指导和实践经验。通过对理论知识和实际案例的结合,帮助读者深刻理解和掌握软件需求文档的编写和管理方法,为后续的开发工作奠定坚实的基础。

习　题

请扫描下方二维码在线答题。

第 10 章　软件需求确认和验证

　　软件需求文档是软件开发过程中至关重要的输出物之一,它为开发团队、测试团队以及项目利益相关者提供了明确的需求指导。作为项目需求的正式记录,软件需求文档不仅描述了系统所需的功能性需求和非功能性需求,还为系统设计、开发、测试和维护提供了依据。通过详细记录软件的所有需求,需求文档确保了团队在项目各个阶段能够保持一致性,并避免了由于需求模糊或沟通不当引发的错误和争议。

　　本章将深入探讨软件需求文档的结构、内容以及编写方法,介绍如何通过需求文档为项目的成功奠定基础。本章将详细阐述文档的关键组成部分,并讨论如何确保文档的准确性、可维护性和可追溯性。此外,本章还将涵盖需求文档的质量控制、评审过程以及需求变更管理,帮助读者理解如何通过有效的文档管理来提高项目的效率与成功率。

本章目标
- 理解软件需求确认和验证的基本概念及重要性。
- 掌握确认和验证过程的主要步骤及其具体应用方法。
- 学会如何通过需求评审、原型评审、测试等方式确认需求的正确性。
- 了解如何验证软件需求的可实现性,确保开发过程符合设计规范。

10.1　确认和验证的目标与重要性

　　在软件开发过程中,确认和验证的目标是确保需求的正确性和可实现性,而这一过程贯穿于需求分析的各个阶段。接下来将详细探讨确认和验证的定义,并进一步分析其在项目实施中的作用和应用方法。

10.1.1　确认和验证的定义

　　在软件工程中,"确认"和"验证"是两个关键概念,虽然它们经常一起提及,但它们在目标和方法上有着显著的区别。

1. 确认

　　确认是确保产品满足用户需求和期望的过程。它主要关注的是产品的正确性,即产品是否正确地解决了用户的问题。确认的过程包括各种形式的用户测试、用户反馈、原型评估等,目的是确保开发出来的软件能够在实际使用中满足用户的需求。

2. 验证

　　验证是确保产品按照规范和设计进行开发的过程。它主要关注的是过程的正确性,即产品是否按照设计和规范正确地实现。验证包括代码审查、单元测试、集成测试等,目的是确保软件在每个开发阶段都严格遵循了预定的设计和规范。

确认和验证过程有助于确保软件产品的质量和可靠性,减少软件发布后出现的问题和缺陷。

3. 确认的详细定义

确认过程的主要任务是确定软件产品是否符合用户需求和期望,通常包括以下几方面。

- 用户需求对比:确保软件的功能、性能、界面等与用户的需求描述相一致。
- 用户体验测试:通过用户体验测试,确定软件是否在实际使用中能够满足用户的需求和期望。
- 场景和用例验证:通过实际的使用场景和用例来检验软件的功能和性能。

4. 验证的详细定义

验证过程的主要任务是确保软件产品的开发过程和最终产品都符合预定的设计和规范。通常包括以下几方面。

- 静态分析:通过代码审查、文档检查等静态方法,确保软件的设计和实现符合规范。
- 动态测试:通过单元测试、集成测试、系统测试等动态方法,确保软件的各个部分都按照设计正确地实现,并且在集成后能够正确地协同工作。
- 工具和自动化:利用静态分析工具、测试自动化工具等,提升验证过程的效率和准确性。

5. 确认和验证的关系

虽然确认和验证的关注点和方法不同,但它们是相辅相成的。在软件开发过程中,这两个过程的有效结合能够显著提升软件产品的质量,降低开发风险和成本。

- 确认确保用户满意度:通过确认,开发团队能够了解用户的真实需求和期望,确保最终产品能够解决用户的问题,提升用户满意度。
- 验证确保过程规范:通过验证,开发团队能够确保软件开发过程和产品都符合设计和规范,减少开发过程中出现的错误和偏差。

在实际的软件开发中,确认和验证的工作贯穿于整个开发生命周期,从需求获取、设计、实现到测试、部署,每个阶段都需要进行确认和验证,以确保软件产品的质量和可靠性。有效的确认和验证能够帮助开发团队及时发现和解决问题,避免在后期出现重大缺陷和返工,提高开发效率和产品质量。

10.1.2 确认和验证在软件开发过程中的作用

确认和验证在软件开发过程中发挥着至关重要的作用,它们确保了软件产品的质量、可靠性和用户满意度。以下是确认和验证在软件开发各个阶段中的具体作用和重要性。

1. 需求分析阶段

- 确保需求的准确性:在需求分析阶段,通过确认活动,开发团队可以确保所有的需求都准确地反映了用户的需求和期望。验证活动则可以帮助确认需求文档的完整性和一致性。
- 减少误解和遗漏:通过与用户的沟通和反馈,确认过程能够及时发现需求描述中的模糊或不明确之处,减少后续开发中的误解和遗漏。

2. 设计阶段

- 验证设计的正确性：在设计阶段，验证活动可以确保设计文档符合需求规范，并且设计方案是合理且可行的。例如，通过设计评审和静态分析，开发团队可以提前发现设计中的潜在问题。
- 评估用户体验：通过原型设计和用户测试，确认过程能够让用户提前体验软件界面和交互，评估设计是否符合用户期望，并根据反馈进行优化。

3. 实现阶段

- 保证代码质量：在实现阶段，验证活动主要包括代码审查和单元测试，确保代码实现符合设计规范，减少代码中的错误和缺陷。
- 持续确认用户需求：通过持续的用户反馈和确认活动，开发团队能够在实现过程中不断调整和优化软件功能，确保最终产品符合用户需求。

4. 测试阶段

- 全面测试软件功能：在测试阶段，验证活动通过各种测试方法（如单元测试、集成测试、系统测试等）全面验证软件的各项功能是否正确实现，并检测软件中的缺陷和问题。
- 确认用户满意度：通过用户验收测试，确认软件在真实使用环境中的表现，确保软件能够满足用户需求和期望。

5. 部署和维护阶段

- 确保软件稳定性：在部署阶段，验证活动确保软件能够在目标环境中稳定运行，并且各项功能都按预期工作。
- 持续改进和优化：在维护阶段，通过不断的用户反馈和确认活动，开发团队能够持续改进和优化软件，解决用户在使用过程中遇到的问题。

6. 实例分析

实例：在线购物系统。

在一个在线购物系统的开发过程中，确认和验证发挥了重要作用。

- 需求分析阶段：通过与客户的多次沟通和确认，开发团队准确地理解了客户希望实现的功能，如商品搜索、购物车、订单处理等，并根据用户反馈不断完善需求文档。
- 设计阶段：通过原型设计和用户测试，开发团队确认了界面设计的用户友好性和交互的合理性。设计评审和静态分析则帮助开发团队发现了设计中的潜在问题，如数据库设计不合理、支付流程复杂等。
- 实现阶段：在开发过程中，通过代码审查和单元测试，验证了代码实现的正确性和质量。持续的用户反馈则帮助开发团队及时调整和优化功能，实现用户需求。
- 测试阶段：系统测试和集成测试验证了各项功能的正确性和系统的稳定性。用户验收测试则确认了系统能够满足用户的业务需求和使用期望。
- 部署和维护阶段：通过验证活动，确保系统在生产环境中的稳定运行。持续的用户反馈和确认活动则帮助开发团队不断改进系统，提升用户满意度。

确认和验证贯穿于软件开发的每个阶段，确保了软件产品的质量和可靠性。通过确认活动，开发团队能够准确理解和实现用户需求，确保最终产品满足用户期望；通过验证活动，开发团队能够发现并解决开发过程中的各种问题，确保软件产品符合设计规范。有效的确认和验证不仅能提高开发效率,降低开发成本,还能显著提升用户满意度,确保软件产品的成功。

10.1.3　确认和验证的目标

确认和验证在软件开发过程中是确保质量和成功的关键步骤。它们的主要目标包括确保需求的正确性、提高软件质量、降低风险、优化资源使用以及提高用户满意度。以下是确认和验证的具体目标及其详细解释。

1. 确保需求的正确性

确认和验证的首要目标是确保需求的正确性。具体而言,包括以下几方面。

- 准确性:确认需求文档中的描述是否准确地反映了用户的真实需求。通过与用户和客户的持续沟通,确保每个需求项都得到了正确理解和表达。
- 完整性:确保所有相关需求都被充分捕捉,没有遗漏。通过需求评审和用户反馈,验证需求文档的完整性。
- 一致性:确保需求文档内部和需求之间的一致性,没有矛盾或冲突。利用需求管理工具和一致性检查技术,可以帮助开发团队识别和解决需求中的不一致问题。

2. 提高软件质量

确认和验证的另一个重要目标是提高软件的整体质量,这包括功能质量、性能质量和可维护性。

- 功能质量:通过各种验证方法,如单元测试、集成测试和系统测试,确保软件的各项功能按照需求规范正确实现。
- 性能质量:验证软件在不同使用场景下的性能,如响应时间、吞吐量和资源使用情况。性能测试和压力测试是常用的验证方法。
- 可维护性:通过代码审查和设计评审,确保软件的架构和代码设计具有良好的可维护性,便于后续的修改和扩展。

3. 减少开发和运行风险

确认和验证的目标还包括识别和减少软件开发和运行过程中的各种风险。

- 技术风险:通过早期的原型开发和技术验证,评估和解决技术上的不确定性和挑战,确保选用的技术方案是可行的。
- 项目风险:通过阶段性的确认和验证活动,及时发现和解决项目中的问题,避免因为需求变化或错误导致的项目延期和成本超支。
- 运营风险:通过用户验收测试和实际使用场景的验证,确保软件在部署后能够稳定运行,减少运行中的故障和停机时间。

4. 优化资源使用

确认和验证有助于优化项目资源的使用,提高开发效率。

- 人力资源:通过有效的确认和验证活动,减少因需求不明确或错误导致的返工,优化团队的工作负担,提高整体生产效率。
- 时间资源:通过阶段性的验证活动,确保每个开发阶段的输出物都符合质量要求,减少后续修复和改进的时间。
- 财务资源:通过早期识别和解决问题,避免因后期修改导致的高昂成本,优化项目的财务预算和使用。

5．提高用户满意度

最终,确认和验证的目标是确保软件产品能够满足用户需求,提高用户满意度。

- 用户需求满足度:通过确认活动,确保所有用户需求都得到了准确理解和实现。通过用户测试和反馈,验证软件是否真正满足了用户的期望。
- 用户体验优化:通过交互原型和用户测试,验证软件的界面设计和交互流程是否符合用户习惯和体验要求,优化用户体验。
- 持续改进:通过用户反馈的收集和分析,持续改进和优化软件功能和性能,确保软件在整个生命周期内都能保持高水平的用户满意度。

确认和验证的目标贯穿于软件开发的整个生命周期,旨在确保需求的正确性、提高软件质量、降低风险、优化资源使用和提高用户满意度。通过系统化和规范化的确认和验证活动,开发团队能够确保软件产品不仅符合技术规范和质量标准,更重要的是能够满足用户的实际需求,确保项目的成功和用户的长期满意度。

10.2 需求确认过程

在明确了需求确认的整体目标和重要性后,需要进一步了解如何具体实施这些确认活动。准备阶段不仅包括明确需求的确认目标,还需要组建合适的团队、制订详细的计划并确保所有参与者的协同工作。接下来,本章将深入探讨如何为需求确认活动做好充分准备,以确保需求能够准确、完整地反映用户的实际需求。

10.2.1 确认活动的准备

在需求确认过程中,准备工作是确保确认活动顺利进行和达到预期效果的关键步骤。确认活动的准备涉及多方面,包括明确确认目标、组建确认团队、制订确认计划、准备确认材料以及与相关利益者沟通和协调。图 10-1 所示是详细的准备工作内容。

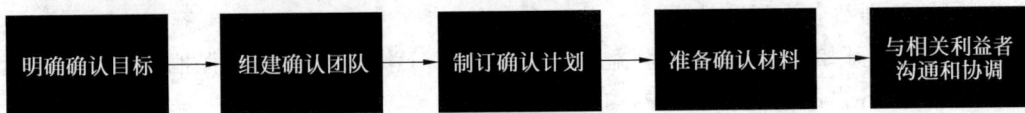

```
明确确认目标 → 组建确认团队 → 制订确认计划 → 准备确认材料 → 与相关利益者沟通和协调
```

图 10-1　确认活动的准备过程

1．明确确认目标

在开始确认活动之前,首先要明确确认的具体目标。这些目标通常包括以下内容。

- 验证需求的准确性:确保需求描述准确反映了用户的实际需求。
- 确认需求的完整性:确保所有必要的需求都被捕捉和记录下来。
- 检查需求的一致性:确保需求之间没有矛盾或冲突。
- 评估需求的可行性:评估需求在技术、时间和资源方面的可行性。

明确目标有助于聚焦确认活动的关键点,提高活动的效率和效果。

2．组建确认团队

需求确认活动需要一个多学科的团队来参与,确保不同视角和专业知识的综合应用。确认团队通常包括以下成员。

- 项目经理：负责协调确认活动，确保活动按计划进行。
- 需求工程师：提供对需求的深入理解，解答确认过程中出现的问题。
- 开发团队代表：评估需求的技术可行性，并提供实现建议。
- 测试团队代表：确保需求描述足够详细，便于后续的测试活动。
- 用户代表：提供实际使用需求和反馈，确保需求符合用户期望。
- 其他相关利益者：如产品经理、市场人员等，根据项目需要选择。

组建一个多元化的确认团队，能够确保需求从不同角度得到全面评审。

3. 制订确认计划

确认活动需要一个详细的计划来指导和组织。确认计划应包括以下内容。

- 活动时间表：明确确认活动的时间安排，包括每个确认环节的开始和结束时间。
- 确认方法：选择合适的确认方法，如需求评审会议、原型演示、用户测试等。
- 参与人员：列出参与确认活动的所有人员及其角色和职责。
- 确认标准：定义确认的标准和评价指标，明确通过和不通过的判定依据。
- 风险管理：识别潜在的风险，并制定相应的应对措施。

一个详细的确认计划能够确保确认活动有序进行，并提高活动的效率和效果。

4. 准备确认材料

确认活动需要充分的材料支持，通常包括以下材料。

- 需求文档：详细的需求规格说明书，包括功能性需求、非功能性需求、业务流程图等。
- 原型设计：低保真或高保真的原型设计，帮助用户直观地理解需求。
- 评审清单：基于确认目标和标准，制定详细的评审清单，确保每个需求项都被评审到。
- 背景资料：项目背景、业务流程、市场调研等相关资料，帮助确认团队全面理解需求背景。

确认材料的充分准备，能够提高确认活动的效率和准确性。

5. 与相关利益者沟通和协调

在确认活动开始之前，需要与利益相关者进行充分沟通和协调，确保他们了解确认活动的目的、流程和各自的角色。具体的沟通工作如下。

- 发送确认计划：将确认计划发送给所有相关人员，并收集他们的反馈和建议。
- 安排确认会议：确定确认会议的时间和地点，确保所有参与人员都能参加。
- 沟通确认方法：向相关人员说明确认方法和流程，确保他们了解确认的具体步骤和要求。
- 提供必要的培训：如果确认方法或工具较为复杂，则需要为相关人员提供必要的培训，确保他们能够熟练使用。

与相关利益者的充分沟通和协调，能够确保确认活动的顺利进行，并提高活动的参与度和效果。

确认活动的准备工作是需求确认过程中的重要环节。通过明确确认目标、组建确认团队、制订确认计划、准备确认材料以及与相关利益者进行沟通和协调，可以确保确认活动的有序进行和高效实施，为后续的需求确认和验证工作奠定坚实基础。

10.2.2　需求评审技术

需求评审是需求确认过程中的重要环节,旨在通过系统化的方法对需求进行全面检查和评估,确保其准确性、完整性、一致性和可行性。需求评审技术有助于发现需求中的问题和漏洞,促进需求的改进和优化。以下是几种常用的需求评审技术,包括详细的描述和应用示例。

1. 走查

1)定义与目的

走查是一种非正式的评审方法,由需求工程师或其他需求文档编写者引导,向团队成员展示和讲解需求文档内容,收集他们的反馈和建议。目的是识别需求中的错误、不一致和遗漏,并进行及时修正。

2)过程
- 准备阶段:需求工程师准备好需求文档,并邀请相关人员参加走查会议。
- 讲解阶段:需求工程师逐步讲解需求文档中的各个部分,解释需求背景、业务逻辑和功能要求。
- 讨论阶段:参与者根据讲解内容提出问题和意见,需求工程师记录这些反馈。
- 改进阶段:根据走查过程中收集的反馈,需求工程师对需求文档进行修正和完善。

3)应用示例

在一个电子商务平台的项目中,需求工程师组织了一次走查会议,向开发团队、测试团队和产品经理讲解用户注册功能的需求文档。会议中,开发团队提出了一些技术可行性的问题,测试团队指出了一些测试用例中可能存在的漏洞,产品经理则建议增加一些用户体验方面的功能。最终,需求工程师根据这些反馈对需求文档进行了修正,确保需求更加完善。

2. 评审会议

1)定义与目的

评审会议是一种正式的评审方法,参与者包括项目相关的所有主要利益相关者。通过集体讨论和评审,评估需求的正确性和合理性,识别潜在问题和风险,并形成正式的评审记录。

2)过程
- 准备阶段:提前发送需求文档给所有参与者,要求他们进行预审阅,并准备好反馈意见。
- 会议阶段:需求工程师主持评审会议,逐条讨论需求文档中的内容,记录讨论结果和决议。
- 总结阶段:根据会议记录,对需求文档进行修正,并形成正式的评审报告。

3)应用示例

在一个银行系统的开发项目中,项目经理组织了一次需求评审会议,邀请了开发团队、测试团队、业务部门和合规部门的代表。会议中,业务部门强调了某些业务逻辑的复杂性,开发团队指出了一些实现难度较大的需求,合规部门则提醒需要遵守的监管要求。最终,需求文档经过多次修正,得到了各方的认可。

3. 同行评审

1) 定义与目的

同行评审是一种半正式的评审方法,通常由相同或相似领域的专业人员对需求文档进行评审,重点在于技术可行性、实现复杂度和潜在风险。

2) 过程

- 选择评审人员:选择具有相关专业背景和经验的同行进行评审。
- 评审过程:同行独立阅读和评审需求文档,记录发现的问题和改进建议。
- 反馈讨论:需求工程师与评审人员讨论评审结果,并进行必要的修正。

3) 应用示例

在一个医疗管理系统的项目中,需求工程师邀请了另外一个医疗软件项目的资深开发人员进行同行评审。通过评审,这位开发人员指出了一些需求中的潜在技术挑战,并建议了一些优化方案,帮助提高需求的实现可行性和系统性能。

4. 检查表法

1) 定义与目的

检查表法(Checklist Method)是一种结构化的评审方法,通过预先制定的需求检查表,对需求文档中的各项内容进行逐条检查和确认,确保需求的各个方面都得到充分评审。

2) 过程

- 制定检查表:根据需求的质量标准和项目特性,制定详细的需求检查表。
- 检查过程:评审人员根据检查表对需求文档进行逐项检查,记录发现的问题和意见。
- 汇总和修正:根据检查结果对需求文档进行汇总和修正。

3) 应用示例

在一个财务系统的项目中,质量保证团队使用检查表法对需求文档进行评审。检查表包括需求的正确性、完整性、一致性、可行性、可测试性等多个方面。通过逐项检查,团队发现并修正了多个需求描述不清、逻辑不一致的问题,确保了需求文档的高质量。

5. 原型评审

1) 定义与目的

原型评审是一种基于原型的需求评审方法,通过展示和演示原型,与用户和利益相关者一起评审需求的准确性和可行性。目的是通过直观的原型展示,确保需求得到充分理解和确认。

2) 过程

(1) 准备原型:根据需求文档制作低保真或高保真原型。

(2) 原型演示:向用户和利益相关者展示和演示原型,讲解需求实现的具体方式。

(3) 反馈收集:收集用户和利益相关者的反馈,记录发现的问题和改进建议。

(4) 原型修正:根据反馈对原型和需求文档进行修正和完善。

3) 应用示例

在一个客户关系管理系统的项目中,需求工程师制作了一个高保真原型,并组织用户和项目团队进行原型评审。通过演示原型中的各项功能,用户提出了一些使用流程和界面设计的改进建议,项目团队则指出了一些技术实现上的优化方案。最终,原型和需求文档经过多次修正,达到了预期效果。

需求评审技术是需求确认过程中不可或缺的环节,通过走查、评审会议、同行评审、检查表法和原型评审等方法,可以系统化地评估和验证需求文档的质量,确保需求的准确性、完整性、一致性和可行性。这些评审技术各有特点,可以根据项目的具体情况选择和组合使用,以达到最佳的评审效果。

10.2.3 用户和客户的参与

在软件需求确认过程中,用户和客户的参与至关重要。他们是系统最终的使用者和受益者,因此他们的需求和反馈直接影响到系统的设计和实现质量。用户和客户的参与不仅可以确保需求的准确性和完整性,还可以提高项目的成功率和用户满意度。以下是关于用户和客户参与的详细说明。

1. 参与的重要性

1) 需求准确性

用户和客户最了解他们的需求和业务流程。通过他们的参与,开发团队可以获得第一手的需求信息,确保需求的准确性。用户和客户可以提供具体的使用场景和业务规则,使需求更加贴近实际使用情况。

2) 需求完整性

在需求收集和确认过程中,用户和客户的参与有助于确保需求的完整性。他们可以指出系统需要实现的所有功能和特性,避免遗漏关键需求。同时,他们还可以帮助识别需求之间的依赖关系和优先级,确保系统的整体设计合理。

3) 用户体验

用户和客户的参与有助于提高系统的用户体验。通过他们的反馈,开发团队可以了解用户的操作习惯和偏好,从而对界面设计和交互方式进行优化。用户的参与可以帮助开发团队发现潜在的使用问题,确保系统易用且友好。

4) 风险识别

用户和客户的参与有助于识别项目中的潜在风险。通过与他们的互动,开发团队可以了解业务流程中的关键环节和可能的障碍,提前制定应对措施,降低项目风险。

2. 参与的方式

1) 需求访谈

需求访谈是一种直接与用户和客户沟通的方式。开发团队通过与用户和客户进行一对一的访谈,可以了解他们的需求、期望和意见。这种方式可以深入挖掘需求细节,确保需求的准确性和完整性。

实例:在一个企业资源计划系统的开发项目中,开发团队与财务、生产和销售等部门的代表进行了多次需求访谈,了解各部门的业务流程和需求。通过访谈,团队收集到了详细的需求信息,确保系统设计能够满足各部门的实际需要。

2) 焦点小组

焦点小组是一种集体讨论的方式,通常由几个用户或客户代表组成。通过集体讨论,开发团队可以收集到多方面的需求和意见。焦点小组有助于识别需求之间的冲突和共识,提高需求确认的效率。

实例：在一个在线教育平台的开发项目中，开发团队组织了教师、学生和家长的焦点小组，讨论平台的功能和使用体验。通过焦点小组，团队了解到了各方的需求和关注点，优化了系统的设计和功能。

3）原型评审

原型评审是一种通过展示系统原型与用户和客户进行互动的方式。开发团队制作低保真或高保真原型，并邀请用户和客户进行评审和反馈。原型评审可以帮助用户和客户直观地理解系统设计，提供具体的改进建议。

实例：在一个移动银行应用的开发项目中，开发团队制作了高保真原型，展示了账户管理、转账支付和理财产品购买等功能。通过原型评审，用户提出了界面设计和交互流程的改进建议，团队据此优化了需求和设计。

4）用户测试

用户测试是一种通过实际操作系统原型或早期版本来收集用户反馈的方式。用户在测试过程中提供操作体验和使用意见，帮助开发团队发现需求中的问题和不足。用户测试可以提高系统的用户体验和可用性。

实例：在一个医疗信息系统的开发项目中，开发团队邀请医生和护士进行用户测试，体验病患信息录入和查询功能。通过用户测试，团队发现了一些操作流程中的问题，并进行了相应的调整和优化。

3. 参与的挑战和对策

1）时间和资源限制

用户和客户的参与需要投入时间和资源，但在实际项目中，他们往往有其他工作任务，难以抽出足够的时间参与需求确认。为了应对这一挑战，开发团队可以采用灵活的参与方式，如在线会议、问卷调查等，减少对用户和客户时间的占用。

2）沟通和理解

用户和客户可能对技术细节不熟悉，难以准确表达他们的需求。为了提高沟通效率，开发团队可以使用简单直观的表达方式，如图示、示例和演示等，帮助用户和客户更好地理解和描述需求。

3）需求冲突

不同用户和客户之间的需求可能存在冲突，难以同时满足所有人的需求。开发团队需要平衡各方需求，优先满足关键需求和高优先级需求，通过协商和妥协解决需求冲突。

4）持续参与

用户和客户的需求可能随着时间变化而变化，需要持续参与需求确认过程。开发团队应建立持续的沟通机制，定期与用户和客户交流，及时了解和调整需求，确保系统设计符合最新需求。

用户和客户的参与是需求确认过程中不可或缺的环节。他们的参与能够提高需求的准确性和完整性，优化用户体验，识别项目风险。通过需求访谈、焦点小组、原型评审和用户测试等多种方式，开发团队可以充分收集用户和客户的需求和反馈，确保系统设计和实现符合实际需求。虽然参与过程中存在一些挑战，但通过灵活的参与方式、有效的沟通和持续的互动，开发团队可以成功应对这些挑战，确保需求确认的质量和效果。

10.2.4 确认结果的处理

在需求确认过程中,确认结果的处理是一个关键步骤。确认结果决定了需求是否被认可并能进入下一个开发阶段。正确处理确认结果不仅有助于需求的完善,还能提高项目的整体质量和效率。以下是关于确认结果处理的详细说明。

1. 确认结果的记录

1)记录需求确认会议

在需求确认过程中,通常会召开多个会议,与用户、客户和其他利益相关者讨论需求。每次会议的讨论结果需要详细记录,包括确认的需求、修改建议、未解决的问题和决策的具体内容。会议记录可以帮助开发团队回顾讨论过程,确保所有需求和意见都被考虑到。

实例:在一个电子商务网站开发项目中,开发团队与市场部、销售部和客户服务部召开需求确认会议。会议记录详细记录了各部门提出的需求和建议,如新增推荐功能、优化购物车功能等。

2)更新需求文档

根据确认结果对需求文档进行更新。确认的需求要在文档中详细描述,修改建议要进行相应的调整,未解决的问题要标注清楚,便于后续处理。更新后的需求文档要进行版本控制,确保所有团队成员都能访问最新版本的文档。

实例:在一个企业管理系统开发项目中,需求文档经过多次更新和版本控制,确保各个版本的变更都有详细记录。这样,团队成员可以跟踪需求的演变过程,确保开发工作始终基于最新需求。

2. 确认结果的沟通

1)内部团队沟通

需求确认的结果需要在开发团队内部进行充分沟通,确保每个团队成员都了解最新的需求和修改建议。可以通过内部会议、邮件或项目管理工具进行沟通,确保信息传达准确无误。

实例:在一个银行业务系统开发项目中,开发团队通过项目管理工具分享更新后的需求文档,并召开内部会议讨论需求的变化。通过这样的沟通方式,确保每个成员都理解最新需求,减少了后续开发中的误解和错误。

2)用户和客户的反馈

确认结果也需要与用户和客户进行反馈。将确认的需求和未解决的问题反馈给用户和客户,征求他们的意见和进一步的建议。用户和客户的反馈可以帮助开发团队进一步完善需求,确保需求的准确性和完整性。

实例:在一个医疗信息系统开发项目中,开发团队将确认后的需求文档反馈给医院的医生和护士,征求他们的进一步意见。通过这样的反馈机制,确保需求始终符合医疗工作者的实际需求。

3. 确认结果的处理策略

1)优先级排序

根据确认结果对需求进行优先级排序。优先满足关键需求和高优先级需求,确保项目的核心功能和目标得以实现。优先级排序可以根据需求的重要性、实现难度和对项目的影响等因素进行评估。

实例：在一个物流管理系统开发项目中，开发团队根据确认结果，将实时跟踪功能和自动调度功能列为高优先级需求，确保这些关键功能优先实现。

2）需求分解和细化

根据确认结果对需求进行分解和细化。将复杂的需求拆分为更小的子需求，便于开发和管理。细化需求可以提高需求的可理解性和实现的可行性。

实例：在一个智能家居系统开发项目中，开发团队将"智能照明控制"需求细化为"自动调光功能""远程控制功能""场景模式设置"等子需求，确保每个子需求都能具体实现。

3）需求变更管理

在需求确认过程中，可能会发现需要变更的需求。对需求变更进行管理，包括变更的评估、审批和实施。确保变更过程透明可控，避免频繁变更对项目进度和质量造成影响。

实例：在一个保险理赔系统开发项目中，开发团队发现原需求中的部分功能需要调整。通过变更管理流程，团队评估了变更的影响，并在获得相关方审批后实施变更，确保项目进度不受影响。

4. 确认结果的跟踪

1）需求跟踪

通过需求跟踪矩阵（RTM）等工具，对需求的确认结果进行跟踪。RTM可以帮助开发团队了解每个需求的状态和进展，确保所有需求都能得到落实。

实例：在一个教育管理系统开发项目中，开发团队使用RTM跟踪需求的确认结果，记录每个需求的确认状态、修改建议和实现进度。通过这样的跟踪方式，确保需求的落实和项目的顺利进行。

2）定期复查

定期复查需求确认结果，确保需求的一致性和完整性。复查可以发现遗漏或变化的需求，及时进行调整，确保需求始终符合实际需要。

实例：在一个旅游预订系统开发项目中，开发团队定期复查需求确认结果，确保需求文档始终最新。通过定期复查，团队及时发现并解决了需求中的问题，提高了项目质量。

确认结果的处理是需求确认过程中的重要环节。通过详细记录、内部和外部的充分沟通、合理的处理策略和有效的跟踪，开发团队可以确保需求的准确性、完整性和可实现性。正确处理确认结果不仅有助于需求的完善，还能提高项目的整体质量和效率，确保最终的系统符合用户和客户的实际需求。

10.3 需求验证过程

在明确了需求验证的整体过程和目标后，下一步便是为实际的验证活动做好充分的准备。验证活动的准备工作至关重要，它直接影响验证过程的有效性和准确性。通过制订详细的验证计划、组建合适的验证团队以及准备必要的验证工具和环境，可以确保验证活动的顺利进行和最终的成功。因此，接下来将详细探讨如何为需求验证活动做好全面的准备工作。

10.3.1 验证活动的准备

需求验证是确保需求规格说明准确、完整、无歧义和可实现的关键步骤。验证活动的准备工作至关重要,决定了整个验证过程的顺利进行和验证结果的可靠性。以下是关于验证活动准备的详细内容。

验证活动的准备工作包括制订验证计划、组建验证团队、选择合适的验证方法和工具、准备验证环境和数据等。充分的准备工作能够有效提高需求验证的效率和准确性。

1. 制订验证计划

1)明确验证目标

验证计划的首要任务是明确验证目标。目标包括确保需求文档的准确性、完整性、一致性和可实现性。明确的目标可以为后续的验证活动提供清晰的方向和标准。

实例:在一个金融系统开发项目中,验证目标包括确保所有交易处理需求的准确性和安全性,避免出现任何可能导致系统漏洞或数据错误的需求不明确或有歧义的情况。

2)制定验证时间表

根据项目的整体进度安排,制定详细的验证时间表。时间表应包括每个验证活动的开始和结束时间、关键节点和里程碑。合理的时间安排可以确保验证活动在项目计划内高效进行。

实例:在一个电商平台开发项目中,验证时间表详细规定了需求文档审查、用户场景测试和需求跟踪的时间节点,确保各环节按时完成。

3)定义验证标准

为每个需求定义验证标准,包括功能性需求和非功能性需求。验证标准应明确具体的验收条件和验证方法,确保每个需求都可以通过客观的标准进行验证。

实例:在一个医疗信息系统开发项目中,功能性需求的验证标准包括数据输入的准确性和系统响应时间,非功能性需求的验证标准包括系统的可靠性和安全性。

2. 组建验证团队

1)选择合适的团队成员

验证团队应包括需求工程师、开发人员、测试工程师和用户代表。每个团队成员应具备相应的专业知识和技能,能够胜任其在验证过程中的角色和职责。

实例:在一个银行系统开发项目中,验证团队由需求工程师、资深开发人员、安全专家和一线银行业务员组成,确保每个方面的需求都能得到专业的验证。

2)明确团队成员职责

明确每个团队成员的职责和任务,确保团队成员在验证活动中各司其职,协同合作。明确的职责分工有助于提高团队的工作效率和验证质量。

实例:在一个企业资源规划系统开发项目中,需求工程师负责需求文档的审查,测试工程师负责设计和执行测试用例,用户代表负责确认需求的业务符合性。

3. 选择验证方法和工具

1)验证方法的选择

根据需求的性质和项目的实际情况选择合适的验证方法。常用的验证方法包括需求评审、原型验证、测试用例验证、模型检验等。不同的方法适用于不同类型的需求和项目阶段。

实例：在一个智能家居系统开发项目中，开发团队使用原型验证方法，通过用户交互测试验证需求的实际使用效果。

2）验证工具的选择

选择合适的验证工具，如需求管理工具、测试管理工具、原型设计工具等。合适的工具可以提高验证活动的效率和准确性。

实例：在一个物流管理系统开发项目中，开发团队使用需求管理工具 JIRA 和测试管理工具 TestRail 进行需求的验证和跟踪。

4. 准备验证环境和数据

1）建立验证环境

准备与实际生产环境尽可能一致的验证环境，包括硬件、软件、网络配置等。良好的验证环境能够确保验证结果的可靠性和可重复性。

实例：在一个社交媒体平台开发项目中，开发团队建立了与生产环境一致的测试服务器和数据库，确保验证环境的真实可靠。

2）准备验证数据

根据需求文档准备验证所需的数据，包括输入数据、测试数据和模拟数据等。验证数据应涵盖各种可能的场景和边界情况，确保需求在不同情况下都能正常实现。

实例：在一个客户关系管理系统开发项目中，开发团队准备了各种客户信息、交易记录和业务流程数据，用于验证需求的实现效果。

5. 培训和沟通

1）团队培训

在验证活动开始前，对验证团队进行培训，确保每个成员都了解验证计划、验证方法和工具的使用。培训有助于提高团队成员的技能水平和工作效率。

实例：在一个教育管理系统开发项目中，开发团队为验证团队成员提供了关于需求管理工具和测试工具的培训，确保他们能够熟练使用这些工具进行验证。

2）沟通与协调

在验证活动的准备阶段，团队成员之间应保持良好的沟通与协调。定期的沟通会议和即时的交流能够及时发现和解决问题，确保验证活动顺利进行。

实例：在一个在线支付系统开发项目中，开发团队通过每日站会和即时通信工具保持紧密沟通，确保验证活动中的问题能够及时得到解决。

验证活动的准备工作是需求验证过程中的重要环节。通过制订详细的验证计划、组建专业的验证团队、选择合适的验证方法和工具、准备良好的验证环境和数据，以及进行充分的培训和沟通，可以确保验证活动的顺利进行和验证结果的可靠性。良好的准备工作不仅有助于发现和解决需求中的问题，还能提高整个项目的质量和效率，确保最终的系统能够满足用户和客户的实际需求。

10.3.2 验证方法和技术

需求验证是确保软件需求规格说明书中描述的需求准确、完整且可实现的重要过程。有效的验证方法和技术能帮助团队发现并解决需求中的问题，提高需求的质量和项目的成功率。以下是几种常见的需求验证方法和技术及其详细描述。

1. 需求评审

定义：需求评审是一种结构化的验证方法，通过对需求文档进行仔细检查，确保需求的正确性、完整性和一致性。

1）过程

（1）准备阶段。

- 选择评审小组：包括需求工程师、开发人员、测试工程师、用户代表等。
- 分配评审任务：明确每个小组成员的评审任务，确保所有需求都能得到全面检查。
- 分发需求文档：提前将需求文档分发给评审小组成员，让他们有足够的时间进行预审查。

（2）评审会议。

- 召开评审会议：评审小组成员在会议上讨论需求文档，提出问题和建议。
- 记录问题：记录会议中发现的问题、提出的修改建议和决定的改进措施。

（3）后续处理。

- 修订需求文档：根据评审会议记录，对需求文档进行修改。
- 验证修改：确保修改后的需求文档解决了评审中发现的问题。

2）实例

在一个医院管理系统项目中，评审小组发现了一项需求描述不明确，涉及患者预约时间的处理方式。在评审会议中，开发人员和用户代表共同讨论并达成一致，修订了需求文档，使其更加具体和易于实现。

2. 原型验证

定义：原型验证通过构建系统的原型，使用户能够直观地理解和评估需求，从而发现和解决需求中的问题。

1）过程

（1）构建原型。

- 选择原型类型：根据项目需要选择低保真或高保真原型。
- 开发原型：快速构建原型，展示关键功能和交互界面。

（2）用户评估。

- 展示原型：向用户展示原型，收集用户的反馈和建议。
- 用户测试：让用户在实际场景中使用原型，观察用户的操作和反应。

（3）分析反馈。

- 整理反馈意见：记录用户的反馈，分析其中的共性问题和个性化需求。
- 修改需求文档：根据用户反馈，对需求文档进行调整和优化。

2）实例

在一个在线学习平台项目中，开发团队构建了一个高保真原型，展示课程搜索和推荐功能。通过用户评估，发现用户希望增加课程难度筛选功能。团队据此调整了需求文档，增加了相关需求。

3. 测试用例验证

定义：通过设计和执行测试用例来验证需求的正确性和可实现性。

1）过程

（1）设计测试用例。

- 覆盖所有需求：确保测试用例覆盖所有功能性需求和非功能性需求。
- 考虑边界情况：设计测试用例时考虑各种边界情况和异常情况。

（2）执行测试用例。

- 模拟实际场景：在模拟的实际场景中执行测试用例，检查需求的实现效果。
- 记录测试结果：详细记录测试过程中的发现和问题。

（3）分析测试结果。

- 评估测试结果：分析测试结果，判断需求是否得到正确实现。
- 修订需求文档：根据测试结果，对需求文档进行必要的修改和完善。

2）实例

在一个银行系统项目中，测试工程师设计了一个验证用户登录需求的测试用例，涵盖了正确输入、错误密码、账号锁定等情况。通过执行测试用例，发现系统在账号锁定状态下仍允许用户尝试登录。需求工程师据此调整了需求文档，明确账号锁定后的处理方式。

4. 需求跟踪性分析

定义：需求跟踪性分析通过建立需求与其他开发工件（如设计文档、测试用例、代码等）之间的链接，确保需求在整个开发生命周期中得到正确实现和验证。

1）过程

（1）建立跟踪矩阵。

- 定义跟踪关系：定义需求与设计文档、测试用例、代码等之间的跟踪关系。
- 创建跟踪矩阵：使用需求管理工具创建需求跟踪矩阵，记录每个需求的跟踪关系。

（2）维护跟踪矩阵。

- 更新跟踪信息：在需求变更或开发工件更新时，及时更新跟踪矩阵。
- 验证跟踪一致性：定期检查跟踪矩阵，确保所有需求都能在相关开发工件中找到对应的实现和验证。

2）实例

在一个客户关系管理系统项目中，开发团队使用需求管理工具建立了需求跟踪矩阵，将每个需求与相应的设计文档、测试用例和代码模块关联起来。通过跟踪矩阵，团队能够迅速定位需求的实现和验证情况，确保每个需求在整个开发生命周期中都得到正确处理。

5. 需求模型检验

定义：通过对需求模型进行检验，确保需求模型的正确性、一致性和可实现性。

1）过程

（1）构建需求模型。

- 选择建模方法：根据需求类型选择合适的建模方法，如用例图、活动图、状态图等。
- 绘制需求模型：使用建模工具绘制需求模型，直观展示需求的结构和关系。

（2）模型检验。

- 模型检查：对需求模型进行一致性检查，确保模型内部和模型之间的一致性。
- 模型验证：通过模拟执行和模型分析，验证需求模型的正确性和可实现性。

2）实例

在一个智能交通系统项目中,需求分析师使用 UML 绘制了系统的用例图和活动图。通过模型检查,发现部分活动图与用例图描述不一致。需求工程师据此调整了需求文档和需求模型,确保两者的一致性。

6. 设计制品和代码的验证

定义:通过对设计制品和代码的验证,确保需求在设计和实现阶段得到正确体现和实现。

1）过程

（1）设计验证。

- 设计评审:对设计文档进行评审,确保设计实现符合需求规格说明书。
- 设计模拟:使用设计模拟工具对关键设计进行模拟和验证。

（2）代码验证。

- 代码审查:对代码进行静态审查,确保代码实现符合需求规格说明书。
- 单元测试:设计和执行单元测试用例,验证代码实现的功能和性能。

2）实例

在一个在线购物系统项目中,开发团队通过设计评审发现支付模块的设计文档与需求描述不符,缺少支付失败的处理逻辑。通过代码审查和单元测试,团队进一步验证了代码实现的正确性,确保所有需求都得到准确实现。

需求验证方法和技术是确保需求规格说明书质量的关键。通过需求评审、原型验证、测试用例验证、需求跟踪性分析、需求模型检验以及设计制品和代码的验证,团队能够全面、准确地验证需求,发现并解决需求中的问题,提高项目的成功率和产品的质量。在实际应用中,结合项目的具体情况选择合适的验证方法和技术,能够有效提升需求验证的效率和效果。

10.3.3 需求模型检验

需求模型检验指通过各种方法和技术,对需求分析阶段建立的需求模型进行验证和确认,以确保需求模型的正确性、完整性、一致性和可实现性。需求模型检验的目标是发现和纠正需求模型中的错误和缺陷,从而提高需求文档的质量和软件系统的开发效率。

1. 需求模型的类型

需求模型是软件需求中用来表示需求的各种图形和文本形式,常见的需求模型包括以下几种。

- 用例模型:描述系统与用户之间的交互,包括用例图和用例描述。
- 数据模型:表示系统中的数据结构,包括实体关系图(ER 图)和类图。
- 流程模型:描述系统的业务流程和逻辑流程,包括活动图和数据流图(DFD)。
- 状态模型:表示系统在不同状态之间的转换关系,包括状态图和状态转换表。

2. 需求模型检验的重要性

需求模型检验是确保需求模型质量的重要手段,其重要性体现在以下几方面。

- 提高需求的正确性:通过需求模型检验,可以发现和纠正需求分析过程中产生的错误和遗漏,提高需求的准确性。

- 保证需求的一致性：通过需求模型检验，可以发现需求模型之间的矛盾和不一致，确保需求模型的内在一致性。
- 验证需求的可实现性：通过需求模型检验，可以评估需求的技术可行性和实现难度，确保需求的可实现性。
- 提升团队沟通效率：通过需求模型检验，可以促进团队成员之间的沟通和理解，提高需求沟通的效率。

3. 需求模型检验的方法

需求模型检验的方法有多种，常见的方法包括以下几种。

（1）需求评审：通过组织需求评审会议，由需求工程师、开发人员、测试人员和客户代表等共同对需求模型进行审查和讨论，发现和解决需求模型中的问题。需求评审是需求模型检验的主要方法，具有广泛的应用和较高的效果。

（2）一致性检查：通过自动化工具或手工检查的方法，对需求模型的各个部分进行一致性检查，确保需求模型的一致性。例如，检查用例图与用例描述的一致性，检查数据模型与流程模型的一致性等。

（3）仿真和模拟：通过仿真和模拟的方法，对需求模型进行动态验证，评估需求模型的行为和性能。例如，通过仿真工具对状态图进行仿真，检查状态转换的正确性和完整性；通过模拟工具对业务流程进行模拟，评估业务流程的效率和合理性。

（4）形式化验证：通过形式化方法对需求模型进行验证，确保需求模型的逻辑正确性和一致性。例如，通过形式化验证工具对数据流图进行形式化验证，确保数据流的正确性和完整性。

4. 需求模型检验的步骤

需求模型检验的步骤一般包括以下几方面。

1）准备工作

- 组建检验小组：选择具有相关经验和技能的需求工程师、开发人员、测试人员和客户代表组成检验小组。
- 确定检验标准：根据项目的具体情况，确定需求模型检验的标准和准则，包括正确性、一致性、完整性和可实现性等方面的要求。
- 准备检验材料：收集和整理需求模型的相关材料，包括用例模型、数据模型、流程模型和状态模型等。

2）检验实施

- 需求评审：组织需求评审会议，对需求模型进行审查和讨论，发现和解决需求模型中的问题。
- 一致性检查：通过自动化工具或手工检查的方法，对需求模型进行一致性检查，确保需求模型的一致性。
- 仿真和模拟：通过仿真和模拟的方法，对需求模型进行动态验证，评估需求模型的行为和性能。
- 形式化验证：通过形式化方法对需求模型进行验证，确保需求模型的逻辑正确性和一致性。

3）问题处理

- 记录问题：对检验过程中发现的问题进行记录，明确问题的性质和影响范围。
- 分析问题：对问题进行分析，确定问题的原因和解决方案。
- 修正问题：根据分析结果对需求模型进行修正，确保问题得到有效解决。

4）检验总结

- 编写检验报告：编写需求模型检验报告，总结检验的过程、发现的问题和解决方案。
- 评估检验效果：对需求模型检验的效果进行评估，分析检验的成效和不足之处，提出改进建议。

5. 实例分析

以下是一个需求模型检验的实例分析，以一个在线购物系统为例。

1）准备工作

- 组建检验小组：选择具有相关经验的需求工程师、开发人员、测试人员和客户代表组成检验小组。
- 确定检验标准：根据在线购物系统的需求，确定需求模型检验的标准，包括正确性、一致性、完整性和可实现性等方面的要求。
- 准备检验材料：收集和整理在线购物系统的需求模型，包括用例模型、数据模型、流程模型和状态模型等。

2）检验实施

- 需求评审：组织需求评审会议，对在线购物系统的需求模型进行审查和讨论，发现和解决需求模型中的问题。例如，在评审用例模型时，发现用户注册用例中缺少对密码强度的描述，进行相应修正。
- 一致性检查：通过一致性检查工具对需求模型进行一致性检查。例如，检查用例图与用例描述的一致性，发现用例图中遗漏了"查看订单详情"用例，进行补充。
- 仿真和模拟：通过仿真工具对状态图进行仿真，检查状态转换的正确性和完整性。例如，对购物车状态图进行仿真，发现"结算"状态与"订单生成"状态之间的转换逻辑有误，进行修正。
- 形式化验证：通过形式化验证工具对数据流图进行形式化验证，确保数据流的正确性和完整性。例如，对订单处理流程的数据流图进行形式化验证，确保订单数据在各个处理环节中的流转正确。

3）问题处理

- 记录问题：对检验过程中发现的问题进行记录，例如，记录用户注册用例中缺少密码强度描述的问题。
- 分析问题：对问题进行分析，确定问题的原因和解决方案，例如，分析密码强度描述缺失的原因，并提出修正建议。
- 修正问题：根据分析结果对需求模型进行修正，确保问题得到有效解决，例如，补充用户注册用例中的密码强度描述。

4）检验总结

- 编写检验报告：编写需求模型检验报告，总结在线购物系统需求模型的检验过程、发现的问题和解决方案。

- 评估检验效果：对需求模型检验的效果进行评估，分析检验的成效和不足之处，提出改进建议，例如，建议在需求分析阶段加强对密码强度要求的关注。

通过需求模型检验，在线购物系统的需求模型得到了全面的验证和确认，确保了需求模型的正确性、完整性、一致性和可实现性，提高了需求文档的质量和软件系统的开发效率。

需求模型检验是确保需求模型质量的重要手段，通过对需求模型进行验证和确认，能够发现和纠正需求分析过程中的错误和缺陷，确保需求模型的正确性、完整性、一致性和可实现性。需求模型检验的方法多种多样，包括需求评审、一致性检查、仿真和模拟、形式化验证等。在实际应用中，通过需求模型检验，能够提高需求文档的质量，促进团队成员之间的沟通和理解，提高软件系统的开发效率和成功率。

10.3.4 设计制品和代码的验证

设计制品和代码的验证是需求验证过程中的关键环节，旨在确保设计和代码的正确性、一致性和完整性。通过验证，可以发现设计和实现过程中的问题，保证最终交付的软件产品符合需求规格说明书的要求，满足用户和客户的期望。

1. 设计制品的验证

设计制品是软件设计阶段的产物，包括软件架构设计文档、详细设计文档、数据库设计文档和接口设计文档等。设计制品的验证主要涉及以下几方面。

1）架构设计验证

- 目标：确保软件架构符合需求规格说明书，具有高可用性、可扩展性和可维护性。
- 方法：架构评审、架构模型检查和架构仿真等。
- 实例：在开发一个在线银行系统时，通过架构评审发现系统在高并发情况下存在性能瓶颈，设计团队对架构进行了优化，采用了分布式架构来提高系统的并发处理能力。

2）详细设计验证

- 目标：确保详细设计文档中的模块设计、数据结构和算法设计符合架构设计和需求规格说明书。
- 方法：设计评审、设计走查和设计原型验证等。
- 实例：在一个电商系统的开发过程中，详细设计评审中发现某模块的设计不符合架构设计的要求，存在安全漏洞，经过修正，保证了系统的安全性。

3）数据库设计验证

- 目标：确保数据库设计符合需求规格说明书中的数据存储和访问要求。
- 方法：数据库模式检查、数据完整性验证和性能测试等。
- 实例：在开发一个客户关系管理系统时，通过数据库模式检查发现某些表之间的关系不符合规范，存在数据冗余问题，经过优化，改善了数据库的性能和数据一致性。

4）接口设计验证

- 目标：确保接口设计文档中的 API 和通信协议符合需求规格说明书的要求，能够支持系统各组件之间的有效通信。
- 方法：接口评审、接口测试和接口模拟等。

- 实例：在开发一个物联网(IoT)平台时,通过接口测试发现某些 API 的设计不合理,导致设备之间无法正常通信,经过调整和优化,确保了系统的互操作性。

2. 代码的验证

代码是软件开发的最终产物,代码的验证是确保软件质量的重要手段。代码验证主要包括代码审查、单元测试、集成测试和静态代码分析等。

1) 代码审查
- 目标：通过人工检查代码,发现代码中的错误、缺陷和不符合编码规范的部分。
- 方法：代码走查和代码评审。
- 实例：在一个移动应用开发项目中,代码审查过程中发现了多处潜在的内存泄漏问题,经过修正,提高了应用的稳定性和性能。

2) 单元测试
- 目标：通过自动化测试工具,对代码中的每个单元(函数或方法)进行独立测试,确保其正确性。
- 方法：编写测试用例、执行测试和分析测试结果。
- 实例：在一个支付系统开发过程中,通过单元测试发现了支付逻辑中的多个边界条件处理不当的问题,经过修正,确保了系统的准确性和可靠性。

3) 集成测试
- 目标：通过自动化测试工具,对系统中的各个模块进行集成测试,确保模块之间的接口和交互正确。
- 方法：编写集成测试用例、执行集成测试和分析测试结果。
- 实例：在一个社交媒体平台开发过程中,通过集成测试发现了用户管理模块和消息模块之间的接口不兼容问题,经过修正,确保了系统的正常运行。

4) 静态代码分析
- 目标：通过自动化工具对代码进行静态分析,发现潜在的代码缺陷、安全漏洞和性能问题。
- 方法：使用静态分析工具,如 SonarQube、PMD 和 FindBugs 等。
- 实例：在一个金融系统开发过程中,通过静态代码分析发现了多处潜在的安全漏洞,经过修正,提高了系统的安全性。

3. 验证活动的实例

以下是一个设计制品和代码验证的实例分析,以一个在线教育平台为例。

1) 设计制品验证
- 架构设计验证：通过架构评审,发现系统在高并发情况下的性能瓶颈,设计团队对架构进行了优化,采用微服务架构来提高系统的并发处理能力。
- 详细设计验证：通过详细设计评审,发现某模块的设计存在安全漏洞,经过修正,保证了系统的安全性。
- 数据库设计验证：通过数据库模式检查,发现某些表之间的关系不符合规范,存在数据冗余问题,经过优化,改善了数据库的性能和数据一致性。
- 接口设计验证：通过接口测试,发现某些 API 的设计不合理,导致系统组件之间无法正常通信,经过调整和优化,确保了系统的互操作性。

2）代码验证

- 代码审查：在代码审查过程中发现了多处潜在的内存泄漏问题，经过修正，提高了系统的稳定性和性能。
- 单元测试：通过单元测试，发现了多个边界条件处理不当的问题，经过修正，确保了系统的准确性和可靠性。
- 集成测试：通过集成测试，发现了用户管理模块和课程管理模块之间的接口不兼容问题，经过修正，确保了系统的正常运行。
- 静态代码分析：通过静态代码分析，发现了多处潜在的安全漏洞，经过修正，提高了系统的安全性。

设计制品和代码的验证是需求验证过程中的重要环节，通过对设计制品和代码的验证，可以发现和纠正设计和实现过程中的错误和缺陷，确保最终交付的软件产品符合需求规格说明书的要求。设计制品的验证主要包括架构设计验证、详细设计验证、数据库设计验证和接口设计验证等；代码的验证主要包括代码审查、单元测试、集成测试和静态代码分析等。通过这些验证活动，可以提高软件系统的质量，确保软件系统的正确性、一致性和完整性，满足用户和客户的期望。

本 章 小 结

本章深入探讨了软件需求确认和验证的各个方面，涵盖了其定义、重要性、目标、具体过程和技术方法。通过系统地介绍确认和验证的理论与实践，了解了如何确保软件需求的正确性和完整性，进而保证软件开发的成功。

首先，本章定义了确认和验证的概念。确认是确保需求文档描述的功能和特性真正满足用户和客户的需求，而验证是确保软件产品按照需求文档的要求正确实现。这两个过程是软件开发生命周期中不可或缺的部分，它们共同作用，确保最终交付的软件产品质量。

接着，本章探讨了确认和验证在软件开发过程中的作用和目标。确认和验证的主要作用包括：提高需求规格说明书的质量、减少需求变更和错误、提高开发效率和降低开发成本。其目标是确保软件需求的准确性、一致性、完整性和可测试性，进而保证软件产品符合预期。

在需求确认过程中，本章详细介绍了确认活动的准备、需求评审技术、原型方法及其在确认中的应用、用户和客户的参与以及确认结果的处理。确认活动的准备是确认成功的基础，需求评审技术（如走查、评审会、检查表等）是确认的主要手段，原型方法是验证需求的一种有效方法，用户和客户的积极参与是确保需求满足实际需求的关键，确认结果的处理则是将确认过程中发现的问题及时解决和记录。

在需求验证过程中，本章详细介绍了验证活动的准备、验证方法和技术、需求跟踪性分析、需求模型检验以及设计制品和代码的验证。验证活动的准备包括制订验证计划、准备验证环境和工具等；验证方法和技术包括静态验证、动态验证、自动化测试等；需求跟踪性分析是确保需求在开发过程中的可追溯性和一致性；需求模型检验是通过检查需求模型的正确性来验证需求；设计制品和代码的验证是通过审查和测试来确保设计和实现的正确性。

总结而言，确认和验证是软件需求工程中的重要环节，是保证软件质量的关键手段。通过系统的确认和验证,可以有效减少需求错误和变更,降低开发风险和成本,提高软件产品的质量和用户满意度。在软件开发实践中,应重视确认和验证工作,采用科学的方法和工具,充分发挥确认和验证的作用,确保软件成功开发。

习　　题

请扫描下方二维码在线答题。

软件需求确认和验证

第 11 章　　　　　软件需求管理

在软件开发过程中,需求管理是确保项目成功交付的关键环节。随着项目规模的扩大和需求的复杂性增加,需求的变更、跟踪和管理变得尤为重要。软件需求管理通过系统化的流程确保需求从获取、分析到实现的每一步都得到有效跟踪和控制。

本章目标

- 理解软件需求管理的定义及其在项目中的重要性。
- 掌握软件需求管理的基本原则及其应用场景。
- 了解如何通过系统化的变更管理流程来应对需求的变化,确保项目的可控性。
- 学习如何利用软件需求跟踪矩阵等工具实现需求的可追溯性与状态管理。

11.1　软件需求管理概述

在深入探讨软件需求管理的具体细节之前,首先需要理解其概念和重要性。软件需求管理是确保项目成功的关键要素之一,它不仅帮助团队应对不断变化的需求,还通过结构化的流程和工具支持项目的每个阶段。接下来将详细阐述软件需求管理的定义及其在软件开发生命周期中的核心目的。

11.1.1　软件需求管理的定义和目的

1. 软件需求管理的定义

软件需求管理指在软件开发生命周期中对软件需求进行系统化的管理。这包括软件需求的变更管理和软件需求跟踪等一系列活动。软件需求管理确保每个软件需求在整个项目生命周期中被充分理解、准确记录、有效实现和合理验证。

2. 软件需求管理的目的

1) 适应软件需求变化

软件需求管理通过规范的变更管理流程,灵活应对软件需求变化,确保每个变更被合理评估和管理。快速响应软件需求变化使团队能够适应市场和用户需求的变化,提高产品的适应性和竞争力。

2) 提高产品质量和用户满意度

软件需求管理通过严格的软件需求变更评估与批准,确保开发的产品符合用户需求和预期,提高产品质量。满足用户的实际软件需求和期望,有助于提升用户体验和满意度。

3) 支持软件需求的可追溯性和可维护性

软件需求管理通过建立软件需求跟踪矩阵,实现软件需求与设计、实现、测试等阶段的双向可追溯,确保每个软件需求都能追溯到其来源并得到验证。规范的软件需求文档和管理使软件需求的更新和维护更加便捷,降低后期维护成本。

软件需求管理在软件开发过程中起着至关重要的作用。通过有效的软件需求管理,软件开发团队能够更好地理解和实现客户需求,开发出高质量、符合用户期望的产品。

11.1.2 软件需求管理的基本原则

软件需求管理是确保软件开发项目成功的关键过程,其基本原则为项目的每个阶段提供指导和框架。这些原则帮助团队正确地收集、分析、记录和管理软件需求,从而确保最终的软件产品满足用户需求并实现预期目标。以下是软件需求管理的几个基本原则。

1. 软件需求的可追溯性

软件需求从提出到实现的每一个环节都应当是可追溯的。建立软件需求与设计、开发、测试等阶段之间的映射关系,确保每个软件需求都能跟踪到其源头。软件需求的可追溯性有助于发现软件需求变更的影响范围,评估变更的成本和风险,并确保每个软件需求在最终产品中得到实现和验证。

2. 持续沟通与反馈

软件需求管理是一个动态的过程,需要持续地进行沟通和反馈。通过与用户和客户保持定期的沟通,及时了解他们的反馈和软件需求变化。反馈机制帮助团队在开发过程中及时调整软件需求,避免偏离目标。定期的软件需求评审会议和反馈环节确保团队对软件需求的理解始终与用户需求保持一致。

3. 软件需求的文档化

软件需求文档是软件需求管理的重要工具。软件需求文档需要准确、完整、结构化,便于阅读和维护。文档化不仅包括软件需求的详细描述,还应包括软件需求的背景、来源、优先级、验收标准等信息。良好的软件需求文档有助于团队成员快速了解软件需求,并为后期的软件需求变更和维护提供支持。

4. 变更管理

软件需求在开发过程中可能会发生变化,因此需要有效的变更管理机制。变更管理包括变更请求的提出、评估、批准和实施等过程。严格的变更管理流程确保每个变更都经过充分评估和沟通,避免因频繁的软件需求变更而对项目造成负面影响。

5. 持续改进

软件需求管理是一个不断学习和改进的过程。通过项目回顾和总结,识别软件需求管理过程中的问题和不足,提出改进措施,不断优化软件需求管理流程,提高软件需求管理的效率和效果。

通过严格遵循这些基本原则,软件需求管理能够帮助团队有效应对复杂的软件需求环境,满足用户和客户的期望。

11.2 软件需求变更管理

软件需求变更管理是软件需求管理中必不可少的一环。软件需求变更的发生是不可避免的,原因可能包括市场环境的变化、客户需求的调整、技术发展的影响等。有效的软件需求变更管理可以确保项目在变更中仍然保持可控和高效。

11.2.1　变更管理流程

通过系统化的变更管理流程,可以有效应对软件需求变更,确保项目在软件需求变更的情况下仍能顺利推进。软件需求变更管理流程通常包括以下几个关键步骤:变更提出、变更评估、变更决策、变更实施和变更验证。

1. 变更提出

1) 变更提出的来源

软件需求变更可能来自多个来源,包括客户反馈、市场变化、技术改进、项目团队内部的建议等。无论变更的来源如何,所有变更请求都需要经过正式提出和记录,以确保变更过程的透明和可追溯。

2) 变更请求的提交

变更提出者(如客户、项目经理或开发人员)需要填写变更请求表(Change Request Form),详细描述变更的原因、变更的内容、预期的影响和优先级。变更请求表通常包括以下内容。

- 变更标题和编号。
- 变更描述。
- 变更原因。
- 变更的优先级。
- 预期影响分析。
- 提出日期和提出人。

2. 变更评估

1) 变更评估的目的

评估变更请求的可行性、必要性和影响,确定变更是否值得实施。

2) 变更评估的内容

- 技术可行性:评估变更在技术上是否可行,是否需要额外的技术资源或开发时间。
- 业务影响:分析变更对业务目标的影响,包括对项目进度、预算、质量的影响。
- 风险评估:识别和分析变更可能带来的风险,并制定相应的风险应对措施。
- 资源需求:评估变更所需的资源,包括人力、时间和资金。

3) 评估团队的组成

变更评估通常由一个跨职能团队进行,包括项目经理、开发团队、测试团队、业务分析师和客户代表等。

3. 变更决策

1) 决策会议

召开变更评审会议,由变更控制委员会(Change Control Board,CCB)进行变更决策。CCB通常由项目主要干系人组成,负责审查变更请求,并决定是否批准变更。

2) 决策标准

CCB根据变更评估的结果,综合考虑变更的技术可行性、业务影响、风险和资源需求,做出批准、否决或搁置变更的决策。

3）变更记录

所有的变更决策及其理由都需要详细记录，以便后续参考和跟踪。记录应包括变更请求编号、决策结果、决策日期和决策者。

4. 变更实施

1）变更计划

一旦变更请求被批准，项目团队需要制订详细的变更实施计划，明确变更的具体步骤、时间安排、责任人和资源分配。变更计划应包括以下内容。

- 变更的具体实现步骤。
- 实施变更的时间表。
- 相关责任人和团队。
- 所需资源和支持。

2）实施变更

根据变更计划，项目团队进行变更的具体实施。在实施过程中，须密切监控变更进展，及时解决实施过程中遇到的问题，确保变更按计划进行。

3）变更沟通

在变更实施过程中，需要与项目干系人保持沟通，及时通报变更进展和重要事项，确保所有相关人员了解变更情况，避免因信息不对称而产生的问题。

5. 变更验证

1）验证变更

变更实施完成后，需要对变更的结果进行验证，确保变更符合预期，并未引入新的问题。变更验证包括以下内容。

- 功能验证：检查变更后的功能是否达到预期效果。
- 回归测试：进行回归测试，确保变更未对其他功能产生不良影响。
- 用户验收测试：邀请用户进行验收测试，确保变更符合用户需求。

2）变更确认

变更通过验证后，需要进行正式的变更确认。变更确认包括记录变更的完成情况、验证结果以及相关的文档和报告。

3）变更总结

对变更过程进行总结和评估，总结成功经验和教训，为后续的变更管理提供参考。变更总结应包括变更的背景、实施过程、验证结果、遇到的问题及解决方案等。

通过系统化的软件需求变更管理流程，可以有效应对软件需求变更带来的挑战，确保项目在软件需求变更的情况下仍能顺利推进。变更管理流程的关键在于明确的变更提出、科学的变更评估、严格的变更决策、规范的变更实施和充分的变更验证。只有通过全程的严密控制和有效管理，才能最大限度地减少变更对项目的不利影响，确保项目的成功。

11.2.2　变更的评估与批准

软件需求变更管理中的评估与批准阶段是确保变更合理性、可行性和有效性的关键步骤。通过科学、系统的评估和批准流程，可以确保变更对项目目标、进度和质量的影响在可控范围内，并在最大限度上满足业务需求。

1．变更评估

1）评估的目的

变更评估的主要目的是确定变更的必要性和可行性,分析变更对项目的影响,并提供决策依据。通过评估,可以预见变更可能带来的问题和风险,制定相应的应对措施。

2）评估的内容

（1）技术可行性评估。

- 技术实现难度：评估变更在技术上的实现难度,包括现有技术能力是否支持变更的实现。
- 开发资源需求：分析变更所需的开发资源,如人力、设备和技术支持等。
- 技术风险：识别变更在技术上可能带来的风险,并制定应对方案。

（2）业务影响评估。

- 对业务流程的影响：分析变更对现有业务流程的影响,确保变更不会中断或显著改变关键业务流程。
- 对业务目标的影响：评估变更对项目和组织业务目标的影响,确保变更能够促进业务目标的实现。

（3）项目管理评估。

- 进度影响：分析变更对项目进度的影响,包括是否会导致项目延期。
- 成本影响：评估变更可能带来的成本增加,包括开发成本、测试成本和维护成本等。
- 资源调整：分析变更是否需要调整现有资源配置,如团队成员的职责和工作量等。

（4）用户需求评估。

- 用户满意度：评估变更能否提高用户满意度,满足用户需求。
- 用户反馈：收集和分析用户对变更的反馈意见,确保变更符合用户期望。

3）评估方法

（1）会议评审：组织跨职能团队会议,对变更请求进行集体讨论和评审,确保评估结果的全面性和客观性。

（2）专家评审：邀请领域专家进行独立评审,提供专业意见和建议。

（3）成本效益分析：通过成本效益分析工具,评估变更的经济合理性,确保变更的投入产出比合理。

4）评估文档

评估结果应以文档形式记录,评估文档通常包括变更请求编号、评估日期、评估团队成员、评估内容和评估结论等。这些文档不仅为变更决策提供依据,也为后续的变更跟踪和管理提供参考。

2．变更批准

1）变更控制委员会

变更控制委员会(CCB)是变更批准的主要决策机构,通常由项目经理、技术主管、业务代表、质量保证人员和客户代表等组成。CCB负责审查和批准所有的变更请求,确保变更决策的科学性和合理性。

2）决策标准

CCB根据评估结果,结合项目的实际情况和业务需求,做出变更决策。决策标准通常包括以下几方面。

（1）变更的必要性：变更是否有助于项目目标的实现，是否是解决现有问题的最佳方案。

（2）技术可行性：变更在技术上是否可行，是否具备实现变更的技术能力和资源。

（3）业务价值：变更能否为项目或组织带来显著的业务价值，是否符合业务优先级。

（4）风险和影响：变更的风险和负面影响是否在可接受范围内，是否具备有效的风险应对措施。

3）决策过程

（1）变更评审会议：CCB 召开变更评审会议，对变更请求进行讨论和审查，根据评估结果和决策标准做出决策。

（2）决策记录：所有决策结果和理由都应详细记录，决策记录通常包括变更请求编号、决策结果、决策日期和决策者等。

（3）决策通知：将决策结果及时通知变更提出者和相关团队，确保所有相关人员了解决策情况。

4）决策类型

（1）批准：变更请求通过评审，批准实施。

（2）否决：变更请求未通过评审，不予实施。

（3）搁置：变更请求需要进一步评估或等待更多信息，暂不决策。

3. 变更的后续处理

1）变更计划

一旦变更请求获得批准，需要制订详细的变更实施计划，明确变更的具体步骤、时间安排、责任人和资源分配。

2）变更实施

根据变更计划，项目团队进行变更的具体实施，并对实施过程进行监控，确保变更按计划进行。

3）变更验证

变更实施完成后，需要进行变更验证，确保变更的效果和质量，验证内容包括功能验证、性能验证和用户验收等环节。

4）变更总结

对变更过程进行总结，记录变更实施过程中的经验和教训，为后续的变更管理提供参考。

通过系统化的变更评估与批准流程，可以有效控制软件需求变更的风险和影响，确保变更决策的科学性和合理性，从而保障项目的顺利推进和成功交付。

11.2.3　变更的实施与跟踪

软件需求变更的实施与跟踪是变更管理过程中至关重要的环节，确保已批准的变更能够顺利执行，并且其进展和效果得到实时监控和评估。通过科学的实施和跟踪机制，可以有效管理变更带来的风险，确保项目目标的实现。

1. 变更实施

1）制订变更实施计划

变更实施计划是变更成功的基石，包含变更的具体步骤、时间安排、责任分配和资源需求等。一个详细、可行的实施计划能够确保变更过程有序进行，减少实施过程中的不确定性和风险。

- 变更步骤：详细列出变更的具体实施步骤，从变更的准备、执行到验证的每一个环节。
- 时间安排：制定详细的时间表，明确每个步骤的开始和结束时间，确保变更按时完成。
- 责任分配：明确每个步骤的责任人，确保每个任务都有具体负责人。
- 资源需求：列出变更实施所需的资源，包括人力、设备、工具和预算等。

2）变更实施过程

在变更实施过程中，需要按照实施计划逐步执行，并对实施过程进行实时监控和管理。

- 变更准备：在实施变更之前，需要进行充分的准备工作，包括培训相关人员、准备所需资源和工具等。
- 变更执行：按照实施计划执行变更，每个步骤都需要严格按照计划进行，确保变更过程有序进行。
- 变更沟通：在变更实施过程中，保持良好的沟通，及时向相关人员汇报变更进展，解决实施过程中遇到的问题。

3）变更验证

- 变更实施完成后，需要进行变更验证，确保变更的效果和质量。
- 功能验证：验证变更后的系统功能是否符合预期，确保新功能或改进的功能正常工作。
- 性能验证：验证变更后的系统性能是否达到预期，确保系统在变更后仍能稳定、高效运行。
- 用户验收：通过用户验收测试，确保变更后的系统能够满足用户需求，得到用户的认可。

2. 变更跟踪

变更跟踪是确保变更实施成功的关键，通过实时监控和评估变更的进展和效果，可以及时发现和解决变更过程中出现的问题。

1）建立变更跟踪机制

- 变更记录：对每一个变更进行详细记录，包括变更的原因、内容、实施计划和实施结果等。这些记录可以为后续的变更管理提供参考。
- 变更日志：记录变更实施过程中的每一个重要事件和节点，包括开始时间、结束时间、关键问题和解决方案等。
- 变更状态报告：定期生成变更状态报告，向项目管理层和相关人员汇报变更进展和效果，确保所有相关人员都能及时了解变更情况。

2）变更监控

进度监控：实时监控变更的实施进度，确保每个步骤按计划进行，及时发现和解决进度偏差。

质量监控：实时监控变更的实施质量，通过质量检查和测试，确保变更的效果和质量符合预期。

风险监控：实时监控变更过程中可能出现的风险，及时采取应对措施，确保变更的顺利实施。

3）变更评估

变更效果评估：对变更的效果进行评估，分析变更是否达到预期目标，是否满足用户需求。

变更成本评估：对变更的成本进行评估，分析变更是否在预算范围内，变更的投入产出比是否合理。

变更风险评估：对变更过程中出现的风险进行评估，总结变更实施过程中的经验和教训，为后续的变更管理提供参考。

4）变更反馈
- 用户反馈：收集用户对变更的反馈意见，了解用户对变更效果的满意度，及时解决用户反馈的问题。
- 团队反馈：收集项目团队对变更实施过程的反馈意见，总结变更实施中的经验和教训，改进变更管理流程。

通过科学的变更实施与跟踪机制，可以确保变更的顺利实施，减少变更带来的风险，提升变更管理的效率和效果。变更实施与跟踪不仅是变更管理的重要环节，也是项目成功的关键保障。

11.3　软件需求跟踪

软件需求跟踪是软件需求管理中的关键环节，通过对软件需求的持续跟踪，确保软件需求在整个开发生命周期内始终得到正确的管理和执行。软件需求跟踪不仅可以帮助项目团队及时发现和解决问题，还能提高项目的透明度和可控性。

11.3.1　软件需求跟踪的定义与目的

软件需求跟踪是软件需求管理过程中至关重要的环节，通过软件需求跟踪可以确保软件需求的实现过程清晰透明，从而提高项目的成功率。软件需求跟踪涉及对软件需求从提出到实现的全过程进行监控和管理，确保每一个软件需求都能被准确、全面地实现。

1. 软件需求跟踪的定义

软件需求跟踪指在软件开发过程中，对每一个软件需求从其提出、分析、设计、实现到测试和交付的全过程进行记录和监控的活动。通过软件需求跟踪，可以清晰地了解每一个软件需求的状态和进展，确保软件需求的全面、准确实现。

2. 软件需求跟踪的目的

软件需求跟踪的目的是确保软件开发过程中软件需求的透明性和可控性，通过对软件需求的全面监控和管理，避免软件需求遗漏、软件需求变更失控等问题的发生，确保项目按计划和要求顺利进行。

1）确保软件需求实现的全面性

软件需求跟踪可以确保每一个软件需求都能被全面、准确地实现，避免软件需求遗漏和忽视等问题发生。

2）确保项目的透明性

通过软件需求跟踪，可以清晰地了解每一个软件需求的状态和进展，确保项目的透明性和可控性。

3）支持软件需求变更管理

软件需求跟踪可以支持软件需求变更管理，通过对软件需求变更的记录和监控，确保软件需求变更的可控性和有序性。

4）提高软件需求分析和设计的质量

通过软件需求跟踪，可以提高软件需求分析和设计的质量，确保软件需求分析和设计的准确性和全面性。

5）支持项目的验收和评估

软件需求跟踪可以支持项目的验收和评估，通过对软件需求实现过程的全面记录和监控，确保项目的验收和评估的准确性和全面性。

3. 软件需求跟踪的实施过程

1）软件需求跟踪矩阵

软件需求跟踪矩阵是一种常用的软件需求跟踪工具，通过软件需求跟踪矩阵可以清晰地记录每一个软件需求的状态和进展。软件需求跟踪矩阵通常包含以下内容。

- 软件需求编号：每一个软件需求的唯一标识。
- 软件需求描述：对每一个软件需求的详细描述。
- 软件需求状态：软件需求的当前状态，如已提出、正在分析、已实现、正在测试、已交付等。
- 软件需求负责人：每一个软件需求的具体负责人。
- 软件需求变更记录：对软件需求变更的详细记录，包括变更的原因、内容、时间等。

2）软件需求状态报告

软件需求状态报告是软件需求跟踪的另一种常用工具，通过软件需求状态报告可以定期汇报软件需求的状态和进展，确保项目的透明性和可控性。软件需求状态报告通常包含以下内容。

- 软件需求进展：对每一个软件需求的当前进展进行汇报。
- 软件需求问题：对软件需求实现过程中遇到的问题进行汇报。
- 软件需求变更：对软件需求变更的情况进行汇报。
- 软件需求风险：对软件需求实现过程中可能存在的风险进行汇报。

3）软件需求跟踪系统

软件需求跟踪系统是一种现代化的软件需求跟踪工具，通过软件需求跟踪系统可以实现软件需求的自动记录和监控，提高软件需求跟踪的效率和准确性。软件需求跟踪系统通常包含以下功能。

- 软件需求记录：对每一个软件需求进行详细记录。
- 软件需求监控：对软件需求的状态和进展进行实时监控。

- 软件需求变更：对软件需求变更进行自动记录和监控。
- 软件需求报告：自动生成软件需求状态报告，支持项目的透明性和可控性。

通过科学的软件需求跟踪，可以确保软件开发过程中软件需求的全面、准确实现，提高项目的透明性和可控性，支持软件需求变更管理和项目验收评估，从而提高项目的成功率和质量。

11.3.2　软件需求跟踪矩阵的使用

软件需求跟踪矩阵是软件需求管理中的关键工具，用于跟踪和管理软件需求在软件开发生命周期中的状态和进展。通过软件需求跟踪矩阵，可以确保每个需求都被正确实现和验证，从而提高项目的成功率和质量。

1. 需求跟踪矩阵的定义

需求跟踪矩阵是一种表格形式的工具，用于记录和跟踪需求的状态、实现过程以及相关的测试和验证信息。它能够帮助项目团队了解需求的完整实现情况，识别需求变更和管理需求的实现风险。

2. 需求跟踪矩阵的组成部分

一个完整的需求跟踪矩阵通常包含以下几个关键组成部分。

（1）需求编号。每个需求的唯一标识符，通常按照一定的编码规则进行编号。

（2）需求描述。对每个需求的详细描述，明确需求的具体内容和期望功能。

（3）需求状态。当前需求的状态，如已提出、正在分析、已批准、正在实现、已测试、已交付等。

（4）需求优先级。每个需求的重要性和优先级，帮助团队合理安排需求的实现顺序。

（5）实现模块。需求对应的实现模块或功能组件，明确需求实现的具体位置。

（6）需求负责人。负责需求分析、实现和验证的人员，确保需求的顺利进行。

（7）需求变更记录。需求变更的详细记录，包括变更的原因、内容、时间和批准人等信息。

（8）测试用例编号。与需求相关的测试用例编号，用于验证需求的实现情况。

（9）验证状态。需求验证的状态，如未验证、已验证、验证失败等，帮助团队了解需求的测试情况。

3. 需求跟踪矩阵的建立与维护

（1）需求获取与记录。在需求获取阶段，将所有需求进行详细记录，并为每个需求分配唯一的编号和详细描述。

（2）需求状态更新。定期更新需求的状态，记录需求从提出到实现的每一个阶段，确保需求状态的实时性和准确性。

（3）需求优先级划分。根据需求的重要性和紧急程度，对需求进行优先级划分，合理安排需求的实现顺序。

（4）需求变更管理。对需求变更进行详细记录，确保需求变更的可追溯性和可控性，避免需求变更失控。

（5）需求验证与测试。记录需求对应的测试用例编号和验证状态，确保每个需求都经过严格的测试和验证。

4. 需求跟踪矩阵的应用实例

以一个在线购物系统为例,建立需求跟踪矩阵(见图 11-1)。

需求编号	需求描述	需求状态	需求优先级	实现模块	需求负责人	需求变更记录	测试用例编号	验证状态
R001	用户注册功能	已实现	高	用户管理模块	张三	无	T001	已验证
R002	商品搜索功能	正在实现	中	搜索模块	李四	变更: 增加搜索过滤条件 (2024-06-01)	T002	未验证
R003	购物车功能	已批准	高	购物车模块	王五	无	T003	未验证
R004	订单支付功能	正在分析	高	支付模块	赵六	无	T004	未验证
R005	用户评论与评分功能	已提出	低	评论模块	张三	无	T005	未验证

图 11-1　一个在线购物系统的需求跟踪矩阵

在这个实例中,需求跟踪矩阵详细记录了每个软件需求的编号、描述、状态、优先级、实现模块、负责人、变更记录、测试用例编号和验证状态。通过软件需求跟踪矩阵,项目团队可以清晰地了解软件需求的实现情况,及时发现软件需求实现过程中存在的问题,并采取相应的措施进行调整和改进。

5. 软件需求跟踪矩阵的优势

(1)提高软件需求管理的透明性。软件需求跟踪矩阵提供了一个清晰、全面的软件需求管理视图,帮助团队了解软件需求的状态和进展,提高软件需求管理的透明性。

(2)支持软件需求变更管理。通过详细记录软件需求变更信息,软件需求跟踪矩阵可以有效支持软件需求变更管理,确保软件需求变更的可追溯性和可控性。

(3)提高软件需求实现的准确性。软件需求跟踪矩阵帮助团队对软件需求进行全面、准确地记录和管理,提高软件需求实现的准确性和全面性。

(4)支持项目的验收和评估。软件需求跟踪矩阵记录了软件需求实现和验证的全过程,支持项目的验收和评估,确保项目的顺利交付。

通过科学、合理地使用软件需求跟踪矩阵,项目团队可以有效管理和控制软件需求的实现过程,提高软件需求管理的透明性和准确性,从而提高项目的成功率和质量。

11.3.3　软件需求跟踪的工具

软件需求跟踪在软件开发过程中至关重要,它确保每个软件需求都能被清晰地记录、管理和实现。为了实现高效的软件需求跟踪,需要借助各种工具。以下内容将详细介绍软件需求跟踪的常用工具,并探讨它们的优势和应用场景。

1. JIRA

(1)概述:JIRA 是一个广泛使用的项目管理和问题跟踪工具,由 Atlassian 公司开发。它不仅可以管理软件需求,还能进行缺陷跟踪和项目管理。

(2)功能:

• 软件需求和任务的创建与管理。

- 软件需求状态的跟踪。
- 自定义工作流程。
- 报告和仪表盘。

（3）优势：强大的自定义能力和丰富的插件支持，可以与其他工具（如 Confluence、Bitbucket）无缝集成。

（4）应用场景：适用于各类软件开发项目，特别是敏捷开发团队。

2. IBM Rational DOORS

（1）概述：IBM Rational DOORS 是一个软件需求管理工具，专为复杂和大规模项目设计，特别是在高规行业中使用。

（2）功能：
- 软件需求的捕获和管理。
- 软件需求间关系的定义和跟踪。
- 软件需求变更的管理。
- 强大的报告和分析功能。

（3）优势：适用于复杂和合规要求高的项目，具有强大的跟踪和分析功能。

（4）应用场景：航空航天、国防、汽车和医疗设备等行业的大型项目。

3. Helix RM（以前的 TestTrack RM）

（1）概述：Helix RM 是由 Perforce 公司开发的软件需求管理工具，旨在提供软件需求的全面可见性和可追溯性。

（2）功能：
- 软件需求的创建、管理和跟踪。
- 软件需求间的链接和影响分析。
- 实时协作和变更管理。
- 丰富的报告和审计功能。

（3）优势：易于使用，支持实时协作和变更管理，提供强大的可追溯性和报告功能。

（4）应用场景：适用于中小型项目和注重实时协作的团队。

4. Azure DevOps

（1）概述：Azure DevOps 是由微软公司提供的一套开发者服务，用于支持整个软件开发生命周期，包括软件需求管理。

（2）功能：
- 软件需求和任务的管理。
- 软件需求的版本控制和状态跟踪。
- 测试计划和测试管理。
- 持续集成和部署。

（3）优势：集成开发环境，支持端到端的开发和部署流程，适用于敏捷和 DevOps 团队。

（4）应用场景：各种规模的软件开发项目，特别是使用微软技术栈的团队。

综合应用实例：

假设一家金融科技公司正在开发一款在线银行系统，他们使用 JIRA 进行需求管理，并结合需求跟踪矩阵和需求变更控制流程。

- 需求获取与记录：团队在 JIRA 中记录了所有需求，并创建了需求跟踪矩阵以进行详细管理。
- 需求状态跟踪：每个需求在 JIRA 中都有明确的状态标记，如"待处理""进行中""已完成"等。
- 需求变更控制：所有变更请求通过 JIRA 的变更控制流程进行处理，记录变更的原因、影响和批准情况。
- 需求验证和确认：团队制订了详细的测试计划，在需求实现后进行测试和验证，确保需求的正确实现。

通过这些工具和方法的综合应用，团队能够高效地管理需求，确保项目的顺利进行和成功交付。

需求跟踪是软件开发过程中不可或缺的一环，通过使用合适的工具和方法，团队可以有效地管理和控制需求，确保需求的准确实现和项目的成功交付。选择合适的工具和方法，并结合项目的具体需求和环境，能够大大提高需求管理的效率和质量。

本 章 小 结

本章详细介绍了软件需求管理的概念、方法和流程。首先，本章阐述了软件需求管理的定义及其在软件开发生命周期中的重要作用，特别是如何通过管理需求变更和跟踪需求状态来提高项目的成功率。通过软件需求管理，团队能够灵活应对不断变化的需求，确保软件需求的可追溯性、可维护性以及最终产品的质量。

本章还深入探讨了软件需求管理的基本原则，包括需求的可追溯性、持续沟通、文档化以及变更管理。本章介绍了如何通过这些原则保证软件项目的需求得到全面和准确的管理。此外，需求变更管理的流程也得到了详细说明，从变更的提出、评估、决策、实施到验证，整个过程强调了规范化和严谨性，以确保项目的稳定性。

通过本章的学习，读者能够理解软件需求管理的核心作用，掌握需求变更管理和需求跟踪的基本流程与工具，进而提高软件开发项目的质量和效率。

习　　题

请扫描下方二维码在线答题。

第 12 章　使用大语言模型赋能软件需求工程

本章将探讨如何运用大语言模型,优化软件需求工程中的各个环节。通过多个实际案例,展示大模型在需求提取、文档生成、原型设计等方面的潜力,并探讨其优势与局限性。

本章目标

- 理解大语言模型在软件需求分析中的应用场景。
- 掌握如何使用提示词引导大模型,提取用户需求并生成需求文档。
- 学习将传统需求分析方法与大模型结合的优化策略,提升项目管理与需求文档的质量。

12.1　引　言

随着人工智能(AI)技术,尤其是大语言模型(Large Language Model,LLM)的飞速发展,软件工程师和需求工程师在需求分析过程中可以借助先进的 AI 工具,大幅度提高工作效率。大语言模型(如 GPT-4)具备理解和生成自然语言的能力,能够帮助需求工程师从用户访谈、产品文档、功能描述等非结构化文本中快速提取出软件需求,并生成高质量的需求文档。

12.1.1　大语言模型在软件需求中的潜力

传统的软件需求往往依赖于人工访谈、头脑风暴和文档书写,需求工程师必须投入大量时间来反复确认需求的准确性与完整性。这个过程中容易出现沟通误解、需求遗漏等问题。大语言模型的出现为这一领域带来了变革。它不仅可以自动从文本中提取需求,还能帮助需求工程师快速分类和整理需求、识别潜在的功能冲突,并生成原型或需求文档初稿。

大语言模型能够理解并处理复杂的自然语言,尤其擅长从大量非结构化的数据中提炼出有价值的信息。它通过学习语言结构和领域知识,帮助需求工程师高效地完成软件需求任务。以下是大语言模型在软件需求中的几个重要应用场景。

- 自动生成用户故事或功能性需求。
- 识别用户的隐含需求。
- 自动分类需求并给出优先级建议。
- 生成符合规范的需求文档。
- 基于需求生成软件原型和交互流程。

12.1.2 提示词在大语言模型中的作用

大语言模型的表现在很大程度上取决于输入的提示词(Prompt)。提示词是引导大语言模型生成相关内容的指令,设计得当的提示词能够显著提高模型输出的准确性与相关性。简而言之,提示词的作用是告诉大语言模型"你需要做什么",从而确保模型的输出内容与用户期望一致。

提示词可以是简短的指令,也可以是详细的描述,具体取决于所需任务的复杂性。在软件需求中,提示词可以用于生成需求文档、用户故事、功能列表、非功能性需求,甚至是交互原型。下面将通过几个实际例子展示提示词在软件需求中的应用。

例 1:从用户访谈中提取需求。

在软件开发的初期阶段,需求工程师通常需要与客户或终端用户进行访谈,以明确他们的需求。使用大语言模型可以快速从访谈记录中提取关键信息,并生成初步的需求描述。

示例提示词: "请根据以下访谈记录,提取出主要的功能性需求,并将其分类为核心功能、可选功能和改进建议。"

访谈记录:

用户 1:我们希望这个应用能帮助我们管理库存,能够实时监控库存量,还可以自动生成补货订单。

用户 2:如果库存低于某个阈值,应用需要发送提醒邮件给相关人员。

用户 3:我们希望有一个可视化面板,展示每日的库存动态和销售趋势。

用户 4:如果可以,我们希望未来能够集成到我们的销售系统里,方便数据同步。

模型输出:

核心功能:

1. 实时监控库存。

2. 自动生成补货订单。

3. 库存低于阈值时发送提醒邮件。

4. 可视化面板展示库存动态和销售趋势。

可选功能:

1. 集成到销售系统以实现数据同步。

改进建议:

1. 提高库存更新的频率和精度。

这个例子展示了如何通过一个设计良好的提示词,将复杂的访谈信息转化为清晰的需求分类。

例 2:生成需求文档草案。

需求文档是软件开发的基础,它需要详细描述每个功能的要求、预期的系统行为,以及非功能性需求。通过适当的提示词,模型可以生成符合规范的需求文档草案,减少需求工程师的工作量。

示例提示词: "基于以下需求描述,生成一份标准的需求文档草案,包括功能性需求、非功能性需求和用例描述。"

需求描述：

- 系统需要提供用户登录、注册功能,确保用户数据加密存储。
- 系统应该在响应时间上保持速度,页面加载时间不超过 3 秒。
- 系统应提供一个仪表盘,让用户能够查看个人活动数据和统计信息。

模型输出：

需求文档草案

1. 功能性需求
   - 用户应能够通过电子邮件和密码进行注册和登录。
   - 用户登录信息应被加密存储,以确保数据安全。
   - 用户登录成功后,应被重定向到个人仪表盘。
   - 仪表盘应展示用户的活动数据和统计信息。

2. 非功能性需求
   - 系统的响应时间应保持在 3 秒以内,以确保良好的用户体验。
   - 系统应保证高可用性,年平均停机时间不应超过 5 小时。

3. 用例描述
   - 用例名称：用户登录。
   - 主要参与者：注册用户。
   - 前置条件：用户已注册。
   - 后置条件：用户成功登录并进入仪表盘。

例 3：生成软件原型草图。

原型设计是软件需求中重要的一环,它通过可视化方式展示需求是如何落地为功能的。通过提示词引导,大语言模型可以生成描述性的原型草图或界面布局建议,帮助团队快速进入设计阶段。

示例提示词:"根据以下需求,生成一个用户仪表盘的线框图描述,包括主要组件的位置和布局建议。"

需求描述：

- 仪表盘需要展示用户的总步数、卡路里消耗、活动时长等统计数据。
- 页面顶部需要有导航栏,允许用户切换至其他功能模块,如个人资料、设置等。
- 页面右侧应有一个按钮,用于生成本月的活动报告。

模型输出：

- 仪表盘的顶部为固定导航栏,提供快速访问"个人资料""设置"和"报告生成"功能。
- 页面中央为主要统计数据展示区,分为三个区域,分别展示用户的总步数、卡路里消耗和活动时长。每个区域应使用图标和数值的组合,以直观方式呈现数据。
- 右侧放置一个按钮,单击后生成本月活动报告,按钮下方显示报告的生成状态。

通过以上例子可以看出,提示词不仅帮助大语言模型理解需求,还能帮助生成具体的分析和设计成果。在接下来的章节中将深入探讨大语言模型在软件需求中的应用,并提供更多提示词设计的实例和技巧。

12.2　大语言模型如何帮助软件需求分析

大语言模型(如 GPT)通过对大量数据进行训练,能够理解并生成自然语言。在软件需求分析中,它的应用方式多种多样。以下是几种常见的应用场景,并通过具体的提示词展示大语言模型如何帮助开发团队提升软件需求的效率和准确性。

12.2.1　需求采集与用户访谈自动化

在软件开发的初期阶段,需求采集往往依赖于与客户或最终用户的访谈。大语言模型可以根据这些访谈记录自动提取出关键的功能性需求,并生成用户故事。这减轻了需求工程师在文档整理上的工作负担,同时确保关键信息不被遗漏。

示例提示词:"请根据以下对话,提取出用户的功能性需求,并生成相应的用户故事。"
用户对话:
- 用户:我希望这个应用能够帮助我跟踪日常的运动数据,如步数、跑步距离和消耗的卡路里。
- 用户:如果我达到某个目标,它可以给我发送提醒或者推送一些激励的消息。
- 用户:最好能有一个日历视图,让我能回顾过去几周的活动情况。

模型生成的需求:
1. 功能性需求
   - 应用应具备跟踪用户每日步数、跑步距离和卡路里消耗的功能。
   - 当用户达成特定目标时,应用应发送激励通知。
   - 应用应提供一个日历视图,让用户回顾过去的运动情况。
2. 用户故事
   - 作为一名用户,我希望能够跟踪每日的运动数据,以便更好地了解我的健身情况。
   - 作为一名用户,我希望能在达成目标时收到激励通知,以保持运动动力。
   - 作为一名用户,我希望通过日历视图查看过去的活动记录,以便回顾和计划未来的训练。

这个例子展示了如何通过提示词提炼出清晰的功能性需求,并快速生成标准化的用户故事。

12.2.2　需求分类与优先级划分

在需求采集之后,需求工程师通常需要对需求进行分类,并为各项需求设定优先级。大语言模型可以通过分析需求的紧迫性、影响范围和技术可行性,帮助需求工程师自动分类,并提供合理的优先级建议。

示例提示词:"将以下需求分类为必需功能、次要功能和可选功能,并提供优先级排序依据。"
需求列表:
1. 用户能够通过社交媒体账号登录应用。

2. 系统在用户达到健康目标时发送通知。

3. 支持将用户的运动数据与第三方健康设备同步。

4. 为用户生成每日的健身报告。

5. 用户能够分享他们的健身进展到社交媒体。

模型输出：

- 必需功能

  1. 系统在用户达到健康目标时发送通知(优先级：高。能增强用户的运动动力)。

  2. 为用户生成每日的健身报告(优先级：高。核心功能,提供用户数据反馈)。

- 次要功能

  1. 用户能够通过社交媒体账号登录应用(优先级：中。增加了便捷性,但不属于核心需求)。

  2. 用户能够分享他们的健身进展到社交媒体(优先级：中。有助于用户体验,但不会影响主要功能)。

- 可选功能

  1. 支持将用户的运动数据与第三方健康设备同步(优先级：低。技术复杂度较高,可在后期实现)。

通过提示词,大语言模型可以自动帮助分类并给出优先级依据,这不仅节省了时间,也为需求评审提供了初步分析依据。

12.2.3 生成需求文档草案

生成高质量的需求文档是需求工程师的核心任务之一。大语言模型可以基于初步的需求描述,生成标准化的需求文档草案,包含功能性需求、非功能性需求、系统约束和用户场景。这让需求工程师能够专注于细节和验证工作,而无须从零开始编写文档。

示例提示词："基于以下需求说明,生成一份标准的需求文档草案,包括功能性需求、非功能性需求和系统约束。"

需求说明：

- 应用需要提供用户登录功能,支持社交媒体账号登录和传统邮箱注册登录。

- 应用需要生成每日的健身数据报告,包括步数、卡路里消耗、心率等。

- 报告需要通过推送消息发送给用户,用户可以选择接收频率。

- 系统需要高可用性,年平均停机时间不应超过 10 小时。

模型输出的需求文档草案：

1. 功能性需求

   ○ 系统应提供传统邮箱和社交媒体账号登录的功能。

   ○ 用户应能够生成每日的健身数据报告,包括步数、卡路里消耗和心率。

   ○ 用户应能够设置健身报告的接收频率(每日、每周、每月)。

2. 非功能性需求

   ○ 系统应保持高可用性,年平均停机时间不得超过 10 小时。

   ○ 报告推送服务应保证可靠性,报告发送失败率不得超过 1%。

3. 系统约束

- 系统必须支持 iOS 和 Android 操作系统。
- 数据存储应遵循 GDPR(General Data Protection Regulation，通用数据保护条例)法规，确保用户数据隐私和安全。

大语言模型生成的文档草案为后续的人工审核提供了高效的起点，同时规范化了文档的结构和内容。

12.2.4　生成软件原型与需求模型

在需求分析阶段，大语言模型还能协助生成软件原型和需求模型，帮助团队快速进入设计和验证环节。通过提示词，软件需求工程师可以让大语言模型生成用户界面的线框图描述，甚至可以对特定功能模块进行可视化建模。

示例提示词："根据以下需求生成用户仪表盘的线框图描述，描述页面各组件的位置和交互逻辑。"

需求描述：

- 仪表盘应包含用户的运动数据，包括步数、跑步距离和卡路里消耗。
- 页面顶部应有导航栏，允许用户访问设置、个人资料和健康报告生成模块。
- 仪表盘的右侧应有按钮，用于手动生成健康报告。

模型输出的线框图描述：

- 页面顶部为固定导航栏，包含"设置""个人资料""健康报告生成"三个选项。
- 页面中央为主数据展示区，按三列排列，依次展示步数、跑步距离和卡路里消耗。每个数据区块包括图标、数值和小型趋势图。
- 页面右侧有一个按钮，单击后手动生成用户的健康报告。按钮下方显示报告生成的进度。

大语言模型的这一功能能够显著缩短需求到设计的过渡时间，为项目的快速原型设计提供了有力支持。

12.2.5　需求变更与自动化管理

在需求管理中，需求变更是常见现象，尤其在敏捷开发中。通过使用提示词，大语言模型可以自动跟踪需求变更，并更新文档、原型或需求模型。这使得需求管理的效率和准确性大大提高。

示例提示词："根据以下变更说明，更新需求文档并标注出与原始需求的差异。"

变更说明：

- 用户登录功能现在只支持邮箱注册，不再支持社交媒体账号登录。
- 健身报告推送频率现在默认为每日推送，用户无法自行更改。

模型输出的需求文档更新：

1. 功能性需求更新

- 系统应提供邮箱注册和登录功能。
- **原功能移除**：社交媒体账号登录功能已被移除。

○ 健身报告推送频率默认为每日,用户不再能够调整推送频率设置。

2. 非功能性需求更新

○ 无变更。

通过这种方式,大语言模型能够快速更新需求文档并标注出差异,使得团队能够清晰了解变更内容,避免因需求变动带来的混淆。

大语言模型的这些功能为软件需求分析带来了显著的自动化和效率提升。在接下来的章节中将进一步探讨大语言模型的优势与局限性,以及如何结合传统方法与现代 AI 工具来优化软件需求的全过程。

12.3 大语言模型在软件需求中的优势与局限性

12.3.1 优势

大语言模型的引入为软件需求带来了诸多优势,尤其是在自动化和高效性方面。

1. 自动化生成与分析

大语言模型能够根据提示词自动生成需求文档、用户故事、功能列表等内容。相比于手动处理,大语言模型的速度更快且更少出错,尤其是在处理大量非结构化数据时表现尤为突出。

示例:需求工程师只需要提供一份访谈记录,模型便可以自动提取出核心需求,并快速生成符合标准的文档。这在项目时间紧迫或资源有限的情况下尤为有用。

2. 支持自然语言输入

传统的软件需求工具通常需要专业的语法或模型定义,而大语言模型通过自然语言进行交互,这使得它更易于使用,降低了技术门槛。无论是需求工程师还是非技术人员,都可以通过简单的描述与模型进行互动,极大地提升了协作效率。

示例:客户或利益相关者无须了解专业术语,只需通过简单的自然语言描述需求,大语言模型即可将其转化为具体的功能性需求或技术要求。

3. 快速原型与设计建议

大语言模型不仅能生成文本需求,还能提供设计建议或初步的原型描述。例如,在需求采集后,大语言模型可以根据提示词生成用户界面的线框图或功能布局建议。这对于快速进入设计和迭代开发尤为重要。

示例:在敏捷开发中,需求的快速变化和原型设计常常需要快速响应。大语言模型可以根据需求变更,自动生成新的原型建议,帮助团队快速迭代设计。

4. 提高需求的一致性和完整性

由于大语言模型基于大量数据进行训练,因此能够识别需求文档中的不一致性或遗漏的内容。通过自动分析需求,它可以为需求工程师提供反馈,提示可能缺少的功能或潜在的冲突。

示例:在生成需求文档后,大语言模型可以识别文档中与非功能性需求不符的部分(如安全要求、性能需求等),并建议分析师进行补充或修改。

12.3.2　局限性

虽然大语言模型具备显著的优势,但它也存在一定的局限性。在软件需求过程中,需求工程师需要意识到这些局限,以确保最终结果的准确性和可行性。

1. 对复杂技术需求的理解有限

大语言模型擅长处理自然语言,但对于非常复杂的技术细节或行业特定的知识,它的理解可能不够深刻。虽然它可以生成一些通用的功能描述或高层次的架构建议,但面对需要深厚领域知识的需求(如某些嵌入式系统需求或高性能计算应用),模型的生成结果可能欠缺精确性。

示例:如果需求涉及具体的硬件配置或复杂的算法需求,模型生成的文档可能无法捕捉到关键的技术细节,需要依赖人类专家进行补充和修正。

2. 上下文和语境理解不足

大语言模型对语境的理解能力虽然强大,但在长时间、多轮对话中可能出现上下文丢失的情况。软件需求往往涉及多个迭代和反馈,当大语言模型需要处理这些信息时,可能会遗漏前期的某些信息,导致输出结果与初衷不符。

示例:在多次需求变更中,大语言模型可能会忽略早期定义的一些重要需求,而只关注当前输入的最新变更,导致需求文档失去连贯性。

3. 依赖提示词的质量

大语言模型生成的内容与提示词的质量息息相关。如果提示词设计得不够清晰或准确,生成的内容可能偏离实际需求。因此,尽管大语言模型能够自动化许多任务,但提示词的设计仍需要需求工程师具备较高的专业素养。

示例:如果提示词只是简单地描述"生成一份需求文档",大语言模型可能会生成一个非常笼统的文档,无法满足项目的具体需求。提示词需要明确指定文档的结构、具体内容和要求,才能获得高质量的输出。

4. 数据隐私与安全问题

大语言模型需要通过大量数据进行训练,然而在实际应用中,尤其是涉及敏感数据(如个人隐私、金融数据等)的软件需求时,大语言模型生成和处理的过程可能会涉及数据安全风险。尽管可以通过本地部署模型来规避部分风险,但在大语言模型依赖云服务的情况下,数据隐私问题依然需要引起重视。

示例:在处理医疗或金融应用的需求时,需求工程师需要确保大语言模型不泄露用户隐私信息,且使用的数据和生成的内容符合相关的法律法规(如 GDPR 等)。

12.3.3　结合传统方法与 AI 工具的优化策略

尽管大语言模型具备显著的优势,但在实践中,将大语言模型与传统的软件需求方法结合,往往能获得更好的效果。以下是一些优化策略。

1. 提示词迭代与优化

提示词的设计直接影响大语言模型的输出质量。因此,在使用大语言模型进行软件需求分析时,需求工程师应不断优化提示词,逐步提高生成内容的精度和相关性。

策略：

- 针对不同的需求类型（功能性需求、非功能性需求、原型设计等），设计专门的提示词模板。
- 通过反复调整提示词的表达方式，逐步完善大语言模型输出的准确性。

2. 与传统需求建模工具结合

大语言模型生成的需求文档或原型设计可以作为初稿，随后可以通过传统的需求建模工具（如 UML、需求管理工具等）进一步优化和验证。大语言模型的输出可以为软件需求工程师提供一个良好的起点，但传统工具能够确保软件需求的完整性与一致性。

策略：

- 生成的需求文档可以导入需求管理系统，进一步进行审核、补充和优化。
- 在复杂项目中，可以通过传统的需求跟踪矩阵和需求验证工具来验证大语言模型生成的内容。

3. 人机协作模式

大语言模型虽然能够自动化许多任务，但软件需求本质上仍是一个需要强烈人为判断的过程。通过人机协作模式，需求工程师可以将大语言模型生成的内容作为参考，然后进行人工审核和修改。

策略：

- 让大语言模型生成初步的软件需求草案，需求工程师负责审核与补充技术细节。
- 在需求变更管理中，大语言模型提供变更建议，需求工程师根据实际需求进行调整。

4. 数据隐私与安全控制

在敏感数据处理时，确保数据隐私和安全性是关键。对于企业来说，使用本地部署的大语言模型或通过加密技术确保数据安全，是规避数据泄露风险的重要方式。

策略：

- 在软件需求过程中，尽量使用匿名化的数据进行模型训练与生成。
- 结合企业的数据安全策略，选择符合相关法规的 AI 工具和平台。

12.4　如何在软件需求中引入大语言模型

引入大语言模型（如 GPT 等 AI 模型）到软件需求分析过程中，可以显著提高工作效率、减少人为错误，并在许多自动化任务中替代人工劳动。然而，如何在实际项目中有效地将大语言模型集成到软件需求中，是一个需要仔细规划和实施的问题。以下步骤和策略将帮助需求工程师和团队在实践中引入并有效使用大语言模型。

12.4.1　确定引入大语言模型的应用场景

在开始使用大语言模型之前，团队需要明确大语言模型适合解决哪些软件需求中的痛点。大语言模型在以下几方面表现得尤为突出。

- 需求采集和提取：从访谈记录或会议记录中自动提取需求。
- 需求文档生成：根据用户需求自动生成标准化的需求文档。
- 需求分类与优先级划分：自动识别需求的类型，并给出优先级建议。

217

第12章

使用大语言模型赋能软件需求工程

- 用户故事生成：将需求描述转换为标准化的用户故事。
- 需求变更管理：通过对比变更前后的需求描述，自动生成变更影响报告。
- 原型设计支持：基于需求生成初步的用户界面线框图或功能模块描述。

示例：一个面向移动设备的健身应用开发项目，可能需要快速收集用户对健身数据跟踪、报告生成等需求。此时，大语言模型可以从用户访谈中提炼出需求并生成用户故事，帮助团队高效进入下一阶段的开发。

12.4.2 确定模型使用的阶段与频率

大语言模型可以在软件需求的多个阶段提供支持，但并非每个阶段都需要持续使用。在实施过程中，团队可以根据项目规模和复杂性，确定在哪些阶段引入大语言模型的支持。

- 需求采集阶段：模型主要用于从非结构化文本（如访谈记录、用户反馈）中提取初步的需求，并生成用户故事和功能列表。
- 需求分析阶段：模型可以帮助需求工程师自动对需求进行分类、识别冲突或不一致性，并为各需求设定优先级。
- 需求文档编写阶段：在文档生成过程中，模型可以自动生成需求文档的初稿，并由需求工程师进行细化和审校。
- 需求变更管理阶段：每当需求发生变更时，模型可以自动分析变更的影响，并更新需求文档。

示例策略如下：

- 在项目的初期阶段频繁使用大语言模型，尤其是在需求采集和文档生成方面，这能够大大缩短前期的工作时间。
- 随着项目的深入，使用模型来处理需求变更和更新，保持文档的准确性和一致性。

12.4.3 定义提示词模板和流程

大语言模型的输出质量高度依赖于提示词的设计，因此在项目中引入大语言模型时，设计标准化的提示词模板是非常重要的。每种提示词应该与特定的软件需求任务相匹配，确保大语言模型能够生成符合预期的内容。

1. 提示词模板设计

在软件需求的不同阶段，可以预定义一些提示词模板，用于各类常见任务。以下是一些常见的提示词示例。

- **需求采集**。"根据以下访谈记录，提取出用户的主要需求，并生成用户故事。"
- **需求分类与优先级划分**。"根据以下需求列表，将其分类为必需功能、次要功能和可选功能，并为其设定优先级。"
- **需求文档生成**。"根据以下需求说明，生成一份标准化的需求文档草案，包含功能性需求、非功能性需求和系统约束。"
- **需求变更管理**。"根据以下需求变更描述，更新需求文档并标注出与原始需求的差异。"

2. 工作流程整合

为了确保大语言模型能顺利集成到项目中，团队还需要定义清晰的工作流程，以确保模型输出的内容能与其他工具和流程无缝对接。例如：

- **需求采集**。访谈结束后,记录会直接输入模型,生成用户故事。
- **需求文档编写**。需求工程师根据需求列表让模型生成初步文档,然后通过需求管理工具(如 JIRA、Confluence 等)进行人工审校和细化。
- **变更管理**。每次需求变更时,通过大语言模型自动生成变更影响报告,并同步到项目管理工具中。

12.4.4 模型训练与本地化部署

在一些涉及敏感数据的项目中,尤其是医疗、金融等领域,数据隐私和安全问题成为企业引入大语言模型的主要考虑因素。在这些情况下,企业可以考虑训练专属的大语言模型,或将模型本地化部署,从而确保数据的安全性。

1. 数据隐私与安全

企业应确保使用的数据是经过匿名化处理的,或采取其他安全措施,如加密数据传输、使用私有模型实例等。通过本地化部署,企业可以有效避免数据外泄的风险,同时保持对模型的完全控制。

2. 领域专属训练

大语言模型虽然强大,但其输出质量依赖于所接触的数据。因此,企业可以通过提供行业特定的数据对模型进行微调,使其在特定领域的软件需求中表现得更为优异。例如,使用金融行业的历史数据训练大语言模型,以便更好地分析与生成金融相关的需求文档。

示例:一家医疗软件公司可以对其自有的需求历史进行训练,确保模型能准确生成符合医疗行业标准和法规的需求文档。

12.4.5 人员培训与角色分配

大语言模型的引入不仅是技术上的变革,也需要团队在人员配置和工作方式上做出相应调整。为了充分发挥大语言模型的效能,团队需要进行相应的培训,确保所有成员都能熟练使用模型,并了解如何将其整合到日常工作中。

1. 需求工程师培训

需求工程师应接受使用大语言模型的培训,特别是在提示词的设计、模型输出的校验和数据隐私保护等方面。培训内容可以包括如何编写有效的提示词、如何通过模型快速生成需求文档,以及如何与模型进行交互。

2. 模型管理员

在大型项目或企业中,可能需要指定一个"模型管理员",负责大语言模型的维护和优化,包括模型的微调、提示词模板管理以及模型的本地化部署等任务。

3. 团队协作

大模型的引入将改变团队之间的协作方式。非技术人员(如项目经理、客户代表)可以直接与模型交互,提出需求,而需求工程师则负责审核和完善。这种协作方式将简化沟通流程,并确保需求更快速、更准确地传递到开发阶段。

12.4.6 持续监控与反馈

大语言模型的引入并不是一蹴而就的过程。在实际使用过程中,团队需要持续监控模型的表现,并收集反馈,以便不断优化其应用效果。

1. 模型输出质量评估

定期评估模型生成的需求文档、用户故事等内容的质量,确保其符合项目的需求。如果发现模型的某些输出不符合预期,可以通过调整提示词、微调模型或更新训练数据来解决问题。

2. 反馈回路

创建反馈机制,让团队成员能够随时提交他们的使用体验和问题。通过定期的反馈与改进,模型的表现将逐渐优化。

通过合理地引入和部署,大语言模型能够显著提升软件需求的效率和质量。然而,成功引入大语言模型需要团队在应用场景的选择、提示词的设计、模型的管理和数据隐私的保护上进行精细的规划。最终,只有通过人机协作,将大语言模型的优势与人类的判断力相结合,才能在复杂的软件开发项目中实现最佳的需求分析效果。

本 章 小 结

大语言模型为软件需求带来了前所未有的自动化和效率提升。通过精心设计提示词,需求工程师能够在需求采集、需求分类、文档生成和原型设计等多个环节中利用 AI 的优势。然而,大语言模型也存在技术局限,尤其在复杂技术需求理解和数据隐私问题上。将 AI 与传统的软件需求方法相结合,人机协作的方式将成为未来软件需求的一种主流趋势。

通过本章的内容,希望读者能够深入了解大语言模型在软件需求中的应用潜力,并掌握如何通过提示词引导大语言模型,优化软件需求的全过程。

习 题

请扫描下方二维码在线答题。

附录 A 软件开发综合案例：问卷星球

请扫描下方二维码查看本案例。

观看视频

附录 B　　本书配套微课视频清单

序号	视频内容标题	视频二维码位置		所在页码
1	需求获取补充知识	3.1	软件需求获取过程概述	22
2	需求分析补充知识	4.1	软件需求分析概述	51
3	某培训机构入学管理系统的结构化分析	5.3	结构化分析建模实例	80
4	用 C++理解类与对象	6.1	面向对象的基本概念	85
5	用 C++理解继承与组合	6.1	面向对象的基本概念	85
6	用 C++理解虚函数与多态	6.1	面向对象的基本概念	85
7	使用 UML 的准则	6.2.1	UML 简述	87
8	在统一软件开发过程中使用 UML	6.2.2	UML 的应用范围	87
9	用例的特征	6.3.1	用例图	88
10	用例模型的补充知识	6.3.1	用例图	88
11	网上计算机销售系统的用例建模	6.3.1	用例图	88
12	用例建模总结	6.3.1	用例图	88
13	用例图的应用题(1)	6.3.1	用例图	88
14	用例图的应用题(2)	6.3.1	用例图	88
15	项目与资源管理系统用例图的分析	6.3.1	用例图	89
16	医院病房监护系统用例图的分析	6.3.1	用例图	89
17	绘制机票预订系统的用例图	6.3.1	用例图	89
18	超市购买商品系统类与对象的识别	6.3.2	类图与对象图	93
19	类图的应用题(1)	6.3.2	类图与对象图	93
20	类图的应用题(2)	6.3.2	类图与对象图	93
21	绘制机票预订系统的类图	6.3.2	类图与对象图	93
22	包图的应用题	6.3.3	包图	98
23	绘制机票预订系统的包图	6.3.3	包图	99
24	顺序图的应用题	6.4.1	顺序图	99
25	绘制机票预订系统登录用例的顺序图	6.4.1	顺序图	99
26	协作图的应用题	6.4.2	协作图	100
27	绘制机票预订系统查询航班用例的协作图	6.4.2	协作图	100
28	状态图的应用题	6.4.3	状态图	101
29	绘制机票预订系统航班类的状态图	6.4.3	状态图	101
30	活动图的应用题	6.4.4	活动图	102
31	绘制机票预订系统购买机票用例的活动图	6.4.4	活动图	102
32	组件图的应用题	6.5.1	组件图	104

序号	视频内容标题	视频二维码位置	所在页码
33	绘制机票预订系统的组件图	6.5.1 组件图	104
34	部署图的应用题	6.5.2 部署图	104
35	绘制机票预订系统的部署图	6.5.2 部署图	104
36	建立网上计算机销售系统的静态模型（对象模型）	7.3.1 建立对象模型	112
37	商品销售管理系统的面向对象需求分析	7.3.1 建立对象模型	113
38	募捐系统的面向对象的分析与设计	7.4 面向对象分析建模实例	121
39	案例：技术分享类博客网站的面向对象的分析和设计	7.5 案例：技术分享类博客网站的面向对象的分析和设计	127
40	如何应对需求变更	11.2 软件需求变更管理	198
41	软件开发综合案例：问卷星球	附录 A	221

223

附录
B

本书配套微课视频清单

附录 C   本书配套文档清单

序号	文档内容标题	文档二维码位置	所在页码
1	案例：某企业二次开发系统的软件需求	1.6　案例：某企业二次开发系统的软件需求	12
2	案例：青年租房管理系统的用户故事和敏捷方法	3.2.8　用户故事和敏捷方法	46
3	软件需求获取的技巧与策略	3.3　软件需求获取的技巧与策略	50
4	软件需求获取工具和技术	3.4　软件需求获取工具和技术	50
5	案例：某企业产品数据管理系统的结构化需求分析	5.4　案例：某企业产品数据管理系统的结构化需求分析	83
6	案例：技术分享类博客网站的面向对象的分析和设计	7.5　案例：技术分享类博客网站的面向对象的分析和设计	127
7	案例：小型网上书店系统的原型设计	8.5　案例：小型网上书店系统的原型设计	151
8	软件需求文档（需求规格说明书）编写指南	9.5　软件需求文档（需求规格说明书）编写指南	171
9	案例：在线音乐播放平台的软件需求规格说明书	9.6　案例：在线音乐播放平台的需求规格说明书	171
10	软件开发综合案例：问卷星球	附录 A	221

参 考 文 献

[1] WIEGERS K,BEATTY J. 软件需求[M]. 李忠利,李淳,霍金健,等译. 3 版. 北京：清华大学出版社,2016.

[2] 黄国兴,周勇. 软件需求工程[M]. 北京：清华大学出版社,2008.

[3] 梁正平,毋国庆,袁梦霆,等. 软件需求工程[M]. 北京：机械工业出版社,2020.

[4] 吕云翔,赵天宇. UML 面向对象分析、建模与设计(微课视频版)[M]. 2 版. 北京：清华大学出版社,2021.

[5] 吕云翔. 软件工程基础(题库＋微课视频版)[M]. 北京：清华大学出版社,2022.

[6] 毛新军,董威. 软件工程：理论与实践[M]. 北京：高等教育出版社,2024.

[7] 吕云翔. 软件工程：理论与实践(附微课视频)[M]. 3 版. 北京：人民邮电出版社,2024.

图书资源支持

感谢您一直以来对清华版图书的支持和爱护。为了配合本书的使用，本书提供配套的资源，有需求的读者请扫描下方的"书圈"微信公众号二维码，在图书专区下载，也可以拨打电话或发送电子邮件咨询。

如果您在使用本书的过程中遇到了什么问题，或者有相关图书出版计划，也请您发邮件告诉我们，以便我们更好地为您服务。

我们的联系方式：

清华大学出版社计算机与信息分社网站：https://www.shuimushuhui.com/

地　　址：北京市海淀区双清路学研大厦 A 座 714

邮　　编：100084

电　　话：010-83470236　010-83470237

客服邮箱：2301891038@qq.com

QQ：2301891038（请写明您的单位和姓名）

资源下载：关注公众号"书圈"下载配套资源。

资源下载、样书申请

图书案例

书圈

清华计算机学堂

观看课程直播